豆类深加工技术与产业化研究

王祥峰　等◎著

科学技术文献出版社

SCIENTIFIC AND TECHNICAL DOCUMENTATION PRESS

·北京·

图书在版编目（CIP）数据

豆类深加工技术与产业化研究 / 王祥峰等著.
北京：科学技术文献出版社, 2024. 9. -- ISBN 978-7
-5235-1810-6

Ⅰ. TS214; F326.11

中国国家版本馆CIP数据核字第2024Q9H271号

豆类深加工技术与产业化研究

策划编辑：崔　静　孙慧颖　责任编辑：邱晓春　责任校对：张永霞　责任出版：张志平

出　版　者	科学技术文献出版社	
地　　　址	北京市复兴路15号　　邮编　100038	
出　版　部	（010）58882941，58882087（传真）	
发　行　部	（010）58882868，58882870（传真）	
邮　购　部	（010）58882873	
官方网址	www.stdp.com.cn	
发　行　者	科学技术文献出版社发行　全国各地新华书店经销	
印　刷　者	北京虎彩文化传播有限公司	
版　　　次	2024年9月第1版　2024年9月第1次印刷	
开　　　本	710×1000　1/16	
字　　　数	288千	
印　　　张	19.5	
书　　　号	ISBN 978-7-5235-1810-6	
定　　　价	80.00元	

著者名单

主　　著：王祥峰

副主著：张树成　季　慧

成　　员：付龙云　姚　利　战汪涛　巩　敏　扈晓杰
　　　　　闵德栋　于娇娇　杨大俏　彭善丽　魏　东
　　　　　孟成明　张晓佳　岳　林　杨进洁

序

新质生产力就是绿色生产力，发展新质生产力的关键在科技创新。当前，乡村振兴战略深入实施，农业强国战略加快推进，农业产业生态越加重视绿色低碳发展。因此，在农业农村领域，致力于全产业链无废化的深加工技术创新与副产物综合利用成为大势所趋。

豆类作为食物链的重要组成部分，是植物性蛋白质、膳食纤维、维生素和矿物质的重要来源，具有很高的营养价值，在人类文明史中扮演着不可或缺的角色。随着大健康时代的到来，人们对健康饮食的关注度不断提高，消费市场对豆类深加工产品的需求日益旺盛。与此同时，豆类深加工技术突飞猛进，传统产品优化升级，新产品层出不穷。豆类加工副产物的饲料化、肥料化、材料化应用技术也快速突破，以前的加工废弃物如今可变废为宝，演化出系列高值化利用产品，基本能够实现"把一粒豆子吃干榨净"。当前，强化豆类深加工与副产物综合利用技术集成应用，构建豆类加工全产业链无废化发展模式，有利于乡村产业振兴与生态振兴协同推进，成为发展新质生产力、推进产业生态化的现实要求。

本书著者在山东省重点研发计划（乡村振兴科技创新提振行动计划）"基于豆类深加工的高效生态循环农业关键技术创新与集成示范"项目和山东省农业科学院科技创新工程等项目支持下，对豆类资源分布、主要营养成分与生物活性、深加工技术研究进展、主要豆类品种的不同加工工艺、豆基植物蛋白肉及加工副产物综合利用技术、豆类深加工产业化趋势及发展策略等进行系统梳理，在项目研究基础上编撰成书。《豆类深加工技术与产业化研究》全书分为十章四十九节，其中既包含成熟度高的传统技术，又包含新近取得突破的新技术，具有系统性、前瞻性、实用性特点。本书旨在汇集豆类深加工领域的创新成果，分享豆类副产物综合利用的研发技术，为推动豆类产业高质量发展提供科技支撑。

在本书的编撰过程中，我们借鉴了国内外相关领域的最新研究成果，得到了众多专家、学者和相关从业人员的支持与帮助，为组稿成书提供了宝贵的实践经验和技术资料，使得本书内容更加丰富，在此深表感谢。希望本书的出版能够为豆类产业从业者加快技术迭代升级提供参考，并让更多人了解豆类深加工与副产物综合利用的价值与意义，为加快乡村产业振兴、增进人民健康福祉做出一份贡献。

因水平有限、时间仓促，书中难免有所疏漏，敬请广大读者斧正。同时，也期待广大读者能从中有所启示和收获，持续关注和支持豆类深加工与副产物综合利用领域的乡村产业高质量发展。

王祥峰

2024 年 8 月 1 日

目　录

第一章 概 述

食用豆类（food legumes）是以收获籽粒（包括干、鲜籽粒和嫩荚）兼做蔬菜供人类食用的豆科作物的统称，均属于豆科（leguminosae），蝶形花亚科（papilionaceae），多为一年生或越年生。国外将大豆和花生也划为食用豆类，而我国习惯将大豆和花生划为油料作物，因此我国食用豆类是指除大豆和花生以外的、以食用籽粒为主的各类豆类的总称。

食用豆类是人类三大食用作物（禾谷类、豆类、薯类）之一，在农作物中的地位仅次于禾谷类。食用豆类按其籽粒营养成分含量，可分为两大类：第一类为高蛋白（35%～40%），中淀粉（35%～40%），高脂肪（15%～20%），如羽扇豆、四棱豆等；第二类为高蛋白（20%～30%），高淀粉（55%～70%），低脂肪（＜5%），如蚕豆、豌豆、绿豆、红豆、豇豆、小扁豆、饭豆、木豆、芸豆、扁豆、鹰嘴豆、黎豆等。我国栽培的主要是第二类食用豆类品种。食用豆类属于高蛋白、低脂肪作物，营养丰富，同时也是药食同源作物，含有香豆素、生物碱、植物甾醇等多种生理活性物质。

第一节 世界主要豆类作物的分布特点

大豆：从 18 世纪初大豆在全球传播开始，大豆就进入蓬勃发展期。现在大豆的身影遍布全球，成为世界上种植面积最广的农作物之一。目前世界上已经有 50 多个国家和地区种植大豆。其中，美国、巴西、阿根廷和中国是产量较高的国家，但是美国、巴西和阿根廷的大豆种植发展最迅速，这些国家的大豆产量已经远超中国。除此之外，日本、印度尼西亚、加拿大、墨西哥、哥伦比亚、澳大利亚、菲律宾、越南、斯里兰卡、尼日利亚、巴基斯坦、尼泊尔和赞比亚等国家正在加速发展大豆生产。

豌豆：豌豆适合于肥沃、光照充足、排水良好、年降水量 40～100 cm 的土壤，并能耐受低温。作为最重要的豆科作物之一，豌豆在多个国家广泛种植。重要产区包括欧洲的法国、俄罗斯、乌克兰、丹麦和英国，亚洲的中国和印度，北美洲的加拿大和美国，南美洲的智利，非洲的埃塞俄比亚，以及澳大利亚。

绿豆：全球绿豆种植面积至少为 720 万公顷。绿豆属喜温作物，主要分布在温带、亚热带及热带地区，以印度、缅甸、中国、印度尼西亚、泰国和肯尼亚等国家最为广泛。其中，印度是世界上最大的绿豆生产国和消费国。在过去几年中，印度的绿豆种植面积有所增加，目前估计为 380 万公顷。中国既是绿豆生产大国，也是绿豆消费大国，主要产区在内蒙古、吉林、安徽和河南，占全国绿豆种植面积的 60% 以上。

红豆：红豆起源于中国，已有 2000 多年的种植历史。目前，包括中国、日本、韩国、新西兰、印度、泰国和菲律宾在内的 30 多个国家种植着各种红豆。中国红豆种植面积近 2 万公顷，居世界首位。在中国，红豆的主要种植区域是华北、东北和长江淮河流域，其产量约占全国红豆产量的 70%。

蚕豆：蚕豆是最古老的驯化豆类之一，原产于北非和西南亚。当前，蚕豆在 50 多个国家均有种植，其中约 90% 的产量集中在亚洲、欧盟和非洲地区。2019 年世界蚕豆种植面积为 246 万公顷，产量为 543 万吨。其中，中国（170 万吨）是最大的生产国，约占总产量的 31%，其次是埃塞俄比亚（100 万吨）、英国（55 万吨）、澳大利亚（33 万吨）和法国（18 万吨）。

豇豆：豇豆起源于非洲并在非洲驯化。如今，非洲仍然是豇豆的主要生产地区，同时豇豆也在世界许多其他地区广泛种植，如拉丁美洲、欧洲、亚洲和美国。根据联合国粮农组织统计数据，2020 年世界豇豆生产总面积约为 1450 万公顷，总产量为 890 万吨。非洲是世界上最大的豇豆生产地，占世界豇豆产量的 95% 以上。其中，尼日利亚是全球最大的豇豆生产国，其次是尼日尔、布基纳法索、加纳和坦桑尼亚。

黑豆：根据古代经文，黑豆被认为是在亚洲种植和栽培的。商代（公元前 1700—前 1100 年）被认为是黑豆种植的最早时期。16 世纪国际贸易量的增加导致黑豆在日本、韩国和印度尼西亚等亚洲其他地区被广泛种植。当前，黑豆在中国、日本、韩国、美国等国家广泛种植。

芸豆：芸豆起源于拉丁美洲，16世纪初被引入欧洲，在16世纪和17世纪期间迅速从欧洲传播到中东、西亚等地区。当前，芸豆在120多个国家或地区种植，总面积达3520万公顷，总产量达3180万吨。中国是芸豆的主要生产国，其生产分布在全国许多农业区，包括黑龙江、内蒙古、云南、贵州和新疆。中国、缅甸和美国是主要的芸豆出口国，印度和欧盟国家是最大的芸豆进口国。

扁豆：扁豆起源于希腊或印度。现在扁豆主要分布在温带、亚热带和热带地区。在加拿大、美国、南欧、西亚和北非的温带地区，扁豆在冬季和春季种植，因为气温较低，作物在秋季成熟。在印度，扁豆是在雨季结束、气温相对较高的时候种植的。在一些地区，扁豆是在第一场雪之前作为冬季作物播种的，植物在春天发芽，夏天成熟。全球扁豆种植面积达617万公顷，产量达650万吨。加拿大扁豆产量居世界首位，其次是印度、土耳其、美国和尼泊尔。

刀豆：刀豆起源于亚洲大陆，分布在热带和亚热带地区，在亚洲、非洲、南美洲和澳大利亚都有有限的种植规模。

鹰嘴豆：世界各洲均种植鹰嘴豆，全世界种植鹰嘴豆的国家有40多个，种植面积高达178万公顷，其中种植面积最大的10个国家是印度、土耳其、巴基斯坦、缅甸、墨西哥、埃塞俄比亚、西班牙、伊朗、摩洛哥和孟加拉国。在中国，鹰嘴豆在甘肃、青海、陕西、云南、新疆、宁夏及内蒙古等地有种植。世界主要豆类及其分布地区见表1-1。

表1-1 世界主要豆类及其分布地区

名称	别名	世界主产区
大豆	菽、黄豆	美国、巴西、阿根廷和中国
豌豆	青豆、雪豆、麦豌豆、寒豆	加拿大、俄罗斯、中国、印度和美国
绿豆	植豆、文豆、青小豆、吉豆	印度、缅甸、中国、印度尼西亚、泰国等为主产区，其中印度种植面积最大，泰国出口量最大

名称	别名	世界主产区
红豆	红小豆、饭赤豆、竹豆、赤豆、甘豆、米赤	以中国、日本、韩国等亚洲国家为主，美国、印度、新西兰等国家也有一定种植
蚕豆	南豆、胡豆、竖豆、佛豆、罗汉豆、兰花豆	中国是世界上蚕豆种植面积最大的国家，其次是埃塞俄比亚、英国、澳大利亚、法国等国家
豇豆	角豆、姜豆、带豆、挂豆角	全球豇豆种植面积以非洲最大，其次是拉丁美洲、亚洲
黑豆	乌豆、料豆、黑大豆	中国、日本、韩国、美国等国家
芸豆	二季豆、四季豆、菜豆	中国、缅甸和美国
扁豆	藊豆、藤豆、鹊豆、白扁豆	加拿大扁豆产量居世界首位，其次是印度、土耳其、美国和尼泊尔
刀豆	挟剑豆、刀鞘豆、刀巴豆、马刀豆	广泛分布于南亚和东南亚
鹰嘴豆	回鹘豆、桃豆、鸡豆、诺胡提、鹰咀豆	印度、土耳其、巴基斯坦、缅甸等国家

第二节　我国主要豆类作物资源

中国幅员辽阔，生态系统复杂，豆类作物种类繁多。豆类作物根据其种植季节可分为三大类：冷季豆类、温季豆类、暖季豆类。冷季食用豆类包括蚕豆、豌豆、鹰嘴豆、扁豆等，在中国南方的秋天和中国北方的早春播种。温季食用豆类包括芸豆和利马豆等，适于晚春播种。暖季豆类包括大豆、绿豆、红豆、豇豆、刀豆，是中国夏季播种的作物。

大豆、绿豆和红豆部分起源于中国，蚕豆和豌豆在中国已经种植了2000多年，而芸豆、豇豆、鹰嘴豆和扁豆在中国已经种植了数百年。其他豆类零星出现在中国的种植系统中。豆科植物自古以来就在中国农业种植系统中发挥着重要作用。豆类既是膳食蛋白质、维生素B的重要食物来源，也是传统菜肴中的重要原料，保障了中国人的基本营养。虽然在中国可以发现 20 余种栽培豆类作物，但其中大豆、蚕豆、豌豆、芸豆、绿豆、红豆、扁豆、豇豆、鹰嘴豆和黑豆等是种植系统中最常见的。

一、我国主要豆类分布

中国各省、自治区和大城市郊区都有主要食用豆类作物的种植，但大部分作物分布不均匀（表 1-2）。蚕豆的种植面积 85% 分布在中国的亚热带气候带冬季种植区。作为一种旱地冬季作物，豌豆的大部分生产地都在亚热带气候区。芸豆主要种植在中国的西南和西北地区。大豆、绿豆和红豆主要种植在中国的东北地区。豇豆主要种植在中国的东北和东部地区。扁豆和鹰嘴豆在中国西北地区主要作为冬季作物，在华北和西南地区主要作为春季作物，种植在干旱和退化的土地上。

表 1-2　主要豆类在中国的分布

名称	主产区	主要省区
大豆	东北、中部、西南	黑龙江、内蒙古、安徽、四川、河南、吉林、湖北、江苏、山东、陕西、云南、湖南、辽宁
蚕豆	西南、东部、东南、北部	云南、四川、重庆、贵州、甘肃、青海、江苏、浙江、河北
豌豆	西南、西北、东部、北部	甘肃、宁夏、青海、四川、云南、贵州、重庆、江苏、湖北、山西、河北、山东、内蒙古、新疆、辽宁、广东
芸豆	西南、东北、北部	黑龙江、内蒙古、云南、贵州、新疆、河北、重庆、甘肃、陕西、吉林、山西、四川、山东、辽宁
绿豆	东北、中部、东部、西南	内蒙古、吉林、辽宁、陕西、河南、山西、河北、安徽、山东、湖北、四川、重庆、广西、新疆
红豆	东北、东部	黑龙江、吉林、辽宁、河北、内蒙古、山西、陕西、山东、北京、天津、甘肃、湖北
扁豆	北部、中部	河南、山西、陕西、甘肃、新疆、内蒙古

名称	主产区	主要省区
豇豆	东北、东部	河南、河北、山东、辽宁、广西、湖北
鹰嘴豆	西北、北部、西南	甘肃、新疆、内蒙古、云南
黑豆	东北、中部	黑龙江、辽宁、吉林、河南、河北

二、我国主要豆类资源

自 1949 年以来，中国在大豆、绿豆、蚕豆、豌豆、芸豆和扁豆等豆类的育种方面取得了很大进展。中国已经发布了 380 多个豆类品种，对豆类产量的提高做出了贡献。

目前，中国是世界上最大的豆类生产国之一。2020 年中国绿豆和红豆种植面积分别为 383.8 千公顷和 134.7 千公顷，产量分别为 50.8 万吨和 24.5 万吨。中国在世界豆类生产中的地位见表 1-3。

表 1-3　主要豆类在中国与世界的种植面积及产量分析（2021 年）

名称	中国		世界	
	面积 / 千公顷	产量 / 万吨	面积 / 千公顷	产量 / 万吨
大豆	8403.38	1640.42	129523.96	37169.36
蚕豆	804.32	169.06	2722.69	596.44
豌豆	934.89	146.71	7043.61	1240.35
芸豆	743.70	130.56	35920.59	2771.50
扁豆	65.05	16.52	5585.88	561.01
豇豆	14.39	1.46	14911.31	898.62
鹰嘴豆	294.9	1.60	15004.89	1587.18

注：数据来源于 FAO（https://www.fao.org/faostat/en/#data/）。

第三节　豆类主要营养成分与生物活性

一、豆类主要营养成分

豆类富含纤维，有助于降低能量密度，减少血糖反应，同时也是蛋白质的主要来源。大多数豆类的脂肪含量很低，通常低于 5%，鹰嘴豆和大豆除外，其脂肪含量为 15% ～ 47%。豆类含有大量的 B 族维生素及重要的营养矿物质，如铁、钙和钾。豆类的营养价值在很大程度上取决于这些营养素，特别是蛋白质和纤维的相对比例，以及各个成分的组成。

（一）蛋白质

常见食用豆类的蛋白质含量通常为 20% ～ 50%，虽然不及动物蛋白的含量，但显著高于其他植物蛋白资源。例如，蚕豆的蛋白质含量为 25% ～ 35%；豌豆的蛋白质含量为 15% ～ 30%；鹰嘴豆的蛋白质含量为 16% ～ 28%；黑豆的蛋白质含量为 45% ～ 55%。豆类是蛋白质和氨基酸最丰富的食物来源之一，与世界卫生组织提出的优质蛋白质氨基酸组成模式相比，除含硫氨基酸和少数品种色氨酸含量偏低外，豆类蛋白质可称为全价蛋白质。食用豆类中含有人体必需的多种氨基酸，其中在谷类蛋白质中缺乏的赖氨酸，在食用豆类蛋白质中含量很丰富。豆类含硫氨基酸和色氨酸浓度低，赖氨酸含量相对较高，因此，在日常膳食中结合豆类和谷类（赖氨酸含量较低，含硫氨基酸含量较高）可提供足够的人体所需氨基酸。

（二）碳水化合物

豆类的碳水化合物含量约为 65%。单糖和低聚糖仅占豆类中总碳水化合物的一小部分，淀粉的含量最丰富，占碳水化合物的 40% ～ 60%，此外粗纤维的含量为 8% ～ 10%。

1. 淀粉

淀粉是豆科植物的主要碳水化合物，是人类饮食中重要的能量来源，一般指非结构性碳水化合物。在通过胃肠道时未被水解或消化的淀粉被称为抗性淀粉。淀粉由直链淀粉和支链淀粉组成，直链淀粉是一种具有很少分支的直链葡聚糖，支链淀粉是一种更大、分支更密集的分子。豆类含有30%～40%的直链淀粉，比谷物多5%～10%。

虽然由于缺乏标准化的分析方法，很难对抗性淀粉进行量化，但是煮熟的豆类在冷却时比谷物更容易逆行或重新结合，这使得它们难以消化，因此豆类富含抗性淀粉。通过改变加工过程中的含水量、pH、温度及加热和冷却的严重程度，也可以增加食品中抗性淀粉的含量。

2. 膳食纤维

豆类通常比谷物含有更多的膳食纤维，其中1/3～1/4是不溶性纤维，其余为可溶性纤维，部分豆类膳食纤维含量如表1-4所示。不溶性纤维通过其持水能力与粪便膨胀有关，而可溶性纤维发酵通过产生短链脂肪酸对结肠健康产生积极影响，降低pH并有助于减缓胃排空速度。食用豆类中膳食纤维的可溶性部分与不可溶性部分比例较均衡，可以明显降低人体的血清胆固醇，降低冠心病、糖尿病及肠癌的患病概率。

表1-4　部分豆类膳食纤维含量

单位：g/100

名称	可溶性纤维	不溶性纤维
芸豆	2.60 ± 0.57	22.60 ± 0.10
豌豆	2.38 ± 0.77	22.80 ± 1.29
鹰嘴豆	0.00 ± 0.00	15.40 ± 0.18
扁豆	1.37 ± 0.52	21.40 ± 2.10

（三）脂肪

大豆和黑豆的油脂含量较高，而除大豆和黑豆外的其他豆类，如芸豆，油脂含量较低，但其脂肪酸组成模式较好，主要的脂肪酸有亚油酸、亚麻酸、油酸及软脂酸，其中不饱和脂肪酸含量较高。由于食用豆类属种不同，其所含脂肪酸组成也有很大差异。例如，鹰嘴豆、豌豆和蚕豆的主要脂肪酸是油酸和亚油酸；扁豆和绿豆的主要脂肪酸，除油酸和亚油酸外，还有亚麻酸；刀豆、利马豆、芸豆的主要脂肪酸是亚油酸和亚麻酸。

（四）维生素

豆类是维生素 B 的良好来源，尤其是硫胺素、核黄素、烟酸、吡哆醛和吡哆醇，它们在能量代谢和脂肪酸代谢途径中起着重要作用。豆类胚含有维生素 E，这是一种强抗氧化剂。干豆类含有一定数量的维生素 C，豆芽是维生素 C 的良好来源。在萌发 18 h 后，维生素 C 的含量从微不足道的水平上升到 12 mg/100 g。豆类中的生育酚含量高于谷类。

（五）矿物质元素

豆类富含人类所需的矿物质，如铁、锌、钙等。然而，与动物源性食品相比，豆类中铁、锌和钙的浓度较低。例如，鹰嘴豆铁含量为 5.0 mg/100 g，锌含量为 4.1 mg/100 g，钙含量为 160 mg/100 g。硒是一种重要的营养必需微量元素，也存在于鹰嘴豆中。鹰嘴豆中还含有其他微量元素，包括铝、铬、镍、铅和镉。

（六）抗营养因子

虽然豆类含有丰富的营养成分，但有些人拒绝食用，因为它们含有抗营养因子物质，会影响食用豆类营养物质的吸收率，而降低其营养价值。它们的摄入量可能会产生积极或消极的影响，这取决于摄入的剂量。抗营养因子化合物可分为两大类：第一类是蛋白质性质的化合物，包括凝集素、蛋白酶抑制剂（如胰蛋白酶和胰凝乳蛋白酶抑制剂）和生物活性肽；第二类是非蛋白质性质的，包括生物碱、植酸、酚类化合物（单宁）和皂苷。在蚕豆中，缩合单宁是其主要的抗营养物质，其中还发现有蚕豆嘧啶核苷、伴蚕豆嘧啶核苷、植酸盐、蛋白酶抑制剂、外源凝集素（血细胞凝集素）、血胆固醇过少因子（皂角苷）及不可消化的碳水化合物等都具有抗营养作用。

二、豆类的生物活性

（一）抗氧化活性

大量研究表明，氧化应激与糖尿病、肥胖、神经紊乱、癌症和心血管疾病等健康问题有关。多酚是一种主要的抗氧化剂，它基于向自由基提供氢原子，延缓或阻止细胞氧化过程中产生的活性氧对脂质、蛋白质和 DNA 的氧化。通过测定，豆类具有较高的抗氧化能力。豆类在发芽后，由于其酚类成分的变化，其抗氧化活性显著增强。在许多研究中，扁豆、鹰嘴豆和芸豆都显示出很高的抗氧化潜力。黄酮类化合物是影响豆类抗氧化能力的主要酚类物质。黄酮类化合物存在于红色和黑色种皮的豆类中，显示出很强的抗氧化活性。豆类的种皮是类黄酮的丰富来源。存在于豆类种皮中的酮类化合物，如花青素、槲皮素苷和浓缩单宁比简单的酚类具有更高的抗氧化活性。

（二）抗糖尿病活性

豆类恰好是糖尿病患者的首选食物，因为它们对血糖控制有潜在的好处，包括碳水化合物的缓慢释放和高纤维含量。豆类是低升糖指数(GI)食物，GI 值为 28～52。食用低 GI 食物（＜55）会导致血糖水平适中，而食用高 GI 食物（＜70）会导致血糖迅速升高。摄入谷物等高 GI 食物会导致餐后血糖和胰岛素反应迅速升高。因此，在饮食中大量增加豆类的摄入可能会改善血糖控制，从而降低糖尿病的发病率。除此之外，豆类中的多酚类物质还控制肠道对碳水化合物源的消化率。二氢黄酮、咖啡酸、阿魏酸、丁香酸、柚皮素、山奈酚等多酚类物质作为胰腺 α- 淀粉酶和 α- 葡萄糖苷酶的抑制剂，在肠道中负责淀粉的消化，导致血糖水平降低。此外，多酚的抗氧化特性可以防止高血糖状态下自由基的产生所引起的氧化应激。绿豆面粉含有 30% 的纤维（4% 可溶，26% 不溶），血糖指数低。低血糖指数证明绿豆的摄入可以预防糖尿病。即使是豆类，特别是大豆，也具有低血糖指数，是糖尿病患者饮食中的宝贵食物。有强有力的证据表明，大量摄入豆类可以预防 2 型糖尿病。

（三）体重控制

豆类的蛋白质含量很高。膳食蛋白质可以通过增加能量消耗和诱导饱腹感来促进体重减轻。蛋白质摄入主要通过其对饮食诱导的产热作用影响能量消耗。纤维、抗性淀粉和植酸通过降低淀粉消化率或减缓淀粉消化速度降低能量利用率，降低血糖反应。膳食纤维捕获营养物质并延缓其通过胃肠道，增强肠壁和营养物质之间的相互作用，刺激食欲调节激素的释放。纤维通过刺激引起胃膨胀的唾液和胃分泌物的分泌来限制摄入，从而促进饱腹感。此外，通过食用低能量密度的食物如豆类而不是高能量密度的食物，可以在较低的能量摄入下诱导饱腹感。

（四）降低心血管疾病

豆类蔬菜对降低心血管疾病具有一定的功效，主要功效成分是抗性淀粉和膳食纤维。其通过减缓葡萄糖的消耗，改变脂肪的利用，增加饱腹感以控制食欲来控制代谢综合征，从而降低心血管疾病的发生。食用豆类可降低总胆固醇和低密度脂蛋白。豆类中的单不饱和脂肪酸和多不饱和脂肪酸及甾醇有助于增加高密度脂蛋白胆固醇，同时降低低密度脂蛋白胆固醇和总胆固醇。此外，豆类蔬菜的多酚也有一定的功效。流行病和临床试验也表明，食用豆类可以降低心血管疾病的风险。在食用豆类中，鹰嘴豆是最有效的降胆固醇剂；据报道，发芽鹰嘴豆对控制大鼠胆固醇水平有效。

（五）抗肿瘤

流行病调查研究表明，豆类的食用量和结肠癌死亡率及前列腺癌、胃癌和胰腺癌的发生风险呈负相关。豆类中的许多植物化学物质和生物活性成分，即膳食纤维、低聚糖、叶酸、硒、蛋白酶抑制剂、植酸、木脂素、酚类物质、皂苷和异黄酮，都与抗癌活性有关。

第四节　豆类深加工技术研究进展

加工技术分为传统加工技术和新兴加工技术。传统的方法是大多数家庭使用的方法，如烹饪、烘焙和碾磨，包括浸泡、发芽或发酵等处理方法。随着新技术的发展，新兴加工技术也在不断发展，本文讨论了超高压、超声、脉冲电场、辐照和超临界萃取等加工技术。传统的加工方法便宜、耗时，几乎不需要复杂的技术，而新兴技术的应用需要一定程度的技术知识，速度更快，但可能昂贵。

一、超高压技术

超高压技术就是利用 100～1000 MPa 的压力，在常温或较低温度下，使食品中的酶、蛋白质和淀粉等生物大分子改变活性、变性或糊化，同时杀灭细菌等微生物，以达到杀菌、灭酶和改善食品功能性质的一种新型食品加工技术。

超高压技术对蛋白质的一级结构无影响，有利于二级结构的稳定，但会破坏三级和四级结构，改变蛋白质的构象和结构排列，蛋白质的原始结构伸展，分子从有序且紧密的构造转变为无序且松散的构造。蛋白质经过超高压处理后其功能特性（如溶解性、起泡性和乳化性等）发生改变。例如，用鹰嘴豆制备鹰嘴豆汁过程中，于 227～573 MPa 的压力条件下处理 6～24 min，结果发现处理组的蛋白质表现出较高的乳液性质和稳定性，增加了蛋白质聚集程度。

另外，超高压可以使几种抗营养因子和代谢物失活或减少，包括引起肠胃胀气的低聚糖、胰蛋白酶抑制剂、单宁和植酸，它们形成难以消化的复合物，甚至对大量消化酶具有抗性，从而提高豆类食品的消化率。

二、超声技术

近年来，超声波在豆类加工中的应用前所未有地增多。超声波的频率范围在 20 kHz～100 MHz。这些纵波在色散介质中以一系列压缩和稀疏的形式传播。根据频率，超声波大致可分为低频超声波（20～200 kHz）和高强度超声波（1～100 MHz）。同样，根据处理强度，超声可分为高强度超声（HIUS，10～1000 W/cm²）和低强度超声（LIUS，＜1W/cm²）。HIUS 波可以触发生物分子的组成和形态变化，并在食品加工领域得到广泛应用，特别是从植物中提取植物化学物质和调节某些食品的功能。LIUS 波在生物医学和冶金工艺的无损成像中有广泛的应用。超声波在水介质中的应用会导致空化气泡的形成，这些空化气泡会剧烈破裂，导致温度和压力峰值的形成，从而在空化中产生湍流，同时产生高剪切能。声空化使食物基质破碎，促进蛋白质的释放，包括植物细胞中的皂苷、异黄酮和多酚等抗营养因子，因此有利于提高蛋白质质量。

另外，蛋白质组分在水组分中的溶解度影响蛋白质的功能和生物利用度。研究表明，超声处理增加了蛋白质的溶解度，如对豌豆蛋白质进行超声处理可使得 11S 球蛋白的溶解度增加 7% ～ 8%。此外，增加的溶解度和复合电荷的重新分布导致水性蛋白质乳液稳定性的增加。声空化导致蛋白质的微湍流和解聚，从而扭曲二硫键并暴露半胱氨酸和甲硫氨酸中存在的巯基。结果，蛋白质中的巯基含量显著增加。巯基（-SH）基团的增加表明蛋白质 - 蛋白质相互作用减弱，导致形成更强的蛋白质 - 水相互作用，最终导致更高的溶解度。此外，超声处理可以降低蛋白质的流体动力学半径，这将增加蛋白质在悬浮液中的表面积并促进溶解。

三、脉冲电场技术

脉冲电场是一种新兴的食品加工技术，在少数富含蛋白质的材料上进行了蛋白质提取分析。基于脉冲电场技术的蛋白质提取原理是其能够产生短时间的电脉冲，这些脉冲持续几纳秒到几毫秒的高振幅脉冲（80 kV/cm）导致蛋白质结构变化。在食品加工过程中，食物被置于两个电极之间，并暴露在短而强的高压脉冲中，来自两个电极间的跨膜电压样品的细胞膜，导致细胞膜破裂，释放内部物质。因此，脉冲电场电穿孔通过促进细胞内物质转移到周围介质中来提高活性物质的提取效率。

另外，脉冲电场可以改变非植物性食品（如牛肉）的蛋白质结构，并通过影响蛋白质相互作用诱导结构变化，从而对体外消化动力学产生有利影响。此外，对单个多肽链、分子间相互作用和二硫键的干扰引起的结构变化会触发蛋白质的部分展开，从而使豆类蛋白质易于消化。蛋白质骨架上的异质电荷分布导致蛋白质分子在脉冲电场加工过程中缓慢拉伸或变形。在此过程中产生的欧姆热可以诱导蛋白质变性和聚集。目前，脉冲电场加工对豆类蛋白体外消化效应的确切影响尚不清楚。

四、辐照技术

辐照是一种非热加工的方式，在过程控制的条件下，在封闭的环境中使食品暴露于电离辐射下。除了辐射的抗菌和酶失活作用外，辐照加工技术还能够灭活或去除豆类中一些不利于消化的有害化合物，调整蛋白溶解度。例如，辐照剂量为 20 kGy 时，豌豆粉中抗营养因子（如植酸盐、凝集素、蛋白酶抑制剂、草酸盐等）减少，影响豌豆粉的体外消化率。辐照产生的自由基可以破坏植酸与其他组分之间的键，导致植酸化学降解为磷酸盐和肌醇或导致植酸环分裂。伽马辐射可以通过产生攻击蛋白质分子的自由基来切割维持蛋白质结构的非共价键，导致构象完整性的丧失，从而暴露额外的肽键，并改善蛋白质水解和蛋白质消化率。此外，蚕豆和普通豆的单宁含量也会受到辐照的影响。此外，在大豆及绿豆等豆类食品的加工中，辐照技术能直接达到缩短烹煮时间的目的，便于食用，改善口感。

五、超临界萃取技术

超临界萃取技术是以超临界状态的流体作为溶剂，利用该状态下流体具有的高渗透及高溶解能力，萃取分离混合物质的一种新技术。所谓超临界流体是指处于临界温度和临界压力下的一种物质状态（临界温度和临界压力称为临界点），在临界点附近，流体的密度变化非常敏感，气体与液体之间的区别消失，不会发生冷凝或蒸发，只能以流体的形式存在，其密度接近于液体，有较大的溶解能力，其扩散系数接近于气体，传质速率非常快，因而可以作为萃取溶剂。超临界流体萃取正是利用超临界流体的溶解能力与其密度密切相关的性质，将溶质溶解在流体中，然后通过降低或升高流体溶液的压力或温度，有选择性地把极性、沸点和分子量不同的成分从固体或液体样品中萃取出来，从而达到特定溶质萃取的目的。

目前使用的超临界溶剂包括 CO_2、NO_2、SO_2、N_2、低链烃等，其中 CO_2 是最常用的超临界萃取介质，这是因为它的临界温度（31.1 ℃）接近室温，临界压力（7.38 MPa）较低，萃取可以在接近室温下进行，对热敏性食品原料、生理活性物质、酶及蛋白质等无破坏作用，同时又安全、无毒、无臭，因而广泛应用于食品、医药、化妆品等领域中，在豆类加工方面也有广泛的应用。例如，超临界 CO_2 萃取技术可以用于水酶法提取大豆油脂。此外，超临界萃取技术可以选用适宜的溶剂在常温下将制油产生的气味物质萃取出来，用于油脂脱臭。

六、挤压膨化技术

挤压膨化是一种非油炸工艺，其优点是多变性好、成本低、生产能力大、产品质量好、物料营养损失少等。挤压膨化是以固定速度向挤压机中添加物料，借助螺杆旋转强制输送，通过螺杆与物料、物料与机筒壁之间的摩擦、剪切作用及加热产生高温、高压，使物料熟化的过程，通过模具后，物料压力迅速下降，水分迅速蒸发，物料瞬间膨胀。挤压膨化技术作为现代食品加工高新技术之一，已被广泛应用于食品加工、食品发酵、油脂加工等多个领域，推动了我国食品加工产业的发展，扩大了食品工业的规模。

挤压膨化技术在豆类加工中的应用，优化了豆类制品的品质和功能特性，增加了新的加工工艺，提高了豆粕、豆渣的利用率，有利于节约资源，增加原料的价值。另外，挤压膨化技术还用于生产组织化大豆蛋白产品，如肉类食品添加剂、营养均衡剂、早餐食品、烘焙食品、代肉制品等，深受食品消费市场欢迎。例如，研究发现挤压膨化技术能降低大豆中的营养成分含量，减少由营养物质含量高引起的不良反应，从而达到最佳使用效果；对脱脂黑豆粕进行挤压膨化处理，并结合冲调粉工艺参数优化，获得了具有良好冲调性能和口感的冲调粉；以鹰嘴豆为原料，采用挤压膨化技术将刺槐豆胶添加到鹰嘴豆中，研制出一种营养丰富的鹰嘴豆高纤维和高蛋白挤压膨化产品，经过挤压膨化后，抗营养因子含量明显降低，淀粉和蛋白质的消化率增加。

第五节　豆类深加工食品与健康饮食

一、脂类

脂类是一组非均相化合物，由于它们在有机溶剂（如氯仿、乙醚、石油醚或苯）中的溶解度而被归类在一起，这使它们与种子中的其他成分（如蛋白质、碳水化合物和核酸）区别开来。这一异质组包括游离脂肪酸、单酰基甘油、二酰基甘油、三酰基甘油、磷脂、甾醇、甾酯、糖脂和脂蛋白。豆类按其籽粒营养成分含量，可分为两大类，其中大豆、羽扇豆、四棱豆等富含油脂，提取出来作为食用油，尤其是大豆油。大豆油脂富含油酸和亚油酸，分别占总脂肪酸的 20% 和 50% 以上，豆科植物的脂质也含有大量的饱和脂肪酸，特别是棕榈酸，占总脂肪酸的 9.22% ～ 32.5%。

必需脂肪酸是指人体维持机体正常代谢不可缺少而自身又不能合成或合成速度慢而无法满足机体需要，必须通过食物供给的脂肪酸。研究发现，必需脂肪酸摄入不足会导致大鼠出现营养不良的症状，如皮肤起鳞屑、生长减缓、肾脏病变、繁殖失败和视力恶化。这种缺乏症可以由亚油酸和亚麻酸的缺乏导致。在人类或大鼠中尚未发现 α- 亚麻酸缺乏症状，但最近针对大鼠的研究表明，α- 亚麻酸及其衍生的 20 碳和 22 碳不饱和脂肪酸在大脑和视网膜的发育和功能方面具有特殊作用。另外，这些 20 碳和 22 碳不饱和脂肪酸衍生物也被证明是正常生长、细胞结构、组织功能和前列腺素合成所必需的。

不饱和脂肪酸用于胆固醇的酯化，从而降低大鼠血清和肝脏中的胆固醇含量。在缺乏亚油酸和 α- 亚麻酸的情况下，胆固醇会与更多的饱和脂肪酸发生酯化，并倾向于在动脉血液中积累，胆固醇的代谢速率下降，导致动脉内壁硬化。亚油酸是低胆固醇的，而棕榈酸是高胆固醇的。尽管脂肪酸对肥胖、动脉粥样硬化、冠心病和心肌梗死有影响，但美国人仍从脂肪中摄入大量热量。消费者正在从动物油产品转向大豆油、花生油等植物油产品，因为后者具有降低血液胆固醇水平的作用。

二、蛋白质制品

目前，豆类蛋白质制品主要有浓缩蛋白、分离蛋白、组织蛋白和拉丝蛋白。

（一）浓缩蛋白

浓缩蛋白又称 70% 蛋白粉，原料以低温脱溶粕为佳，也可用高温浸出粕，但后者得率低、质量较差。生产浓缩蛋白的方法主要有稀酸沉淀法和酒精洗涤法。大豆浓缩蛋白可应用于代乳粉、蛋白浇注食品、碎肉、乳胶肉末、肉卷、调料、焙烤食品、婴儿食品、模拟肉等的生产。

（二）分离蛋白

分离蛋白是一种蛋白质含量为 90%～95% 的精制大豆蛋白产品。大豆分离蛋白具有优越的乳化、凝胶、吸油吸水、分散等功能特性。因此，大豆分离蛋白在食品工业中的用途比浓缩蛋白更广，主要用于碎肉食品、腊肠、火腿、冷冻点心、面包、糕点、面条、油炸食品、蛋黄酱、调味品等的生产。无论对素食主义者还是对普通人，大豆分离蛋白粉都是完美的优质蛋白补充品。对需要低热量膳食的减肥者而言，用大豆蛋白代替膳食中部分蛋白，可以降低胆固醇与饱和脂肪的摄入量，阻止尿钙损失，促进骨质健康，减少患骨质疏松的概率，达到营养摄取的均衡。

（三）组织蛋白

组织蛋白又叫膨化蛋白或"植物蛋白肉"，是以低温脱溶粕为原料，经挤压法、纺丝法、湿式加热法、冻结法或胶化法，使植物蛋白组织化而得到的形同瘦肉、具有咀嚼感的大豆蛋白食品。生产方法以挤压法的应用最广泛。组织蛋白具有多孔性肉样组织，保水性与咀嚼感好，适于生产各种形状的烹饪食品、罐头、灌肠等。

（四）拉丝蛋白

拉丝蛋白是大豆蛋白质经特殊工艺生产加工而形成的具有类似肌肉纤维质感的纤维状植物蛋白，可取代高脂肪、高热量的肉类食品，又称"仿真肉"。其保健功效主要有降低血浆胆固醇水平，防治心血管疾病，阻止尿钙损失，以及促进骨质健康。

三、卵磷脂

在豆科植物中，脂质由若干类组成，如中性脂、磷脂和糖脂。它们在豆科植物种子中的分布随种、变种的不同而不同。中性脂在大多数豆类中占主导地位，但磷脂和糖脂也有相当数量的存在。大豆中的脂 88% 是中性的，含有 10% 的磷脂和 2% 的糖脂。大豆磷脂是商业卵磷脂的主要来源。在其他豆科植物中，磷脂的含量为 23% ～ 38%。

卵磷脂是人体必不可少的一种营养元素。卵磷脂能够保护肝脏的健康，使得肝细胞更加健康，那么患酒精肝、脂肪肝及肝硬化等疾病的概率就会大大降低。卵磷脂还能够间接保护心脏的健康，因为它对于胆固醇的含量有一定的调节作用，所以它对于心脑血管疾病有着很好的预防作用。此外，卵磷脂能够预防老年人出现阿尔茨海默病，而对于年龄比较小的人来说，卵磷脂有提高注意力的效果。卵磷脂的禁忌主要在于患有痛风的患者及肾功能不全的人群不可以大量服用。

四、异黄酮

异黄酮是黄酮类化合物中的一种，主要存在于豆科植物中。自然界中主要存在的大豆异黄酮有染料木黄酮、大豆苷元、黄豆黄素、鹰嘴豆芽素 A 和芒柄花黄素。大豆及豆制品是大豆异黄酮的主要食物来源。在 100 g 大豆样品中，异黄酮有 128 mg，传统方法生产的分离蛋白含异黄酮 102 mg，而豆乳中含 9.65 mg，因为豆乳的含水率为 93.27%，相当于干物质中每 100 g 含异黄酮 100 mg 以上，豆腐中含异黄酮 27.74 mg，其干物质含异黄酮 200 mg 以上。日本食品科学家的研究证实，在刚刚发育的大豆胚芽中，异黄酮的含量与活性最高，其雌激素最容易被人体吸收。

异黄酮类分子是从植物中提取的具有较高营养和药用价值的活性物质。研究表明，异黄酮具有保护血液系统、保护神经系统、保护骨骼系统、抗肿瘤、治疗糖尿病、增强免疫系统等作用。

①抗氧化作用。异黄酮的抗氧化作用主要表现在抑制氧自由基产生、抑制过氧化氢生成、减少 DNA 氧化损伤及抑制脂质过氧化。

②保护血液系统。异黄酮可提供还原性的氢离子来清除人体内有害的自由基和过氧化氢等有害物质，有助于促进人体内胆固醇的清除；加快冠状动脉的血液流动及抗血栓的形成，减缓血小板的凝集，降低细胞间的凝集作

用，抑制动脉粥样硬化斑块。

③保护神经系统。大豆异黄酮对神经系统有着较好的保护作用，可以调控神经细胞的凋亡周期，延缓其衰老。

④保护骨骼系统。研究表明，在雌性激素或者植物雌激素刺激的情况下，骨细胞分化加速，骨加速形成，有效促进骨骼的健康。大豆异黄酮可以降低人体的骨吸收，促进骨的形成。

⑤抗肿瘤。大豆异黄酮对多种肿瘤细胞有抑制作用，如乳腺癌细胞、胃癌细胞、肝癌细胞等。异黄酮抗肿瘤作用的主要机制包括类激素作用、抗氧化作用、抑制癌细胞增殖及促进癌细胞凋亡、抑制肿瘤新生血管的生成和癌细胞迁移等。

⑥治疗糖尿病。大豆异黄酮可以促进胰岛素的分泌，减缓细胞周期，延缓细胞的凋亡。

⑦增强免疫系统。大豆异黄酮能增强免疫系统中吞噬细胞的能力，促进淋巴细胞的增殖与转化，并且可以降低免疫系统变态反应的强度。

第二章　大豆食品加工

第一节　大豆概述

中国是大豆的原产国，大豆生产历史悠久。秦代以前，大豆被称为"菽"，自西汉以来，逐渐统称为大豆。对于大豆生产起源的记载可追溯至《诗经》一书中，所涉及的诗歌共有六首，分别是《国风·豳风·七月》《小雅·节南山之什小宛》《小雅·谷风之什·小明》《小雅·鹿鸣之什·采菽》《大雅·生民之什·生民》《鲁颂·駉之什·閟宫》。后来，司马迁在《史记·五帝本纪》中记载："轩辕乃修德振兵，治五气，艺五种，抚万民，度四方。"郑玄注释："五种，黍稷菽麦稻也。"可见，黄帝时期就已种植大豆，距今已有 4500 多年的历史。

大豆在世界各地的传播和栽培与中国有着密切的联系。据文献记载，朝鲜大约早在秦朝（公元前 221 年—前 207 年）引种大豆，后来日本经朝鲜及在 6 世纪经华东直接引入。苏联于 1898 年开始从中国引进大豆品种。在欧洲，大豆的引种始于 18—19 世纪，1740 年法国传教士将中国大豆引至巴黎试种，1790 年在英国皇家植物园首次试种大豆，1973 年以后维也纳人分别从中国和日本获得大豆品种进行试种。美国最早引入大豆是在 1765 年，由东印度公司海员 Samuel Bowen 将中国大豆带到乔治亚州，1770 年，美国驻法国大使将大豆由法国引进至费城，1804 年，James Mease 在美国的文献记载中首次提到大豆，后经试种、大规模引种驯化和选种，实现大面积栽培。巴西和阿根廷分别于 1882 年和 1862 年引种大豆。对于各国引入大豆的时间，学术界略有分歧，但大豆在世界范围内的广泛种植也代表了其作为豆科植物的重要性。

大豆含有丰富的优质蛋白质、高比例不饱和脂肪酸和膳食纤维，以及其他具有多种生理功能的物质，是一种具有高营养价值的食物。大豆由脂类（18%）、蛋白质（38%）、碳水化合物（30%，可溶性和不可溶性的比例为1∶1）及水分、灰分和其他物质（14%）组成，其中包括维生素和矿物质等（表2-1）。大豆中含有的优质蛋白质与乳制品、肉类和鸡蛋中的蛋白质相当，但不含胆固醇和饱和脂肪酸。美国食品药品监督管理局（FDA）指出食用大豆蛋白可以降低患心血管疾病的风险，并赋予其"健康食品"的标签。此外，大豆中纤维、蛋白质和植物雌激素含量高，乳糖含量低，是ω-3脂肪酸和抗氧化剂的良好来源。多项研究表明，大豆含有至少14种有益的植物化学物质，包括植酸、三萜、酚类物质、类黄酮、类胡萝卜素和香豆素，以及蛋白酶抑制剂、低聚糖和膳食纤维等。这些化合物具有抗癌、抗衰老、抗肾衰竭、抗肥胖和抗胆固醇的特性，同时也被证明具有抑制艾滋病毒及预防胆结石形成、阿尔茨海默病和高脂血症的作用。此外，大豆还具有利尿、抑制动脉硬化、缓解便秘、预防心血管疾病、参与肠道调节、提高抗氧化特性、预防骨质疏松、降低血压、增强免疫力、促进肝功能恢复等功能。肥胖患者通过食用大豆蛋白，不仅能够抑制脂肪堆积，增加脂肪代谢，还能通过调节食欲抑制因子的表达，达到预防和治疗肥胖的效果。此外，枯草芽孢杆菌或地衣芽孢杆菌等菌群通过对大豆进行发酵水解，产生某些具有独特功能的酶和有益成分，能够削弱肠道腐败菌群生长，并降低有毒物质的致病性。

表 2-1　大豆营养成分浓度

成分	营养价值 /100 g	成分	营养价值 /100 g
碳水化合物	30.2 g	甘氨酸	1.88 g
糖	7.3 g	脯氨酸	2.38 g
蛋白质	36.49 g	丝氨酸	2.36 g
色氨酸	0.59 g	脂肪	19.94 g
苏氨酸	1.77 g	饱和脂肪酸	2.89 g
异亮氨酸	1.97 g	单不饱和脂肪酸	4.40 g

成分	营养价值 /100 g	成分	营养价值 /100 g
亮氨酸	3.31 g	多不饱和脂肪酸	11.26 g
赖氨酸	2.71 g	水	8.54 g
甲硫氨酸	0.55 g	维生素 A	0.001 g
苯丙氨酸	2.12 g	维生素 B_6	0.006 g
酪氨酸	1.54 g	维生素 C	0.047 g
缬氨酸	2.03 g	维生素 K	0.277 g
精氨酸	3.15 g	钙	1.57 g
组氨酸	1.10 g	镁	0.28 g
丙氨酸	1.92 g	磷	0.704 g
天冬氨酸	5.12 g	钠	1.797 g
谷氨酰胺	7.87 g	锌	0.002 g

第二节　大豆油脂加工

目前大豆油原料具有种植广、产出高、成本低等优点，同时随着转基因技术不断提升，大豆油的转换产出率逐年攀升。大豆油主要由甘油三酯组成。甘油三酯是 1 个甘油分子与 3 个脂肪酸相连。大豆油的脂肪酸组成主要包括亚油酸（50% ～ 55%）、油酸（22% ～ 25%）、棕榈酸（10% ～ 12%）和亚麻酸（7% ～ 9%）等，属于含非共轭双键高度不饱和植物油。

一、大豆油脂的种类及功能

大豆油种类众多，按加工程度，分为大豆原油和成品大豆油；按加工方式，分为压榨大豆油、浸出大豆油；按大豆种类，分为大豆原油和转基因大豆油。其中，成品大豆油分一级、二级、三级 3 个质量等级，一级大豆油色泽澄清、透明，呈淡黄色至浅黄色，无异味且口感好；而三级大豆油呈橙黄色至棕红色且些许微浊，具有大豆油固有的气味和滋味，但无异味。大豆油营养价值丰厚，富含亚油酸、α-亚麻酸等多不饱和脂肪酸，具有降血脂、胆固醇的功能及其他多种功能性成分，在一定程度上可以预防脂肪肝等疾病。例如，亚油酸是人体必需的脂肪酸，具有重要的生理功能；α-亚麻酸有预防脑梗死、降血压、保护视力、调节血脂等功能；其含有的豆类磷脂有益于神经、血管、大脑的发育生长；油脂中的维生素 E 是一种重要的抗氧化剂，能够促进生殖、延缓衰老。大豆植物甾醇具有降胆固醇、抗肿瘤、抗病毒、抗氧化、免疫调节等作用。

大豆油中不饱和脂肪酸含量较高，不饱和脂肪酸易受光、氧、热、湿、金属离子等外界因素影响而发生氧化酸败。同时，油脂品质还受脂肪酸组成、微量活性物质及光照等多种因素的影响。当大豆油脂发生酸败后，油脂会产生不良风味，同时具有一定的生理毒性，影响食品的感官品质。因此解决油脂酸败问题、保证油脂品质是重要研究课题。

二、大豆油脂提取工艺

大豆含油脂率低，想要得到出油率高且品质好的油更加不易。通过对大豆制油加工工艺进行研究，将众多方法分为物理方法、化学方法、生物方法和混合方法，针对其加工工艺流程及关键步骤等信息进行详细叙述。

（一）物理方法

1.压榨法

压榨法是指依靠压力将油脂直接从原料中分离出来，保留了大豆的原汁原味，通常分为冷榨油和热榨油。压榨法的大致工艺流程为大豆→清洗→干燥→破碎→过筛→压榨→分离→大豆油。一般热榨温度维持在 128 ℃左右，这导致热榨的出油率略高于冷榨。通过比较冷榨和热榨提取的大豆油品质，发现冷榨比热榨的亚油酸含量多 22.80%。由于亚油酸含量的提高，冷榨大豆油的营养价值明显高于热榨大豆油。压榨制取大豆油较为安全，几乎不添加有害化学成分，但是其出油率较低，经济效益不高，所以现代压榨方法常需要调节压榨条件、添加辅助处理或和其他方法结合制油，如纤维素酶结合碱性蛋白酶冷榨制油。相较于其他方法，压榨法主要通过机械作用进行提油，该法适应性强、操作简单、生产安全，但该法出油率较低、营养成分破坏程度大、生产效率较低，并且豆粕中蛋白质变性严重，油脂中的磷脂、维生素E等功能性成分破坏严重。

2. 萃取法

萃取法是根据溶解度来进行大豆油提取的物理方法，一般采用超临界萃取法。工艺流程为大豆→粉碎→过筛→调节温度和压力→萃取→大豆油。采用超临界萃取法提取一种新型浓香的优质大豆油，最优条件为大豆在 170 ℃下烘烤 30 min，破碎至 40 ~ 60 目，萃取压力为 25 MPa，在 50 ℃下萃取 2.5 h；也可以采用超临界 CO_2 萃取法，最佳提取工艺为在 45 ℃、25 MPa 下萃取颗粒度 50 目的大豆粉末 60 min，大豆油的提取率为 21.48%。利用超临界流体的优良溶解能力，将基质和萃取物有效分离，可以避免传统工艺中出现的杂质过多问题。

（二）化学方法

溶液浸提法（浸出法）是工业上普遍应用的一种大豆制油工艺，工艺流程为大豆→清洗→干燥→破碎→轧胚→调节浸出条件→浸出→六脱（脱脂、脱胶、脱水、脱色、脱臭、脱酸）→大豆油，其工艺完全、成熟，浸出率接近 100%。大豆油的生产包括 3 个主要阶段：预处理、提取分离和后处理。原料大豆的预处理包括干燥、储存、机械清洗、去皮和剥皮。溶剂是富含正己烷（60%）的己烷异构体（正己烷、甲基戊烷、甲基环戊烷和二甲基丁烷）的混合物，萃取在逆流渗透系统中进行。萃取系统的两种输出物是胶束（富含油脂）和粕（富含蛋白质）。后处理包括 5 个步骤：脱胶、碱精炼、漂白、加氢和脱臭。脱胶是在大豆油中加水，然后离心，这是长期储存和运输及生产卵磷脂所必需的。脱胶后，在油中加入苛性碱溶液，通过形成皂浆来去除游离脂肪酸。脱色是通过吸附去除色素来完成的。在催化剂的存在下使用氢气进行氢化。在这一步骤中，一些不饱和脂肪酸被转化为单不饱和脂肪酸和饱和脂肪酸，以使它们更稳定地氧化。脱臭可以去除原料中的游离脂肪酸和挥发性化合物。溶剂萃取和排渣是大豆油生产中使用的主要工艺。使用不同的有机溶剂进行浸提，在品质和得率方面会有细微的变化。例如，使用正戊烷浸出大豆油，同时在浸出前膨化大豆料，选择在 30 ℃下浸出 2.4 h，其出油率可达 98.83%。近年来，有机溶剂的使用以己烷为主，在浸提条件为入浸水分 7%、料液比 1∶0.8、浸出温度 60 ℃、浸出时间 80 min 时，最终大豆中的残油率可低至 0.65%。浸提法需要添加化学试剂，但是其危险性很难完全消除。例如，己烷是目前萃取的主要溶剂，这种溶剂萃取油溶解度高，可用性好，价格低廉，沸点低，汽化热大。相比之下，己烷是由不可再生资源（如石油）制造的，易燃，而且有毒。最近，己烷被列为致癌性、诱变性和生殖毒性（CMR）物质。

在工业过程中，用绿色溶剂替代己烷似乎是豆油提取的最佳方法。使用萜烯、环戊基甲醚和 2-甲基四氢呋喃时，油提取率更显著。相比之下，一些先进的技术，如酶辅助、超临界流体、深度共晶溶剂和离子液体，比使用己烷进行大豆油提取的工艺效率要低。己烷的最佳替代品包括乙醇、乙酸乙酯、萜烯、2-甲基四氢呋喃和环戊基甲醚。与其他绿色溶剂相比，萜烯具有较低的蒸汽压，从而有助于保证其高循环和回收能力。索氏提取法与溶液浸提法相似，是国标中脂肪含量测定的代表方法，该方法准确、重现性好，并且操作简便，但没有进入过制油市场，只停留在实验室的检验工作中。

（三）生物方法

微生物发酵法是通过利用微生物发酵来提取大豆油脂，通过产生的蛋白酶分解大豆蛋白，从而提高了大豆油脂的分离率，使大豆油提取率在有限范围内达到最大值，而不会增添有毒物质。大部分试验应用的微生物为枯草芽孢杆菌，加工工艺流程为大豆→清洗→干燥→粉碎→灭菌→发酵→提取→大豆油。微生物发酵法安全系数极高，即使油中仅残留少部分微生物，在使用时也可以高温杀死，但是其出油率不如压榨法，所以单独使用一种发酵法无法满足生产需要。一般工业中采用发酵联合挤压膨化技术，结合后的总油得率可达 95.1%。生物解离法与微生物发酵法相比，跳过了发酵过程，直接应用微生物的产物酶。生物解离法的优点是安全无毒、添加物质少，但是生物方法本身出油率具有局限性。

（四）混合方法

虽然单一生物方法的出油率并不理想，但其与化学或物理方法结合后的出油效果很好。这种混合方法不仅可以提高出油率，还可以保证大豆油的食用品质，如水酶法和其他方法辅助萃取法。

1. 水酶法

水酶法是化学方法与生物方法的结合，近年来这种采油新技术得到了广泛的研究（图 2-1）。水酶法的加工工艺流程为大豆→清洗→干燥→粉碎→调节水分、挤压膨化→酶解→离心分离→大豆油。这里需要注意的一点是工艺过程中的"挤压膨化"可以使大豆组织膨胀，使油脂更容易流出，并且在此基础上，选择合适的酶解条件，即酶添加量为 2%，原料与水的配比为 1∶6.5，温度为 57 ℃，pH 为 9.5，酶解 3 h，大豆油的提取率为 91.67% 左右，比传统酶法高 19%。在水酶法的基础上，可以增加各种不同的辅助方法，如与真空挤压膨胀、剥落挤压等物理方法相结合，或依靠超声波辅助提取。前两种都是结合物理方法挤压帮助大豆出油，在套筒温度 87 ℃、模孔孔径 22 mm、真空度 –0.067 MPa 的条件下挤压，使大豆粉膨化，其出油率可达 93.87%，比简单的挤压碰撞高出了 2.2%；剥落和挤压强化了蛋白质中的蛋白酶水解，释放出更多的油，可使油脂提取率提高到 88%。挤压膨化 – 浸出法浸出速度快、油品质量高，但设备投入大、能耗高且豆粕蛋白质的变性程度高。

2. 其他方法辅助萃取法

萃取法大多由酶辅助或者直接与水酶法结合，使用微量蛋白酶就可以提高出油率。工艺步骤分为 3 道工序：水提含油蛋白、酶解含油蛋白及萃取提油。首先大豆经过粉碎，过筛 20 目，加入 400 mL 水 /100 g 大豆，在 pH 9.0 及室温条件下浸泡 1 h，过滤后调节 pH 至 4.5，在以转速 2000 r/min 下离心 15 min，酶解加入 30% 水，再加入 0.3% 的中性蛋白酶，控制 pH 为 8.0，在 45 ℃条件下酶解 1 h，按照 300 mL 石油醚 /100 g 原料的比例加入溶剂萃取，调节 pH 至 4.0，在室温条件下振荡 15 min，在转速 3 000 r/min 下离心

15 min→大豆油。采用该方法可以获得 70% 的高品质大豆油。

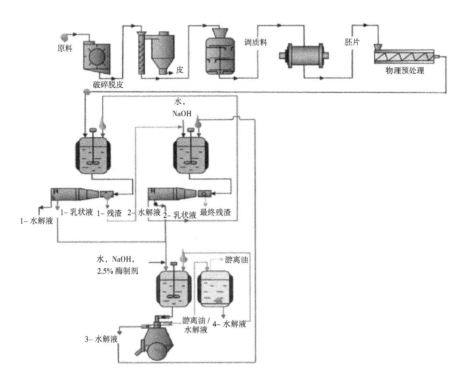

图 2-1　水酶法制油的工艺流程

三、大豆油的改性方法

每个大豆油分子链上平均有 4.5 个非共轭不饱和双键，反应活性较低，不能在紫外光下直接反应聚合。但是由于其具有酯键及不饱和双键，通过对其结构进行改造，可以赋予大豆油不同的性能，满足不同产品的需求。

（一）环氧化改性

环氧化合物在有机反应中扮演着关键中间体的角色，同时也是制造多种精细化学品，如染料和表面活性剂等工业产品的核心原料。通过环氧化处理大豆油，可以进一步拓宽其应用领域。这一过程涉及将大豆油分子中的双键转化为环氧基团，从而生成环氧大豆油（ESO）。ESO 是一种浅黄色、清澈透明的液体，具有一定的黏稠度，并能溶于多种有机溶剂，如高级醇、酮类、烃类和酯类。此外，ESO 还具备出色的耐水性、光热稳定性、低温下的柔韧性，以及低挥发性和无毒害性等优点，使其成为环保型增塑剂的理想选择。因此，大豆油的环氧化改性研究在众多改性方法中占据了主导地位。目前，ESO 的制备工艺主要分为溶剂法和非溶剂法 2 种。其中，非溶剂法因其反应速度快、副反应少且操作简便而备受关注。然而，该方法在制备过程中需要使用有机酸作为催化剂，这导致催化剂的分离变得困难，并可能引发环境污染问题。为了解决这一问题，研究人员已经开发出了多种新型催化剂和催化方法，如离子交换树脂、低共熔溶剂、固体超强酸和杂多酸等，以期实现更环保、高效的 ESO 制备。ESO 的制备过程通常依赖于羧酸作为氧载体，同时利用过氧化氢作为氧化剂，在大豆油的催化环氧化反应中生成。由于该反应体系包含油相和水相，为了提高 ESO 的合成效率，通常会同时加入催化剂和乳化剂。这 2 种添加剂的结合使用，能够充分利用催化作用和乳化效果，促进反应的进行。然而，大豆油的环氧化反应条件相对严苛，往往需要在高温和强酸等极端条件下进行。高温条件虽然有助于反应的快速进行，但也会带来较高的能耗问题。同时，强酸环境对反应设备的腐蚀性较强，特别是对反应釜的损害较大，这无疑增加了生产成本和维护难度。因此，在实际生产中，需要综合考虑反应条件、生产效率及设备保护等因素，以寻求最佳的制备工艺。

（二）环氧化开环改性

环氧化开环改性技术是通过利用酸、醇、胺等含有活性氢的化合物，与 ESO 中的环氧基团发生羟基化反应，从而生成大豆油基多元醇。这种多元醇随后可以与多异氰酸酯发生反应，制备出聚氨酯材料。聚氨酯在泡沫材料、胶黏剂、涂料等多个领域均有广泛的应用，这极大地扩展了大豆油基化合物的应用范围。在羟基化方法中，主要包括质子酸开环法、醇类开环法和醇胺开环法，这些方法为大豆油基聚氨酯的制备提供了多样化的途径。

1. 质子酸开环法

质子酸因其能够释放质子并对环氧基团进行亲核加成反应，成为 ESO 开环改性中一类常见的试剂。丙烯酸，作为质子酸的一种，被广泛应用于这一领域。通过丙烯酸对 ESO 进行开环反应，可以获得一种可 UV 固化的大豆油多元醇。这种多元醇不仅可直接应用于 UV 固化领域，而且在后续制备聚氨酯材料方面也展现出巨大优势，因此已成为当前制备大豆油多元醇的主流方法之一。在实际操作中，常采用三苯基膦作为催化剂，并添加少量对苯二酚以防止丙烯酸（酯）发生自由基聚合。将一定物质的量比的环氧基与丙烯酸反应混合物在搅拌条件下进行反应。反应结束后，产物需用乙醚稀释，并依次用 $NaHCO_3$ 水溶液和盐水洗涤多次，以获得纯化的环氧大豆油丙烯酸酯（AESO）。进一步利用 AESO 与异佛尔酮二异氰酸酯（IPDI）、1,4- 丁二醇（BDO）、2,2- 二羟甲基丙酸（DMPA）及三乙胺（TEA）等原料反应，可以制备出可光固化的环氧大豆油基聚氨酯丙烯酸树脂。除了丙烯酸外，磷酸也是一种有效的开环试剂。使用磷酸对 ESO 进行开环反应，可以得到磷酸化环氧大豆油多元醇（PESOP）。随后，以 PESOP、IPDI、聚己二酸 -1,4- 丁二醇酯二醇（PBA 2000）、DMPA、BDO 为原料，辛酸亚锡（T-9）和二月桂酸二丁基锡（T-12）为催化剂，在 70 ℃下反应 4 h 后，加入 TEA 和乙二胺（EDA）进行中和处理，即可制备出水性聚氨酯。这些方法为大豆油基化合物的进一步开发和利用提供了有力的技术支持。

2. 醇类开环法

醇类物质，由于其含有的羟基官能团，同样能够作为 ESO 开环反应的有效开环试剂。在制备大豆油多元醇的过程中，醇类开环方法主要分为均相催化法和固体酸多相催化法两大类。在均相催化法中，盐酸、硫酸、磷酸以及四氟硼酸（HBF_4）等常被用作均相催化剂，同时往往需要添加如 N,N- 二甲基甲酰胺（DMF）或丙酮等有机溶剂来辅助反应。尽管这种方法操作相对简便，但存在甲醇利用率低、生产成本上升的问题。更重要的是，在纯化过程中使用的大量有机溶剂（如正己烷）可能对环境造成严重污染。为了克服这些缺点，研究人员尝试减少反应时间、溶剂使用量，并降低反应温度。通过采用自制的 ESO、异丙醇、正丁醇、正戊醇作为原料，并以 HBF_4 作为催化剂，在未添加任何溶剂的条件下，室温下仅需反应 1 min 以内，即可成功合成具有不同羟值的多元醇低聚物。这种方法不仅简化了操作流程，还有效降低了生产成本和环境污染风险。

3. 胺类开环法

二乙醇胺（DEA），一种在常温下呈现无色黏性液态的化合物，是醇胺开环法制备大豆油多元醇时常用的开环试剂。凭借其氨基所具备的强大亲核能力，DEA 能够高效地与 ESO 中的环氧基团发生亲核加成反应，从而生成多官能度的大豆油多元醇。在制备过程中，首先采用硫酸作为催化剂，过氧化氢作为氧化剂，对大豆油进行氧化处理，以制备出具有不同环氧值的 ESO。随后，在四氟硼酸的催化作用下，以 DEA 作为开环剂，对自制的 ESO 进行开环反应，进而获得羟值各异的大豆油基多元醇。此外，还可以直接将 ESO 与 DEA 作为原料，在氮气的保护氛围下，于 50 ℃的温度条件下反应 2 小时，制备出部分开环的环氧大豆油。这种方法为大豆油多元醇的制备提供了更多的选择和可能性。

（三）巯基 – 烯改性

巯基 – 烯光点击反应因其温和的反应条件、高活性和高选择性，在材料制备领域得到了广泛应用。该反应的机制涉及 2 个关键步骤：首先，在紫外线（UV）辐照下，巯基与光引发剂发生作用，生成巯基自由基；随后，这些巯基自由基会攻击碳碳双键，引发自由基加成反应。大豆油，因其丰富的碳碳双键含量，成为与含有不同官能团的巯基化合物反应的理想原料，从而能够实现大豆油侧链的官能化。例如，以大豆油和巯基乙醇（ME）为原料，2- 羟基 -2- 甲基 -1- 苯基 -1- 丙酮（PI-1173）为光引发剂，在氮气保护下，经 365 nm 紫外线辐照 2.5 h，可以成功制备出大豆油基多元醇。进一步将这种大豆油基多元醇与异佛尔酮二异氰酸酯（IPDI）和缩水甘油预聚物反应，能够制得带有环氧基团的改性大豆油。在另一项研究中，将大豆油、ME、四氢呋喃（THF）和 2,2- 二甲氧基 -2- 苯基苯乙酮加入史莱克烧瓶中，在氮气气氛下，通过紫外线（254 nm）辐照进行反应。通过考察反应温度和反应时间对碳碳双键转化率和羟基官能化的影响，发现当在相对较低的温度（–20 ℃）和反应时间（24 h）下进行时，碳碳双键的转化率超过 99%，羟基官能化率也超过 95%。尽管巯基 – 烯点击反应具有高效、高选择性和高产率等诸多优点，但巯基化合物的高昂价格和强烈气味等问题仍在一定程度上限制了其实际应用。

（四）醇解改性

醇解反应是指酸酐、酰卤和酯等功能性基团在醇的作用下分解，进而形成新的酯类和其他化合物的反应。当酯类发生醇解时，该过程也被称为酯交换反应。大豆油，作为一种脂肪酸酯，其分子结构中包含酯键，因此具备进行醇解反应的条件。值得注意的是，醇解反应通常需要较高的温度条件，且反应过程中产生的某些产物会推动整个反应体系向正反应方向进行，形成导向型醇解反应。以大豆油和甘油为起始原料，通过 KOH 的催化作用，并在高温条件下进行反应，可以制备出大豆油基高级脂肪酸酯多元醇。随后，利用羟值为 210 mg KOH/g 的该多元醇与甲苯 -2,4- 二异氰酸酯进行反应，得到预聚物。进一步使用 HPA 对预聚物进行封端处理，即可合成大豆油基聚氨酯丙烯酸酯。向该聚氨酯丙烯酸酯中加入光引发剂 1- 羟基环己基苯甲酮（Irg184）和活性稀释剂 HDDA，并充分搅拌混合后，通过紫外线固化技术，可以获得具有优良拉伸强度（14.06 MPa）、较高断裂伸长率（29.22%）及高达 5H 铅笔硬度的涂膜，这种涂膜非常适合作为高硬度涂料使用。

利用酯交换反应将大豆油和甲醇转化为生物柴油，由于其主要成分是脂肪酸甲酯，可以直接替代矿物柴油在柴油发动机中使用，为缓解国家能源安全危机提供了新的途径。具体而言，通过采用固定化脂肪酶 435（Novozym435）作为催化剂，并以滴加甲醇的方式，可以有效地合成生物柴油。研究表明，调整反应温度和甲醇的滴加速度能够显著提升脂肪酸甲酯的收率。在最佳条件下，即反应温度为 60 ℃，且甲醇的滴加速度精确控制在 3.43×10^{-4} g 甲醇 /（g 油·min），产物收率可高达 98.75%。此外，以大豆油和甲醇为基础原料，在脂肪酶 Novozym435 的催化作用下，并引入叔戊醇（$C_5H_{12}O$）作为溶剂，在超声振荡的辅助下，于 40 ℃恒温条件下反应 2 h，可以制备出改性大豆油。

（五）酯化反应

酯化反应是将羧酸或含氧无机酸与醇进行相互作用，进而生成酯和水的一种化学反应。由于大豆油经过环氧化开环处理后含有醇羟基，因此在适宜的条件下，它能与羧酸根发生酯化反应。例如，利用环氧大豆油丙烯酸酯（AESO）和 3,4- 二羟基苯甲酸（DHA）作为原料，通过酯化反应，可以制备出一种以植物油为基础的贻贝黏合剂 AESO-g-DHA。该黏合剂结合了 AESO 中双键的快速交联特性及邻苯二酚与多种基材表面的强烈界面相互作用，使得它在室温下、紫外线照射并有光引发剂存在时能够迅速固化。此外，AESO-g-DHA 在各种基材（如玻璃、金属、塑料）和木材上都展现出了卓越的黏合能力，仅需 10 分钟，其黏合强度即可超过 1.4 MPa。此外，以 ESO、三羟甲基丙烷（TMP）、邻苯二甲酸酐（PA）和水性单体偏苯三酸酐（TMA）为主要原料，通过醇解、酯化和中和等工艺步骤，可以合成水溶性醇酸树脂。研究结果显示，当油度设定为 40%，醇的过量比例为 1.2，TMA 与 PA 的物质的量比为 0.5：1，且最终酸值控制在 60 ~ 80 mg KOH/g 的范围内时，所制备的水溶性醇酸树脂表现出了优异的水溶性和稳定性。综上所述，通过对大豆油进行改性处理，可以赋予大豆油基化合物多样化的性能，从而拓宽其应用领域，满足不同化工产品的特定需求。各改性方法用到的反应试剂、优缺点等如表 2-2 所示。

表 2-2　大豆油改性方法汇总

项目	环氧化	环氧化开环	巯基－烯	醇解反应	酯化反应	共混改性
反应官能团	双键	环氧基团	双键	酯键	羟基	无
反应试剂	过氧化氢、酸	质子酸、醇类、胺类等含活性氢的化合物	巯基化合物	小分子醇	酸	各种有机物、无机物
优点	产物环氧大豆油可作为胶黏剂使用，环氧基团也可与其他基团进一步反应改性	反应可以引入不同的活性官能团，产物大豆油基多元醇是合成新材料聚氨酯的重要原料	反应速率快、产率高	生产生物柴油，有望缓解能源危机	酯类是制造医药和染料的原料，酯化反应广泛用于有机合成领域	灵活，可以与有机物或无机物复合，赋予材料更好的力学性能、热学性能等

续表

项目	环氧化	环氧化开环	巯基–烯	醇解反应	酯化反应	共混改性
缺点	反应过程中使用大量过氧化氢会造成危险，反应产物含有机酸，会污染环境	质子酸作为开环试剂时，存在无机酸的使用会产生大量废酸、有机酸的开环效率低的问题；醇作为开环试剂时，制得的产物羟值偏低，不能满足高性能聚氨酯原料的性能要求	巯基化合物价格昂贵，气味重	可逆反应，反应温度高，反应速率慢，反应时间长	可逆反应，存在副反应，反应时间长，反应温度较高	相容性可能不好

第三节 大豆蛋白加工

大豆蛋白（SPs）含有人类所需的大部分必需氨基酸，已被广泛用于各种食品中，如婴儿食品、运动饮料、牛奶或肉类替代品，以及谷物强化食品。最近，以大豆蛋白为原料的膳食作为心脏病、肥胖症、癌症和糖尿病的生物反应调节剂也受到了广泛关注。特别是与动物蛋白相比，食用植物蛋白，包括大豆蛋白，在降低血清胆固醇浓度方面突显出更高的成效。传统的加工工艺包括热处理、酶催化、糖基化等对提高豆制品的营养、感官和保健性能起着至关重要的作用。本节将讨论不同处理技术对 SPs 的理化性质和结构特性的影响。

一、传统加工技术

（一）热处理

为了抑制细菌或酶的活性，提高大豆的消化率，热处理是最常用的技术之一。可进一步细分为 2 种形式：湿式加热和干式加热。典型的湿式加热主要包括煮沸、高压灭菌、挤压和蒸煮，这些技术均能引起蛋白质基体发生重大的结构改变，包括变性、水解、聚集、二硫键重组及与其他组分的相互作用。相比之下，干热处理包括焙烧、微波辐射、红外和欧姆加热，往往会引发诸如美拉德反应和酶促褐变反应等化学反应，从而使产品产生香气和色泽。一般来说，高温很容易改变 SPs 的空间构象和三维结构，导致蛋白质的物理化学性质发生变化。β- 伴大豆球蛋白和大豆球蛋白在 80 ℃的条件下加热时易变性和聚集。并且，随着温度的升高，蛋白分子尺寸增大，溶解度减小。此外，热处理还导致了巯基和疏水基团的暴露，从而增加了表面疏水性，降低了净电荷分布。蛋白质结构的不可逆转变促使分子链伸展，从而导致凝胶网络结构的形成。这种凝胶的形成过程在豆浆制作豆腐的过程中尤为明显。此外，SPs 的热处理与乳液的液滴大小、絮凝状态和乳化稳定性密切相关。通过引起乳液中液滴间的疏水相互作用，提高了液滴絮凝作用和乳液稳定性。结果表明，β- 伴大豆球蛋白的表面疏水性和持水性随热变性程度的增加而增强，并能迅速吸附在油水界面上。相比之下，大豆球蛋白具有较低的表面疏水性、较大的分子尺寸和较低的分子灵活性，这阻碍了其在乳液中油相和水相之间的相互作用。此外，热处理往往使蛋白质结构更加松散和灵活，从而有利于消化酶的水解。特别是热处理可以破坏 SPs 上现有构象表位的完整性，通过将蛋白质二级结构中的 α- 螺旋转化为 β- 折叠或不规则卷曲，从而在一定程度上降低其过敏原性。例如，加热到 80 ℃后，处理 30 min，7S 和 11S 的致敏电位降至初始值的 39%～ 75%。然而，热加工可能会触发蛋白质与其他组分之间的反应，如美拉德反应，导致一些毒素的形成，包括晚期糖基化终产物、丙烯酰胺、杂环胺和 5- 羟甲基糠醛等。

（二）酶催化

根据催化反应类型的不同，将酶催化分为酶水解和酶交联两大类，两者都广泛应用于 SPs 加工，是改善蛋白功能性质的有效途径。蛋白水解酶，如碱性磷酸酶、胰蛋白酶、木瓜蛋白酶、复合蛋白酶和胃蛋白酶，可以将蛋白质裂解成寡肽片段和游离氨基。蛋白质水解产物受消化时间、温度、pH 和酶 /底物比的影响较大。在 pH 2.0 条件下，复合蛋白酶的 SPs 水解产物具有良好的溶解性、乳化活性、发泡能力和肠道吸收能力。碱性蛋白酶水解蛋白后也表现出优异的抗氧化性能和还原能力，水解产物中产生了一些特定的生物活性肽和氨基酸序列。这种变化主要是由于酶与蛋白质的相互作用使蛋白质中的多肽键和结构域被破坏，形成一些小分子多肽，蛋白质结构变得松散。有研究表明，SPs 中的 β- 伴大豆球蛋白比大豆球蛋白更易被胃蛋白酶和胰凝乳蛋白酶水解，且大豆球蛋白中的酸性多肽比碱性多肽更易水解。水解过程通过破坏 SPs 的空间结构或化学键，可有效降低 SPs 的致敏性。例如，谷氨酰胺转氨酶（TGase）通过与 SPs 交联可以显著改变 SPs 的性质，使 SPs 通过蛋白质分子间和蛋白质 – 水相互作用聚集形成蜂巢状凝胶，从而提高豆腐的强度和弹性。TGase 加入后，聚集物的形成通过对抗原表位的掩蔽和修饰来降低蛋白的致敏性。此外，TGase 交联反应促进了二硫键的形成，提高了疏水性、结构性能和热稳定性，降低了 SPs 的溶解性和乳化活性。SPs 的酶解物由于具有改善肠道吸收和免疫调节活性的功能，可将其设计为婴儿的营养添加剂、患者的治疗性食品配方和老年人的肠道保健饮食。不同酶之间的交叉使用可使 SPs 具有良好的胶凝能力和黏弹性，也可应用于糖果、烘焙、饮料及肉类加工行业。

（三）糖基化

糖基化是指还原糖的羰基与蛋白质的 ε- 氨基通过共价结合形成糖基化蛋白时发生的一系列复杂的化学反应。糖基化反应是一种相对安全可靠的蛋白质化学修饰方法。糖基化反应可以通过加热自发进行，不需要额外的化学试剂。它不仅能产生风味、颜色和延长保质期，而且还能通过在食品分子结构中引入亲水基团来增强蛋白质的功能性。大量研究表明，通过糖基化反应得到的 SPs- 多糖复合物改善了蛋白的功能性质，如乳化活性、溶解性、发泡性及抗菌和抗氧化作用。例如，与未处理的蛋白质相比，与葡萄糖结合的 SPs 即使在高温和较高 / 低的 pH 范围内也具有良好的溶解性、热稳定性和乳化性能。SPs- 壳聚糖偶联物表现出良好的乳化性能，抗菌活性显著提高。此外，共价连接的 SPs- 低聚果糖复合物降低了游离氨基的含量，导致蛋白质内部的无规卷曲结构增加，天然刚性分子结构被拉伸并变得松散。乳糖与 SPs 的糖基化也降低了大豆球蛋白的抗原性和 Ig E 结合能力。糖基化 11S 的抗原性比原始 11S 降低了约 30%。糖基化反应后大豆应变原性的降低可能是由于形成了高分子量的蛋白质聚合物，或多糖通过修饰掩盖蛋白质的 Ig E 结合表位。糖基化复合物在食品工业中具有改善蛋白质功能特性的巨大潜力，特别是作为功能性食品中的乳化剂。然而，糖基化反应也会在晚期形成有害的副产物，如丙烯酰胺和晚期糖基化终产物，导致多种疾病的产生，如 2 型糖尿病、心血管功能障碍和某些类型的癌症，对营养价值和食品安全构成潜在风险。因此，在糖基化过程中，必须小心控制糖基化程度和反应时间。

二、新型加工技术

日益增强的健康意识使公众对新型功能食品的开发产生了极大的兴趣。新型加工技术的出现使 SPs 的质量特性得以改善，创造出更多面向市场的新型食品。在本节中，我们将介绍几种新兴的 SPs 加工技术，主要介绍这些技术对蛋白理化性质产生影响的机理，并进一步讨论它们在食品工业中的潜在应用。

（一）高静水压（HHP）

HHP 是一项新兴且具有前景的技术，可用于微生物和酶的灭活，改善食品成分的功能和营养，同时保持食品的天然口感和风味。HHP 是指在一定温度范围内，压力为 $100 \sim 800$ MPa，通过破坏蛋白质的非共价键，如疏水键、氢键、离子键和盐桥，导致蛋白质解聚或构象改变。当压力为 $200 \sim 300$ MPa 时，蛋白质发生构象变化；当压力达到 500 MPa 时，蛋白质结构完全展开。在 300 MPa 下处理 10 min，大豆球蛋白解聚成亚基，疏水区、巯基、氨基酸残基含量明显增加；在 400 MPa 下处理 10 min 后，大豆球蛋白完全变性；当压力达到 500 MPa 时，α- 螺旋和 β- 折叠结构被破坏，转变为不规则的螺旋结构。总的来说，HHP 诱导的 SPs 的结构变化也影响了其理化性质。具体而言，疏水氨基酸残基在变性过程中展开和暴露，可提高蛋白的发泡能力、溶解度和乳化性能。此外，SPs 的过敏原性在 300 MPa 下处理 15 min 后，与对照组相比降低了约 48.6%。SPs 的这种应变原性改变与加工过程中抗原表位的构象修饰和破坏密切相关，这可以为婴儿提供重要的低应变原性大豆基食品。此外，改性后蛋白呈现出更多的无序结构、分子结构伸展和溶解性增强也为降低大豆应变原性提供了直接证据。HHP 处理还能改善 SPs 的凝胶和絮凝性能。在豆腐加工过程中，蛋白质在 500 MPa 高压下加工 20 min 后，会产生具有交联网络结构的强豆腐凝胶，这些凝胶结构的形成改善了产品的质地，增强了豆腐的保水能力、咀嚼性能和体内消化率。在未来，HHP 可作为一种先进的非热加工技术，用于低致敏婴儿配方奶粉、果汁行业或功能食品中。然而，将 HHP 应用于食品工业需要较高的资金成本和能源消耗，这使其难以在大型食品加工企业中运作。

（二）高强度超声（HIU）

HIU 通常是指频率为 20 ～ 100 kHz、强度为 10 ～ 1000 W/cm^2 的声波，能够引起食物结构发生物理、机械和化学方面的变化。因此，它被认为是一种新兴的、具有成本效益的非热技术，广泛应用于各种食品加工中。超声对液体介质的作用主要是通过空化和微流作用，使液体迅速在气泡产生和破裂之间转化，产生高剪切能、冲击波和湍流。空化作用和高剪切能可以使蛋白质内的范德华力和氢键失稳，促进蛋白质分子的结构展开和部分变性，从而影响食品的加工性能。一些研究发现，HIU 可以良好地改变食物中蛋白质的结构和功能特性。例如，当 HIU 处理达到 500 W 时，发现 SPs 具有更高的溶解性、更低的浊度、更大的粒径和更高的可溶性蛋白含量。此外，蛋白质的表面疏水性、界面张力、ζ- 电位及分子的柔韧性都有上升的趋势。这些变化提高了 SPs 的吸附活性和界面张力，从而提高了蛋白的乳化能力和乳液稳定性。而这些功能性质的改善与超声空化导致的 SPs 二级结构中 β- 转角比例的下降、β- 折叠和无规卷曲比例的增加及三级结构的伸展密切相关。在 300 W 的超声作用下，大豆的致敏性比未处理样品降低了 51.39%，这主要归因于 HIU 处理可以重组二硫键，诱导蛋白质的重新折叠，从而引起构象和微环境的变化，导致 SPs 的过敏表位消除。此外，HIU 处理还提高了巯基含量和蛋白质聚集量，提升了凝胶形成过程中的硬度、流变行为和持水能力。在 20 kHz、400 W 的条件下，对 SPs 进行 20 min 的 HIU 预处理后，蛋白凝胶网络结构更加致密、规则和均匀，可作为肉制品的质量改良剂，也可作为医药领域的封装材料。

（三）大气压低温等离子体（ACP）

ACP 是一种新兴的非热物理加工技术，广泛应用于杀菌和食品性质的改变。通过放电将惰性气体电离，可以产生由电子、带电离子、中性粒子和活性自由基等组成的混合物。一般来说，ACP 的操作温度为 30 ～ 60 ℃，具有低温、效率高、营养和风味损失少，并且没有有毒副产品产生等优点。低温等离子体可以通过与食物组分进行相互作用，从而影响不同组分的结构和功能特性。

此外，ACP 产生的活性物质通过与 SPs 发生反应，可以引起其分子结构的变化，如二硫键的断裂、氨基酸的氧化、表面亲水性的提高和不溶性蛋白质聚集物的产生。这些构象的变化将进一步影响它们的功能特性，如溶解度、持水性、乳化性和发泡性。例如，利用低温等离子体技术处理 β- 伴大豆球蛋白和大豆球蛋白后，SPs 的致敏性下降了 89% ～ 100%，并产生了分子量为 50 kDa 的低分子量蛋白。这一结果证明 ACP 技术可以作为一种新型有效的手段来降低 SPs 的致敏性。此外，低频 ACP 处理 SPs 较短时间可使蛋白产生轻度氧化产物，并使蛋白的二、三级结构发生改变，改善了蛋白质的溶解性、乳化性、长期稳定性和起泡性。因此，ACP 技术作为一项非热处理技术，在修饰蛋白质结构和改善其功能特性方面发挥了巨大潜能，特别是 ACP 处理后的 SPs 可用于稳定食品悬浮液、制作低致敏性饮食和聚合物材料的表面改性。然而，关于 ACP 处理食品后的安全性仍存在争议。在对这项技术进行商业化应用之前，仍需考虑其市场性和消费者可接受性。

（四）高水分挤压（HME）

HME 技术是一种有连续的多步骤热挤压过程的技术，原料在高温、高压和高剪切力作用下，其分子结构转变为独特的纤维结构，从而可用于类肉产品的研发。材料通过双螺杆挤压机处理后，在冷却模具内进行凝固，同时发生形变。低水分挤压生产的植物蛋白由于吸水性强而迅速膨胀，易形成海绵状的纹理结构。相比之下，高水分挤压需要物料在挤压机中的含水率为 40% ～ 80%，这样可以减少能量和膨胀产生的黏性耗散。近年来，加工技术的进步促进了以 SPs 为基础的植物蛋白肉的发展。当 SPs 通过挤出模具时，在高机械剪切力、压力、水分和外界加热的共同作用下，蛋白结构发生一系列构象变化，包括二次结构的紊乱、表面疏水性的丧失、二硫键和氢键的部分断裂，以及分子链的展开等。这些转化促使蛋白质分子结构发生重排、变性、自团聚和潜在降解，从而产生致密的纤维结构和优异的弹性结构。此外，在高水分挤压下的冷却模具可以最大限度地避免营养物质或生物活性物质的损失。同时，SPs 中的抗营养因子，如缩合单宁、植酸和胰蛋白酶抑制剂，在机械和热应激下降解或失活。较高的螺杆转速和较低的进料速度可以增加剪切力，有利于蛋白质的交联和聚合，从而阻断或破坏其表位。通过酶联免疫吸附试验（ELISA），HME 处理可使 SPs 的免疫反应性降低 53% ～ 68%。在未来，应用 HME 技术开发植物性肉类替代品能够满足环保、健康和可持续发展的要求。此外，与动物肉相比，对于植物肉产品，更应该关注其质量，如质地、多汁性和味道。

（五）脉冲紫外光（PUV）

PUV 是一种新型的非热杀菌技术，常用于食品灭菌和延长货架期。它也被认为是一种相对安全、无毒的改善食品质量的方法。该装置配备了一种独特的惰性气体管，可以以脉冲形式激发并产生高频紫外线。PUV 可以发射非常短的高能脉冲光，比普通紫外光具有更高的扩散强度。一般来说，用于食品加工的 PUV 光以每秒 1 ～ 20 次的速度闪烁，表面能量密度为 0.01 ～ 50 J/cm^2。SPs 中的发色基团（色氨酸、酪氨酸、苯丙氨酸残基）能够快速吸收高强度紫外光，从而引发复杂的生化反应。PUV 处理后，脉冲光通过光热、光化学和光物理反应与食物分子相互作用，从而可以通过氧化、聚集和交联反应将蛋白质修饰成不溶性聚合物。研究发现，在距大豆蛋白约 8 cm 和 10 cm 处施用 PUV 会降低 β- 伴大豆球蛋白和大豆球蛋白的免疫反应性。十二烷基硫酸钠 - 聚丙烯酰胺凝胶电泳（SDS-PAGE）也证明了大豆球蛋白（14 ～ 34 kDa）和 β- 伴大豆球蛋白（50 kDa）的亚基带在处理 2 min 和 6 min 后消失，致敏性分别降低了 20% 和 50%。PUV 处理还可导致蛋白质的二硫键氧化形成巯基，从而产生蛋白质聚合物，掩盖过敏原的表位并降低蛋白质的抗原性。此外，PUV

处理豆制品还可以去除不良的豆腥味和脂肪氧合酶。然而，PUV 长期处理后产生的光热效应会导致 SPs 中的发色基团对高能量光的吸收，导致蛋白质的温度升高、水分流失和质量下降，损害蛋白质的营养价值。PUV 技术在抑制大豆脂肪氧合酶、开发低致敏大豆制品和大豆风味饮料及作为一种保鲜技术等方面具有广阔的应用前景。但在加工过程中，蛋白的某些功能特性如消化率和营养物质含量可能会受到负面影响。因此，需要对该技术进行进一步的探索，以便在未来的工业实践中加以应用。

（六）与多酚相互作用

多酚因具有清除自由基、抗炎、抑制有害微生物等优越的生物学功能而受到人们的广泛关注。随着对健康饮食的追求，人们发现蛋白质和多酚之间的相互作用可以影响蛋白质的构象，增强食物的功能特性（图 2-2）。根据结合方式的不同，多酚与蛋白质的相互作用可分为 2 种不同的类型：非共价相互作用和共价相互作用。非共价相互作用是可逆的，通常包括氢键、疏水相互作用、静电相互作用和范德瓦耳斯力，其中疏水和氢键相互作用是络合的主要驱动力。氢键是由多酚中的羟基氧原子与蛋白质中的羧基或侧链中的氧原子相互作用形成的。而疏水相互作用主要发生在多酚类物质中的非极性芳香环与蛋白质中的色氨酸、酪氨酸、苯丙氨酸等疏水氨基酸之间。这些相对较弱的相互作用力可以以一种协同模式运行，从而产生具有很强选择性和方向性的作用力。例如，7S 和 11S 球蛋白在酸性介质中通过非共价键与花青素 -3-O- 葡萄糖苷（C3G）相互作用，引起了蛋白二级和三级结构更加伸展和松散。由于多酚的亲水基团与蛋白质表面的疏水基团结合，蛋白质 – 多酚偶联物的亲水性和可溶性蛋白含量增加。此外，SPs 与茶多酚在 pH 7.4 下通过氢键和疏水相互作用共轭交联，显著提高了 SPs 的乳化性能和抗氧化活性。而蛋白质与多酚之间的共价交联是通过分子间共价键的形成来实现的，这个过程是不可逆且相对稳定的。共价结合主要包括酶法（酚氧化酶、酪氨酸酶、漆酶）和非酶法（碱性反应或自由基接枝）。其中，碱性反应是一种常见的共价键形成方法，在碱性条件下（pH 9.0），多酚上的羟基容易氧化形成醌。这些高活性的中间体与蛋白质侧链上的游离氨基酸发生亲核加成反应，形成紧密的共价键。在 pH 9.0 和室温条件下，SPs 与富含花青素的黑米提取物发生共价作用。花青素的加入改变了 SPs 的二级结构，减少了 β- 折叠结构，增加了 β- 转角和无规卷曲结构。SPs 与花青素结合后，乳化稳定性、起泡性、抗氧化活性和体外消化方面均有显著改善。总之，多酚可以在共价和非共价条件下与 SPs 相互作用，从而引起构象变化，改善后者的功能特性。

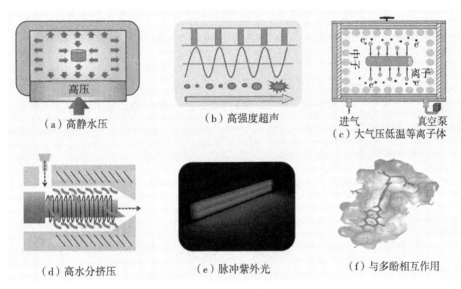

（a）高静水压　　（b）高强度超声　　（c）大气压低温等离子体

（d）高水分挤压　　（e）脉冲紫外光　　（f）与多酚相互作用

图 2-2　新兴的大豆蛋白加工技术

第四节　大豆饮料食品加工

大豆饮料历史悠久，早在公元前 200 年，中国就发明了豆浆和豆腐。日本和美国等在中国豆浆生产方法的基础上开发了豆乳饮料。豆乳在感官上接近牛乳，口感细腻，不沉淀、不分层，可以长期保存，并具有改善"文明病"和"老年病"等功效。

一、大豆蛋白饮料

（一）大豆蛋白饮料的分类

1. 豆乳饮料

豆乳饮料是以豆粕为原料，经加热使豆粕中的大豆蛋白适度变性，用有机酸调整 pH，经酸性蛋白酶作用使蛋白水解，将水解后得到的蛋白降解产物先经过离心分离和过滤，再经过风味蛋白酶的进一步分解所得到的含多肽与氨基酸的大豆蛋白水解液，最后经过风味调整、灭菌等工序制得的成品。

2. 果汁豆乳饮料

果汁豆乳是一个复杂的不稳定体系，不但含有蛋白质、脂肪，还有较多的膳食纤维及其他不溶性成分。不同特性的大豆蛋白等电点不同，在酸化过程中易发生絮凝沉淀现象；豆渣纤维颗粒粒径较大，易发生自然沉降。此外，果汁中的果胶、多酚等物质也能破坏大豆蛋白的稳定性。

（二）豆乳饮料的加工工艺

1. 加工工艺流程

大豆→选料→脱皮→酶钝化→磨碎→分离→调制→杀菌、脱臭→均质→冷却→包装→成品。

2. 操作要点

（1）选料及原料的用量。原料的质量至关重要，一定要保证选用优质原料，否则对产品的质量有很大的影响。使用劣质原料生产，不但产品的口味差，而且稳定性很差，蛋白质易变性，油脂易析出。在原料的用量上也很讲究，若用量过多，则在生产过程中产生的油脂也会相应增多，制得的成品一般保存 2～3 天就会出现油层和沉淀。所以原料必须按照工艺可行性进行添加。

（2）脱皮。一般采取干法脱皮，由脱皮机和辅助脱皮机共同完成，可以去除豆皮和胚芽。大豆的含水量一般为 12%，脱皮率控制在 90% 以上，脱皮损失率在 15% 以下。

（3）酶钝化及制浆。酶钝化是向灭酶器中通入蒸汽加热，大豆在螺旋输送器的推动下，40 s 左右完成灭酶操作。制浆是灭酶后的大豆进入磨浆机中，同时注入相当于大豆质量 8 倍的 80 ℃的热水，也可注入 0.25% ～ 0.5% 的 $NaHCO_3$ 溶液，以增进磨碎效果。经粗磨后的浆体再泵入超微磨中，使 95% 的固形物可以通过 150 目筛，然后用沉降式卧式离心分离机使浆渣分离，生产过程连续进行，豆渣的水分控制在 80% 左右。

（4）杀菌与脱臭。采用杀菌脱臭装置，将调制后的豆乳连续泵入杀菌脱臭装置中，蒸汽瞬间加热到 131 ℃左右，经约 20 s 保温时间，再喷入真空罐中，罐内保持 26.7 kPa 的真空度，喷入的高温豆乳瞬时喷发出部分水分，豆乳温度立即下降到 80 ℃左右。

（5）均质与包装。均质压力为 15 ～ 20 MPa。均质后的豆乳经板式换热器冷却至 10 ℃以下，送入储藏罐中进行无菌包装。

（三）酸豆乳饮料的加工工艺

1. 加工工艺流程

大豆→拣选除杂→漂洗→浸泡→酶钝化→磨浆→第一次调配（白砂糖、消泡剂、甜味剂）→加热、稳定剂→均质→冷却→第二次调配（微胶囊香料）→接种、发酵剂→灌装封口→发酵→冷却→成品。

2. 操作要点

（1）选豆、除杂、洗豆。选用颗粒饱满、无虫蛀、无霉变的当年新豆，除去杂质，并用清水漂洗 3 ～ 4 次。

（2）浸泡。用 0.25% 的 $NaHCO_3$ 溶液常温下浸泡 10 ～ 12 h，其间每隔 3 h 换一次浸泡液。

（3）酶钝化与磨浆。用 130 ～ 150 ℃的蒸汽对大豆加热 1 min 左右，然后用 100 ℃软水一起磨浆，豆水比为 1 ：16。

（4）调配。加入豆浆质量 8% 的白砂糖和适量的消泡剂、乳糖、食盐等搅拌溶解。

（5）加热。调配后的豆浆入冷热缸内，用蒸汽加热，当温度为 90 ℃左右时，加入调配好的复合稳定剂，溶解均匀，继续加热到 95 ℃，保持 30 min。

（6）均质。采用 90 ℃、22.5 MPa 的条件进行均质。

（7）调配接种。当温度冷却到 41 ℃左右时，加入豆浆质量 3% 的发酵剂和制备好的微胶囊香料。

（8）灌装封口。用自动灌装封口机进行灌装封口。

（9）发酵。在 41 ℃条件下恒温发酵 3 h 左右，取出进行冷却后即为成品。

（四）大豆蛋白饮料的主要添加剂

1. 乳化稳定剂

大豆蛋白饮料中均含有一定量的蛋白质和脂肪，这就决定了饮料乳状液具有热不稳定性。因此，一般采用由油脂乳化剂和增稠稳定剂两部分组成的复合型乳化稳定剂。油脂乳化剂可解决脂肪的乳化问题，使其油脂均匀分布在饮料中而不会上浮后产生油圈；增稠稳定剂则能增加饮料的黏度，降低蛋白质分子之间的吸引力和凝聚力。在使用大豆蛋白饮料乳化稳定剂时，既不要任意增减用量，也不要再添加其他乳化稳定剂和盐类等添加剂，以免破坏其各种成分的平衡，影响其稳定性。另外，对于色香味调节剂的添加也应采取慎重态度。增白剂是不允许添加的，只要工艺配方正确，香精可以不添加或尽可能少添加。

2. 防腐剂

防腐剂的添加也有一定限制，苯甲酸钠或山梨酸钾只在酸性饮料中有较好的使用效果。蛋白饮料一般可添加尼泊金乙酯或丙酯，用量以不超过万分之一为宜，也可与山梨酸盐合用。蛋白质分子由若干氨基酸分子以多肽键连接而成，分子表面分布有许多极性基团。这些极性基团与水分子之间的吸引力使蛋白质分子在水中高度水化，在其他分子周围形成水化膜，形成稳定的蛋白质胶体溶液。然而，溶液的 pH 直接影响着蛋白质的水化作用。在蛋白质的等电点附近，水化作用最弱，溶解度最小；离等电点越远，则水化作用越强，溶液越稳定。多数蛋白质等电点的 pH 为 4 ~ 6，有的为 6.5 左右，甚至接近 7。为提高蛋白质的水化能力，保证饮料的稳定性，在不影响风味和口感的前提下，乳状液的 pH 应远离植物蛋白的等电点。一般中性乳饮料的 pH 以 6.8 ~ 7.0 为宜，酸性乳饮料的 pH 以 3.7 ~ 3.9 为宜。

二、大豆低聚肽复合饮料

大豆低聚肽是将大豆蛋白通过酶解或酸水解的方法制备得到的小分子肽类物质，主要由 3～6 个氨基酸组成，分子量在 1000 Da 以下。大豆低聚肽作为一种小分子肽，与原蛋白相比更易被人体吸收，它可以不经胃消化，直接进入小肠后被吸收，而且不受身体状况所影响。大豆低聚肽具有多种生理活性，包括抗氧化、抗疲劳、降低胆固醇和提高机体免疫力等。作为一种新型多功能营养配料，大豆低聚肽可广泛地用于保健食品、婴幼儿食品、运动食品、发酵制品及临床营养制剂等。大豆低聚肽属于小分子物质，可与乳粉中含有的金属离子形成螯合物，被小肠绒毛上皮细胞有效吸收，所以具有易被快速吸收的特点。

1. 加工工艺流程

大豆低聚肽粉、全脂乳粉、白砂糖、复合稳定剂→调配→均质→杀菌→冷却→成品→产品检验

2. 操作要点

（1）调配。将大豆低聚肽粉、全脂乳粉、白砂糖、复合稳定剂（黄原胶与羧甲基纤维素钠的质量比为 1∶1）按一定比例在水中溶解后进行调配。

（2）过滤。将溶解好的物料通过 180 目滤网过滤，滤除渣滓。

（3）均质和脱气。调配好的样品采用高压均质机进行均质，压力为 35 MPa，温度为 60 ℃。在 0.09 MPa 真空度下进行连续脱气。

（4）杀菌。采用巴氏杀菌法。灭菌条件：温度为 62～65 ℃，时间为 30 min。

（5）灌装和冷却。杀菌后的物料即进行热灌装，再经贴标、检查，冷却至室温 25 ℃下即为成品。

三、大豆纤维功能性饮料

大豆富含纤维，这些纤维主要集中在大豆皮部分，大豆皮占大豆整体重量的 7%～10%。其中，大豆皮中的纤维素含量高达 50%～60%。然而，在大豆的加工流程中，豆皮往往被当作豆渣处理并丢弃，这一做法妨碍了其作

为膳食纤维这一功能性食品成分的有效利用。

1. 工艺流程

大豆→除杂→浸泡→分离豆皮→碱处理→过滤→离心干燥→磨细→混合调配→均质→脱气灌装→封盖→杀菌→冷却→检验成品。

2. 操作要点

（1）原料粉碎：首先需要挑选出其中的尘沙和其他杂质，并进行彻底的清洗，通常这个过程需要漂洗 2 到 3 次以确保清洁度。随后，进行粗粉碎处理，控制粒度在 1 ～ 2 mm，注意避免粉碎得过于细腻。

（2）原料浸泡：在浸泡大豆皮时，加入的水量应为豆皮质量的 5 ～ 6 倍，并保持水温在 40 ℃左右，浸泡时间控制在 8 ～ 10 h。为了提高浸泡效果，还需加入适量的 NaOH 溶液，其质量分数为 0.5% ～ 2%，处理时间为 10 ～ 30 min。这样可以使溶液的 pH 维持在 7.5~8 的范围，有利于抑制脂肪氧化酶的活性，并有效去除豆腥味和苦涩味。

（3）分离豆皮：将经过预处理的大豆投入搅拌机内，采用中低速进行搅拌，以破碎原料。搅拌的时间需精心控制，旨在最大程度上实现豆皮与豆胚乳的分离。搅拌结束后，用清水对混合物进行冲洗，并通过丝网进行过滤，从而将豆皮有效分离出来。与此同时，收集含有豆胚乳及少量豆皮的混合物，以备后续其他用途。

（4）碱处理：为了去除大豆皮膳食纤维中残留的少量蛋白质和脂肪，可以使用质量分数为 2.5% 的碳酸钠溶液对其进行处理。

（5）漂白脱色：由于大豆皮本身颜色较深，如果不进行脱色处理，将无法在食品中使用。为此，可以使用脱色剂过氧化氢，其用量为 100 mg/kg，对大豆皮进行漂白处理（30 ～ 80 min），以达到脱色的目的。

（6）离心干燥：通过上述一系列处理后的渣子，经过离心过滤可以得到浅色的滤饼。接下来，将滤饼干燥至含水量在 6% ～ 8%，之后进行微粉碎处理，以增加纤维的外表面积。随后，对微粉碎后的纤维进行功能活化处理。完成功能活化后的大豆纤维再次进行干燥，然后利用气流式超微粉碎机进行粉碎，并通过过筛，最终得到的是外观呈白色的高活性大豆纤维产品。

（7）磨细：将干燥后的豆皮纤维素放入细磨机中进行精细研磨，直至其颗粒大小能够通过 40 目的标准筛。

（8）混合调配：按照以下配方比例，将各种原辅料混合均匀：干豆皮纤维素占 9%～10%（或者湿豆皮占相应比例以保证最终成分一致），白砂糖占 15%～20%，羧甲基纤维素钠（CMC）占 0.1%，魔芋粉占 0.1%，卡拉胶占 0.05%，单甘酯占 0.05%，蔗糖酯占 0.05%。在混合过程中，首先将稳定剂与白砂糖均匀拌和，然后加入混合好的原辅料中。继续混合直至所有成分均匀分布，随后加热混合物至稳定剂完全溶解。

（9）杀菌：在 121 ℃的温度下保持恒温 25 min，可以确保产品达到 6 个月的货架期要求。

第五节　大豆发酵食品加工

发酵豆制品通常用作调味剂或调味品。在大豆发酵过程中，微生物通过水解有机物、提高营养物质生物利用度和促进生物活性成分生成，提高了豆制品的营养价值和功能性能。一些维生素，如维生素 K_2 和维生素 B_{12}，在发酵豆制品中的含量显著增加，这与发酵剂的代谢特性密切相关。此外，铁和铜的生物利用度由于植酸盐的降解而显著提高。通过在发酵过程中将异黄酮的糖苷单元转化为苷元，提高了其生物可利用性。同时，大豆中的抗营养因子在发酵过程中可以被有效去除，比如抑制营养吸收的胰蛋白酶抑制剂。发酵大豆的食用对健康有多方面的益处，包括促进骨骼发育、降低癌症风险和预防癌症的发生等。本节主要对几种代表性发酵豆制品的加工工艺进行介绍，包括高盐发酵豆酱（中国的豆豉、韩国的大酱和日本的味噌）、高盐发酵豆腐乳、高盐发酵酱油。发展大豆深加工产业，对提高大豆产品的附加值和经济效益具有一定的指导意义。

一、高盐发酵豆酱

高盐发酵豆酱是一种半固态的黏性调味品，具有咸味，常用于汤和配菜的制作。参与高盐大豆酱发酵的微生物包括曲霉、毛霉、根霉、芽孢杆菌、解淀粉酵母菌、巨型芽孢杆菌、发酵乳杆菌和植物乳杆菌，以及酵母，如黄芽孢杆菌、乳酸克卢维菌等。中国（豆豉）、日本（味噌）和韩国（大酱）已成为世界上高盐发酵豆酱的主要生产国家。

（一）豆豉

豆豉是以黄豆或黑豆为原料，经各种微生物的发酵形成的具有特殊色、香、味的传统调味副食品，其因独特的香气和味道及兼具功能性和营养性而深受消费者喜爱。根据发酵时主导微生物的不同可分为曲霉型豆豉、毛霉型豆豉、细菌型豆豉和根霉型豆豉四大类。虽然毛霉型豆豉较其他几种豆豉发酵周期长，但是毛霉型豆豉较其他豆豉风味更足、口感更佳。传统的发酵豆豉主要是利用天然存在于生大豆或空气中的微生物制作的，如霉菌、酵母和细菌。广泛的微生物参与发酵，有助于在豆豉发酵过程中形成代谢物。自然发酵或者采用半开放式制曲发酵受外界环境因素的影响较大，易被杂菌污染，豆豉品质难以控制，并且存在发酵周期长、产业化生产程度低等问题。在豆豉发酵过程中，微生物群落是豆豉品质形成的关键。研究表明，控制发酵过程中的优势菌种可以明显缩短周期，提高品质。目前，人工可控共存微生物发酵已被认为是实现工业化生产高质量、标准化豆豉产品的方法之一。纯种发酵的豆豉风味远远不如传统豆豉。混菌发酵可以模拟传统自然发酵过程中多菌协同作用的特点，有助于提升风味物质丰度及降低发酵过程控制难度，是提高豆豉风味品质和实现工业生产的重要途径。

1. 毛霉型豆豉的生产工艺

毛霉型豆豉接种的微生物主要为总状毛霉。毛霉豆豉是我国西南地区的特产，其主要代表产品为永川豆豉和潼川豆豉。目前毛霉豆豉大多为小作坊生产，采用传统的自然制曲，工业上则采用毛霉菌纯种制曲。

毛霉型豆豉的生产工艺流程如下：

黑豆或黄豆→筛选→洗涤→浸泡→蒸煮→冷却→接种→制曲（20 ℃，7 d）→添加辅料→装坛发酵→成品。

2. 曲霉型豆豉的生产工艺

曲霉型豆豉在我国起源最早且分布最广，主要以广东阳江豆豉和湖南浏阳豆豉为代表。曲霉型豆豉参与发酵的微生物主要是米曲霉 AS3.951、AS3.042 和埃及曲霉。一般采用米曲霉单独发酵或者米曲霉和黑曲霉混合发酵制作豆豉。

曲霉型豆豉的生产工艺流程如下：

黑豆或黄豆→筛选→洗涤→浸泡→蒸煮→冷却→接种（米曲霉或黑曲霉）→制曲→洗曲→添加辅料→后发酵→成品。

3. 细菌型豆豉的生产工艺

细菌型豆豉参与发酵的微生物主要是枯草芽孢杆菌。国内主要以四川和山东的水豆豉为代表，国外以日本的纳豆为代表。细菌型豆豉由于含有丰富的蛋白质、维生素和矿物质，具有整肠、预防骨质疏松、溶栓、防癌等生理功效，近年来越来越受到科研工作者的重视。

日本纳豆生产工艺流程如下：

精选大豆→流水浸泡→蒸煮（121 ℃、30 min）→接种发酵（40 ℃、95%相对湿度）→发酵纳豆保熟（5 ℃、24 h）→成熟→纳豆。

水豆豉生产工艺流程如下：

精选大豆→浸泡→水煮→捞出→沥水→趁热用麻袋包裹→高温制曲（2 d）→加入盐、白酒和香料→发酵（5～7 d）→水豆豉。

4. 根霉型豆豉的生产工艺

根霉型豆豉参与发酵的主要微生物为少孢根霉及少量的米根霉、无根根霉、黑根霉等，主要以印度尼西亚的丹贝为代表。丹贝的主要生产地为印度尼西亚、马来西亚和泰国，其在当地被作为主食食用，现随着移民传到美国和荷兰进行大规模生产。丹贝具有较高的营养价值，被日本称为"肉的替代品"。丹贝分为传统发酵和人工接种发酵。传统发酵主要利用丹贝及芭蕉叶上的微生物进行发酵，极易产生杂菌且发酵周期长。纯种发酵的丹贝通过添加乳酸酸化以降低 pH 来达到抑制杂菌的目的。

传统丹贝的工艺流程如下：

精选大豆→浸泡→去皮→水煮→沥水→冷却摊凉并用香蕉叶或其他叶片覆盖→发酵（1～2 d）→成熟→成品。

人工接种丹贝的生产制曲工艺：

精选大豆→浸泡→酸化基质（加 1.00% 乳酸）→去皮→蒸煮（121 ℃高压蒸 10 min）→沥水→冷却→接种（少孢根霉）→拌匀→分装→恒温培养（36 ℃、30 h）→成熟→成品。

（二）味噌

味噌（Miso）是一种大豆和谷物的发酵制品，它与豆类通过霉菌繁殖而制得的豆瓣酱、黄豆酱及豆豉等很相似，也称发酵大豆酱。由于其基质、盐浓度、发酵和成熟时间的不同，加上地方传统特色，日本味噌的种类细分起来不下百种。大豆味噌是由大豆和食盐制得的，不添加米曲或麦曲，以豆曲为主，经发酵而成，其代表主要有八丁味噌和三州味噌。在日本有许多种不同的味噌，也有多种分类方法。根据原料不同，分为米味噌（大米制曲）、豆味噌（大豆制曲）、麦味噌（麦子制曲）和混合味噌（豆曲、米曲、麦曲中的两种混合）；根据色泽不同，分为红味噌、淡色味噌、白味噌；根据口感不同，分为甜味噌、半甜味噌、咸味噌。米味噌在日本全国各地都有生产，产量占日本全部味噌的 80% 左右，米味噌中又以咸味噌占绝大部分。在日本，大米与大豆的比例称为曲步合。

$$曲步合 = 大米 / 大豆 × 10$$

一般米味噌的曲步合为 5 ～ 20 步。例如，5 步曲为大米∶大豆 =0.5∶1，10 步曲为大米∶大豆 =1∶1，20 步曲为大米∶大豆 =2∶1。

米味噌的主要工艺流程如下：

（1）大米的清洗。选用优质精制粳米，除去米粒表面上的糠粉和尘土，可辅助选用擦米机及吸尘装置来除去糠粉。

（2）大米的浸泡。为使米粒从表层至中心均匀吸水，通常要浸泡一个晚上，但要注意浸泡水温及浸泡室温度，避免米粒发酸。

（3）大米的滤水。滤去米粒表面附着的水，防止蒸米后米粒发黏。经滤水后的吸水率为 25% ～ 28% 比较合适；蒸煮后的吸水率为 35% ～ 38% 比较合适。

（4）大米的蒸煮。为使米粒中的淀粉 α 化，从而有利于曲菌（米曲霉）的繁殖，蒸煮时间一般持续到蒸汽从米粒表面均一冒出后（米粒表面全湿后）

15 ~ 20 min。吸水率较低的硬质米可能需要二次蒸煮。第一次蒸煮后洒上1% ~ 5%（以生米计）的水，再进行第二次蒸煮。二次蒸煮容易控制蒸米水分及蒸米后的黏度。

（5）大米的冷却。蒸后的米应冷却到制曲适宜的温度，一般情况下，在冬季曲层较薄的情况下，可以冷却到35 ~ 36 ℃，夏季时冷却到32 ~ 33 ℃。入曲温度在35 ℃以上或25 ℃以下通常都不利于制曲。

（6）蒸米的质量判断。完全蒸熟未留未熟芯子（中心部分不留白色部分），不发黏，具有蒸米特有的香味，外硬内软，有弹性。蒸米时的吸水率一般为35% ~ 38%，冷却时的水分含量在36.5% ~ 37%这一范围较为理想。如果蒸米的吸水率在32%以下，水分含量在34%以下，则一般制不出好曲。蒸米的pH一般为6.0 ~ 6.4。

（7）制曲。入曲温度一般控制在28 ~ 32 ℃。前期静止放置，翻曲不能太早，否则容易使菌丝掉落。当曲温上升到38 ℃以上，曲表面菌丝开始生长，整个米曲从透明状（蒸米）变为白色时要进行第一次翻曲，时间上一般为入曲后8 ~ 12 h。根据曲温及米曲的状态进行第二次或第三次翻曲。注意曲箱中的温度，一般前期曲菌在生长过程中需要一定的温度，应适当补充一定的水分。后期会产生大量的热量，必须用送风机送入干燥空气，以利于降温，并达到出曲所需水分含量标准。达到终点时，淀粉酶活力较强，菌丝已侵入米粒内部，具有曲特有的香味，曲的颜色发白，无着色。

（8）大豆的选别和清洗。选用颗粒均匀饱满、整体颗粒较大的大豆，脱皮后洗去表面的杂质和尘土。

（9）大豆的浸泡和滤水。大豆适当吸水可使蒸煮过程中的热变性达到均一状态。滤水不充分会导致蒸煮过程中蒸汽通过豆粒的时间加长；浸泡时间短时要增加滤水时间，以使豆粒吸水达到均一状态；煮豆时没有浸泡和滤水，在煮豆过程中最好能换水。

（10）大豆的蒸煮。蒸煮使大豆容易在酶的作用下去除生理上的有害杂质并消除原料味，蒸煮方法有蒸熟、煮熟、半煮半蒸。同时根据蒸锅和蒸汽条件，又可分为加压蒸、高压蒸等。

（11）大豆的冷却。蒸煮大豆如果不及时冷却，就很容易着色，在夏季，为了及时冷却，要用空调装置进行冷风冷却。

（12）大豆的搅碎。一般搅碎网板采用 3 ～ 6 mm 的孔径。

（13）配料混合。将水、盐、米曲、搅碎大豆混合。装入发酵桶后，要尽量使空隙中的空气挤出，使之处于无氧状态。表面要刮平，覆盖塑料膜及盖子，防止产生产膜酵母及其他虫害。压重石，防止表面氧化，水分及盐分达到均一状态，重量一般为味噌重量的 10% 左右。

（14）味噌发酵（熟成）。米曲中的酶（蛋白酶、淀粉酶）对原料产生的分解作用及酵母和乳酸菌等微生物的发酵作用，通过产生多肽、氨基酸、酒精、有机酸等物质，使发酵后的味噌具有一定的光泽、香味。在发酵过程中，一般配料时 pH 为 5.8 左右，发酵结束时 pH 为 4.9 左右。蛋白酶适宜温度为 45 ～ 50 ℃，淀粉酶为 55 ～ 60 ℃，但酵母、乳酸菌等微生物最适生长温度为 30 ℃左右，40 ℃以上就不能生长。发酵过程考虑到酵母及乳酸菌作用，一般采用"山"形曲线，开始时温度为 28 ～ 32 ℃，中间升到 33 ～ 35 ℃，后降至 28 ～ 30 ℃。

（15）翻桶。为使品温及其他成分达到均一，需补充氧气、促进酵母的繁殖，增加酒精量，从而对乳酸菌繁殖起抑制作用。通过翻桶，味噌更容易着色。

（16）制品调整及检测。对几种味噌进行混合并调味，经过杀菌后再包装。检测项目包括颜色、酒精、水分、盐分等。

（三）韩式面酱

韩式面酱以小麦粉、黄豆为主要原料，经特殊工艺加工而成。与中国传统工艺的甜面酱相比，韩式面酱具有色泽黑亮、质感细腻、味道醇香绵甜等特点，是韩式料理、拌饭等必不可少的食品。

韩式面酱主要工艺流程如下：

（1）原料处理。用搅拌机将面粉与水充分拌和，使其成为面疙瘩，让小麦吸水均匀。然后送入常压蒸锅中蒸料，时间为 40 ～ 60 min。黄豆用水浸泡 5 h 以上，浸泡后的黄豆在常压下蒸煮，蒸至豆粒基本软熟。若加压蒸煮，在 98 kPa 下蒸煮 30 ～ 40 min 即可。

（2）接种。将蒸熟的面粉和黄豆（已搅碎）搅拌均匀，冷却至 40 ℃。

蒸熟的标准是面块呈玉白色，咀嚼时不粘牙齿并且稍有甜味。黄豆粒切勿太烂。按配方中的配比将拌和小麦粉的种曲（小麦粉与种曲之比为 10∶1）均匀撒在经过处理的原料表面，再拌和均匀。

（3）制曲。制曲分为育芽期、菌丝体繁殖期、孢子着生期和成曲感官要求。

育芽期：将曲料以疏松且平整的方式装入曲箱中，确保料层的厚度达到 25 cm。一旦曲料被放入曲箱，应立即开始通风，以使曲料的温度均匀上升至 30 ～ 32 ℃。在接下来的静止培养阶段，大约持续 6 h，曲料的温度会逐渐上升。此时，开始间断性地引入循环风，以保持料温在大约 33 ℃的水平，持续 6 ～ 8 h。在此过程中，曲料的表面会出现白色的绒毛状菌丝，内部也会有菌丝进行繁殖，导致曲料形成结块。

菌丝体繁殖期：当观察到曲料的温度持续上升，并且整体呈现白色时，应立即引入冷风，使曲料的温度迅速降至大约 30 ℃。此时，进行第一次翻曲操作，并继续保持通风。经过大约 8 h 的通风培养后，曲料会再次形成结块，这时需要进行第二次翻曲。

孢子着生期：在完成第二次翻曲后，曲料的温度上升变得较为缓和。此时，曲料表层的菌丝体顶端开始有孢子生成。随着时间的推移，曲料的颜色逐渐由白变黄。在这个阶段，应持续向曲箱输入循环风，并适当调整室温和相对湿度，以保持曲料的品温在大约 35 ℃，持续约 18 h。在这个过程中，孢子会由黄色逐渐变为绿色，同时曲料会形成松软的块状结构，这标志着成曲的制作完成。

成曲感官要求：制成的成曲呈现出黄绿色，散发着特有的曲香。触摸时，感觉柔软且富有弹性，不存在硬曲、花曲或烧曲的现象。同时，也没有酸臭或其他不良的气味。

（4）制醪。将制作好的成曲倒入水浴保温发酵池中，按照 100 kg 成曲 / 80 ～ 85 kg 盐水的比例进行灌注。所使用的盐水温度应控制在大约 45 ℃，且其浓度需达到 13° Be′。成曲在这样的盐水中浸泡 3 d，期间水浴池的水温应维持在大约 50 ℃，以确保发酵过程的顺利进行。

（5）发酵。在发酵过程中，首先使用发酵室将品温控制在大约 40 ℃，进行初期的发酵，这个阶段大约持续 10 d，期间每天需要打耙两次以确保发酵均匀。接下来是中期发酵，此时发酵室的温度升至 45 ～ 60 ℃，品温也相应保持在 45 ～ 60 ℃，发酵时间为 10 ～ 15 d。最后是后期发酵，发酵室的温度降至 35 ～ 40 ℃，品温则维持在 38 ℃左右，这个阶段需要发酵 20 ～ 30 d，期间每 2 ～ 3 d 需要翻酱一次。经过这样的发酵过程，最终得到的就是面酱。

（6）磨酱。当发酵罐中的面酱表面发生硬结，内部呈均匀的红亮色并有鲜香味时为发酵好的面酱。将发酵好的面酱用磨酱机进行 3 次磨酱，以使面酱细腻而无颗粒感。

（7）着色、炒制。先向炒锅内注入上等色拉油，然后将双倍焦糖色和磨制好的面酱同时注入炒锅内，启动搅拌器，开始炒制。炒制时间为 40 ～ 50 min，温度为 92 ～ 100 ℃，炒制结束后，冷却、灌装，韩式面酱即制成。

（8）质量标准。色泽均匀，黝黑发亮，有光泽，有酱香并伴有酯香。滋味绵甜，鲜咸味适口，酱香味较浓。组织细腻，黏稠适度，不稀不澥，无杂质。水分 50%，食盐（以氯化钠计）> 7%，总酸（以乳酸计）< 2%，氨基酸态氮（以氮计）> 0.4%，还原糖（以葡萄糖计）> 18.22%。砷（以 As 计，mg/kg）≤ 0.5，铝（以 Al 计，mg/kg）≤ 1.00，黄曲霉毒素 B_1（μg/kg）≤ 5，大肠菌群（MPN/100 g）≤ 30，致病菌不得检出。

二、高盐豆腐乳

腐乳是以大豆为原料，经泡豆、磨浆、滤浆、煮浆、点浆、压榨与切块等多道工序加工制作出豆腐坯，在豆腐坯上接种菌种，经过前期发酵和后期发酵，最终成为具有独特滋味的佐餐食品。全豆腐乳是在传统制作豆腐乳的工艺上进行改进创新生产出的腐乳。全豆腐乳与普通豆腐乳的生产工艺不同，普通豆腐乳在制作过程中经磨浆后，将浆渣分离后的豆渣丢弃。而全豆腐乳在生产过程中，将分离出的豆渣通过豆渣细化技术进行利用，从而制作出全豆腐乳。

根据产品的颜色和风味特点，腐乳大致可分为红腐乳、白腐乳、青腐乳、糟腐乳等。白腐乳不加任何辅料,呈本色;红腐乳在腌坯时加入了红曲、白酒等继续沁润,呈自然红色;青腐乳即臭豆腐乳,在腌制中加入了苦浆水、盐水等,呈乳青色;糟腐乳则是加入糟米等辅料发酵,呈本色。

根据发酵剂的种类,腐乳大致可分为以下 3 类:霉菌发酵腐乳、自然发酵腐乳和细菌发酵腐乳。毛霉是当前国内腐乳研究中使用较多的菌种,其次是根霉、细菌。

雅致放射毛霉、五通桥毛霉、总状毛霉、高大毛霉和腐乳毛霉等是我国腐乳生产用的主要毛霉。毛霉能产生蛋白酶和脂肪酶,且蛋白酶分泌量较大,使腐乳产生具有鲜味的蛋白质分解物。且其菌丝发达,能保证腐乳成品质地细腻,使腐乳坯变得柔嫩,组分易于消化和吸收。但毛霉的生长温度一般为 15 ~ 25 ℃,在夏季生产时易造成经济损失。米根霉、华根霉、无根霉等根霉与毛霉亲缘性较高,因此也常被用于腐乳发酵。

根霉较毛霉更耐高温,生长温度域更宽,不受季节限制。根霉分泌的淀粉酶活性很强,最早利用根霉糖化淀粉生产酒精,在生产腐乳的过程中,除利用其糖化作用外,还可利用其后发酵中产生的少量乙醇、乳酸等丰富腐乳风味。其还可分泌脂肪酶等其他酶系,但分泌蛋白酶的能力相对较弱。

细菌在腐乳的发酵过程中的作用与霉菌相似。较常用于腐乳生产的菌种为微球菌和枯草芽孢杆菌。微球菌可产生较多的酶类如脂肪酶、谷氨酰胺酶等。细菌菌株产生的谷氨酰胺酶具有很好的耐盐性,更利于高盐环境下的发酵,且谷氨酰胺酶可转化出 L- 谷氨酸,L- 谷氨酸可为细菌型腐乳提供更鲜美的风味。枯草芽孢杆菌具有非致病性、蛋白分泌能力强且积累量大等特点,为发酵提供了良好基础,使细菌型腐乳发酵得更加彻底。但是,细菌型腐乳的发酵周期较长。

(一)普通豆腐乳白坯

生产工艺流程如下:

大豆→浸泡→磨浆→滤浆→煮浆→点浆→压制→划胚→豆腐坯。

挑选优质大豆,洗净除杂,加入质量约为大豆 3 倍的水,在室温(25 ℃左右)条件下浸泡的时间为 8 h,大豆去皮,沥干水分。加入质量约为大豆

8 倍的水后磨浆。浆液过 100 目筛，滤掉豆渣。将豆浆加热直至沸腾，持续 5 min。将温度计插入豆浆中，观察温度计刻度，刻度至 80 ℃时，加入凝固剂点浆，保持温度恒定静置 20 min 后完成蹲脑。把上述生成的豆花倒入模具中压制 30 min，得到传统腐乳白坯。

（二）全豆腐乳白坯

生产工艺流程如下：

大豆→浸泡→去皮→磨浆→浆渣分离→豆渣→蒸煮→与浆液混合→细磨→煮浆→点脑→蹲脑→压制→全豆腐乳白坯。

（1）大豆选择。高蛋白、高油脂的专用大豆是制作出风味良好的腐乳的重要保障。

（2）浸泡。大豆与蒸馏水的比例一般为 1∶3。夏季浸泡大豆的时间为 8 h 左右，冬季为 10 h 左右。浸泡过程中，每隔 3 h 换一次浸泡水，同时可以去除杂质，避免酸变。

（3）磨浆。将浸泡过的去皮大豆与质量为其 8 倍的蒸馏水混合，用磨浆机粗磨 3 遍，得到豆浆和豆渣。

（4）蒸豆渣。将豆渣包裹在纱布中，上锅蒸 90 min。在蒸豆渣的过程中，每隔半小时翻一下豆渣，确保豆渣受热均匀，并防止溢锅和干锅。

（5）细磨。将蒸熟的豆渣与豆浆混匀，过胶体磨细磨 5 遍。

（6）煮浆。蛋白质会在煮浆的过程中发生热变性。煮浆可以起到杀菌、除异味、提高营养价值和延长保质期的作用，同时也为下一步的点脑做准备。将细磨过后的豆浆大火加热，注意在加热的过程中不停地搅拌豆浆，防止粘锅。等到全豆豆浆快沸腾之前，加入 0.3% 的食用消泡剂（按大豆质量计算），防止假沸溢锅。至豆浆加热沸腾，持续 5 min。

（7）点脑。将凝固剂匀速倒入全豆豆浆中，同时用玻璃棒缓慢地朝同一方向搅拌，以确保凝固剂与豆浆混合均匀。

（8）蹲脑。大豆蛋白质在蹲脑的过程中逐渐凝聚后形成凝胶。因此，蹲脑时间的选取尤为重要，时间过短会造成凝固不完全，导致出品率偏低，造成浪费；时间过长会造成白坯保水性差，组织过于紧密。除此之外，还应注意将恒温水浴锅的温度调节至点脑时的温度，并保证容器在恒温水浴锅中的稳定性，须防止其震动。蹲脑结束后，将脑花倒入磨具中，压榨 30 min，即得全豆腐乳白坯。

（三）发酵工艺流程

毛霉菌种→菌种斜面活化→扩大培养→菌悬液→接种→发酵→普通 / 全豆腐乳毛坯。

（1）菌种活化。在无菌操作台中，将菌粉与液体培养基混合，斜面培养基涂板，置于 30 ℃恒温培养箱中培养 2 ~ 3 d。

（2）毛霉菌种的培养。将毛霉在超净工作台中接种到马铃薯培养基上，置于 30 ℃恒温培养箱中培养 2 ~ 3 d。

（3）菌悬液的制备。在无菌操作台中，将烧红的针管插入一次性培养基内，打入无菌水多次冲洗培养好的毛霉培养基，得到菌悬液。用玻璃棒将浓度为 0.1% 的菌悬液点在计数板上，静置 5 min 后，在显微镜下计数，调节其浓度为 6×10^4 CFU/mL。

（4）全豆腐乳毛坯的制备。将菌悬液摇匀后倒入 50 mL 的小烧杯中，用镊子夹取全豆腐乳白坯，使白坯完全浸泡在菌悬液中，上下晃动 3 次，确保整个白坯被均匀浸染。

（5）发酵。将白坯在 28.2 ℃下发酵 72 h，即可得到腐乳。

三、酱油

酱油是一种经过发酵的豆制品，呈深红褐色，液体状。在许多亚洲国家，它可以作为一种调味品来改善食物的鲜味和颜色。酱油是由大豆与小麦或烘烤谷物和卤水一起发酵而成的。由于饮食习惯的不同，亚洲人对酱油的消费偏好也有所不同。酱油的质量和性能因主要微生物组成、生产工艺、原料类型和卤水的盐度而有所不同。酱油按发酵工艺分为两类，即高盐液态发酵酱油和低盐固态发酵酱油。

（一）高盐液态发酵酱油

生产工艺流程如下：

豆粕（小麦）→除杂→润水（焙炒）→蒸料（粉碎）→风冷→混合→接

种→制曲→制醪→发酵→压榨→沉淀→过滤→灭菌→成品。

（1）原料验收和贮藏。生产用的所有原辅料都要索取有效的合格证，必要时进行抽检，合格后方可入库。原料贮存库要保持干燥，通风良好，具有防虫、防鼠、防其他污染的设施，库存的原辅料要先入先出。

（2）原料筛选、除杂。小麦和豆粕经过带有吸铁性的筛网筛选后剔除金属、沙石、玻璃块、线绳等异物。

（3）小麦焙炒粉碎。小麦在 320 ℃下焙炒 1～3 min，其中焦煳粒不超过 20%，小麦裂嘴率在 90% 以上，每汤匙熟麦投水实验时其下沉生粒不超过 5 粒。

（4）豆粕润水蒸料。豆粕除杂后开始润水，洒水量为豆粕的 130%，洒水温度为 80 ℃，豆粕经过旋转式蒸煮锅润水 5 min 后进入加压罐，以 0.6 MPa 的压力蒸煮 30 s，排出时品温为 90 ℃。

（5）接种。进口种曲用量为制曲投料量的 0.3% 左右，接种温度为 40 ℃ 左右。

（6）制曲。曲料装箱的厚度一般为 30 cm 左右，通风机调节温度为 32 ℃ 左右，静止培养 6 h 后开始升温，升至 37 ℃左右时通风降温，以后品温保持在 35 ℃左右，每隔 4～5 h 进行翻曲。

（7）制醪。将曲、蒸后大豆、精盐、盐水经过计量混合。

（8）发酵。成曲入罐后第一个月要求维持品温在 15 ℃左右，最高不超过 20 ℃。一个月后，通过隔套调节温度使温度逐步上升至 30 ℃，发酵期为 6 个月，共通气翻浆 20 余次。

（9）压榨沉淀过滤。采用压榨机用滤布包好进行过滤，第 2 天加压至 0.6 MPa，第 3 天加压至 6 MPa，第 4 天出渣储存 7 d 后除去沉淀。

（10）灭菌。用板式加热器 80 ℃灭菌，灭菌后的酱油泵入不锈钢沉淀罐澄清 7 d，再经 3 m^2 板框式硅藻土过滤。

（11）包装成品。按酱油等级进行塑料袋或玻璃瓶包装。

（12）工艺指标。色泽呈鲜艳红褐色，有光泽，不发乌；有酱香和酯香气，无其他不良气味；口感鲜美适口，味醇厚，不得有酸、苦等异味；体态澄清，无沉淀，无霉。指标要求包括氨基酸态氮 ≥1.2%，全氮 ≥2.00；可溶性无盐固性物≥20%；砷（以 As 计，mg/kg）＜0.5；铅（以 Pb 计，mg/kg）＜1.0；苯甲酸或苯甲酸钠，山梨酸钾（g/L）＜1.0；黄曲霉毒素 B1（μg/kg）＜5；菌落总数（个/mL）＜5000；大肠菌群（MPN）＜30；致病菌不得检出。

（二）低盐固态发酵酱油

1. 菌种生产

应选用米曲霉、酱油曲霉等酱油生产用霉菌，还可添加传统可用于酱油生产的其他菌种。菌种应具有酶活力强、不产毒、不变异、酶系适合酱油生产、适应环境能力强等特点，并定期纯化、复壮，以保持活力。凡用于菌种培养的皿具应经过彻底的清洗和灭菌。

2. 试管种培养

试管灭菌前需配上棉塞，并用防潮纸包扎管口。新配制并经灭菌的斜面培养基置于 25～30 ℃条件下培养 3～4 d，检查无污染后方可使用。在无菌条件下移接的曲霉斜面菌种于 28～30 ℃条件下培养 72 h，待菌种发育成熟即可使用，或存冰箱待用。

3. 锥形瓶种原料配比及培养管理

锥形瓶种培养基按照麸皮 80%、豆饼粉 10% 和小麦粉 10% 的比例混合，拌入 1.0～1.1 倍量的工艺水，充分拌匀。装入预先洗涤、干燥、配好棉塞及经 0.1 MPa 蒸汽压灭菌 60 min 的锥形瓶中。装瓶量以料厚 1 cm 为宜。培养基经 0.1 MPa 蒸汽压灭菌 60 min 后随即将曲料摇松，待凉后在无菌条件下接种。锥形瓶种培养温度为 28～32 ℃。培养过程中摇瓶两次，首次在曲料开始发白结块时进行；相隔 4～6 h，当曲料再行结块时，则进行第二次摇瓶。瓶种培养 72 h，待菌种发育成熟即可使用，或存冰箱待用。亦可根据菌种特性需求采用其他符合条件要求的培养基配方及工艺条件。培养成熟的锥形瓶种，菌丝发育粗壮，整齐、稠密，顶囊肥大，孢子呈黄绿色，无杂菌。发芽率不宜低于 90%。孢子数不宜低于 90 亿个/克曲（干基）。

4. 种曲培养

采用曲房或种曲机培养种曲。曲房培养种曲的工艺如下。

种曲培养基按照麸皮 80%、豆饼粉 15% 和小麦粉 5% 的比例混合，拌入 1.0 ～ 1.1 倍量的工艺水，充分拌匀。经 0.11 MPa 高压蒸煮 30 min 或者常压蒸煮 60 min，降温至 30 ℃即可接入锥形瓶种，接种量为原料量的 0.1% ～ 0.2%。曲料厚度为 1 ～ 1.2 cm。曲房温度前期宜为 28 ～ 30 ℃，中、后期宜为 25 ～ 28 ℃。曲房干湿球温差方面，前期为 1 ℃，中期为 0 ～ 1 ℃，后期为 2 ℃，培养过程中翻曲两次，当曲料品温在 35 ℃左右、稍呈白色并开始结块时，进行首次翻曲，翻曲时要将曲料打散，当菌丝大量生长、品温再次回升时，要进行第二次翻曲。每次翻曲后要把曲料摊平，并将竹匾位置上下调换，以调节品温。当生长成嫩黄色的孢子时，品温宜维持在 34 ～ 36 ℃，只有当品温降到与室温相同时，才开天窗排除室内湿气。种曲培养 72 h，成熟的种曲应置于清洁、通风、阴凉、干爽的环境中存放。亦可选择种曲机培养种曲，根据设备特点及菌种特性需求采用其他符合条件要求的培养基配方及工艺条件。培养成熟的种曲孢子丛生，黄绿色，无异味，无污染。发芽率不宜低于 90%，孢子数不宜低于 90 亿个 / 克曲（干基）。

5. 大豆、脱脂大豆的前处理要求

根据原料情况，利用风选、磁选、筛选等各种工艺设施，对原料进行除杂、除尘处理，以去除杂质。通过适当的物理破碎和一定温度、水量、时间条件下的浸润，原料吸水充分、均匀。浸豆前先向浸豆罐注入 2/3 容量的工艺水，投豆后将浮于水面的杂物清除。投豆完毕，仍需从罐的底部注水，务必使污物由上端开口随水溢出，直至流出的水清澈为止。浸豆过程中应换水 1 ～ 2 次，以免大豆变质。浸豆时务必使其充分吸水，浸至豆粒膨胀无皱纹，带弹性，以两指挤捏易使皮肉分开，将豆粒切开后未发现干心可视为适度。出罐的大豆应晾至无水滴出才可投进蒸料罐蒸煮。脱脂大豆的破碎程度，以粗细均匀为宜，要求颗粒直径为 2 ～ 3 mm，2 mm 以下粉末量不超过 20%。将脱脂大豆均匀地拌入 80 ～ 90 ℃的热水，加水量为原料的 120% ～ 125%，浸润时间适当。大豆或脱脂大豆可采用常压或加压蒸煮。若采用加压蒸煮工艺，进蒸汽前应将管道的冷凝水排清。进汽时尽量开大汽阀，使罐内迅速升压。蒸煮时要注意排清罐内的冷空气，蒸煮采用的蒸汽压力宜为 0.18 MPa，经保压 8 ～ 10 min 后排汽脱压，以实现原料蛋白的适度变性。蒸熟后的大豆组织变柔软，呈淡黄褐色，有熟豆香气，手感绵软；蒸熟后的脱脂大豆呈淡红褐色，不生不黏，松散，具有甜香味及弹性；熟料消化率宜大于 80%；无蛋白沉淀。

6. 制曲

曲室、曲池及用具要求清洁，并经过消毒处理。可用 100×10^{-6} ～ 250×10^{-6} 的二氧化氯消毒水喷洒，或采用其他符合要求的消毒方式。将处理好的制曲原料混合均匀，冷却到 40 ℃以下，接入种曲。种曲用量宜为原料质量的 0.1% ～ 0.4%，种曲可与 5 倍量的小麦粉混合均匀后再使用，以利于接种均匀。将原料和种曲混合均匀后移入圆盘制曲机或曲池制曲。曲料进池时要求速度快、厚度均匀、疏松程度一致。料层厚度以 25 ～ 30 cm 为宜，初进池的曲料含水量控制在 45% 左右。

7. 制曲工艺条件

曲料进池后品温调整为 30 ～ 32 ℃，当品温上升时，应启动风机，将风温控制在 30 ～ 31 ℃，相对湿度在 90% 以上。当曲料发白结块、品温达 35 ℃时，进行首次翻曲，使曲料松散，翻曲后要将曲料拨平，并使品温降至 30 ～ 32 ℃，待品温回升、曲料再次结块时，则进行第二次翻曲。第二次翻曲后，注意做好压缝工作，以防进风短路。制曲后期，菌丝已着生孢子，此时要求室温保持在 30 ～ 32 ℃，干湿球温差为 2 ℃左右，以利于孢子发育。整个培养过程历时 40 ～ 44 h。曲料疏松，柔软有弹性，菌丝丰满，黄绿色，具有成曲特有香气，无异味；成曲水分宜为 26% ～ 33%；成曲中性蛋白酶活力方面，每克曲（干基）不宜少于 1000 单位（福林法）。

8. 发酵

拌曲盐水的浓度宜为 12 ～ 13 ° Bé（20 ℃）；对于盐水的温度，夏季宜为 45 ～ 50 ℃，冬季宜为 50 ～ 55 ℃；成曲拌盐水量宜使酱醅水分为 50% ～ 53%（移池浸出法）或 55% ～ 58%（原池浸出法）。在成曲拌入盐水时，应当使盐水与成曲拌和均匀，无过湿或过干现象。为防止酱醅表层形成氧化层而影响酱醅质量，可在酱醅表面加盖封面盐或用塑料薄膜封盖酱醅表面。发酵温度宜为 40 ～ 50 ℃；在发酵过程中移池的次数宜为 1 ～ 2 次，第一次宜在 9 ～ 10 d 进行，第二次其间隔时间宜为 7 ～ 8 d。发酵期为 25 d 以上。酱醅具有特有的酱香，红褐色，有光泽，不发乌，体态柔软、松散，不黏。滤液味鲜美、酸度适中，无苦、涩等异味。头油氨基酸态氮不低于 0.80 g/100 mL，且全氮不低于 1.60 g/100 mL；头油可溶性无盐固形物不低于 20.0 g/100 mL；头油食盐不低于 15.0 g/100 mL；pH 不低于 4.8。

9. 浸出（或压榨）

将成熟酱醅装入浸出池时，要做到松散、平整、疏密一致。醅层厚度宜为 30 ～ 40 cm。加入抽提液时，宜在抽提液的出口处加一分散装置，以减少冲力，保持醅面的平整，防止将酱醅冲成糊状而破坏醅层疏密的均匀性。抽提次数为 3 次。放头油、二油时的速度宜慢，放三油时的速度宜快。抽提过程中，酱醅不宜露出液面。抽提液的温度宜为 80 ～ 90 ℃。头油的浸泡时间不宜少于 6 h（原池淋油可适当延长）；二油的浸泡时间不宜少于 4 h；三油的浸泡时间不宜少于 2 h。淋油结束后，应将浸出池内的酱渣清除，并清洗干净。

10. 压榨

成熟酱醅还可以加盐水后用泵直接输送至压榨设备进行压滤，分离出原油。原油加热温度视方法不同而异。间歇式加热，65 ～ 70 ℃下维持 30 min；连续式加热，热交换器出口温度应控制在 85 ℃。加热后的酱油再经过热交换器冷却到 60 ℃，送至沉淀罐静置沉淀 7 d（或采用过滤的方法），获得体态澄清的酱油。

11. 配兑

澄清后的酱油添加或不添加其他辅料及食品添加剂，调配成符合相应产品标准的酱油。

12. 杀菌

采用巴氏杀菌工艺，65 ～ 70 ℃下维持 30 min，亦可采用高温短时杀菌工艺或过滤除菌工艺。

13. 灌装

将配兑后的酱油装入洁净的包装容器中，密封。

粮食市场的全球化和快速城市化进程对传统发酵豆制品的发展具有重要意义。在世界范围内不断增长的消费需求和技术创新的驱动下，传统食品行业已经发生了一场动态的革命。新型功能性发酵食品的开发是科学家们所面临的主要挑战之一。几十年来，发酵衍生的生物活性成分和健康功能性发酵食品引起了科学界的广泛关注。豆豉食品口感好，营养价值高，具有促进健康的作用。然而，只有少数针对糖尿病或高血压患者的新型、高效、安全的保健产品已成功商业化并进入市场。要进一步提高发酵食品生物活性成分鉴定的准确性和效率，需要先进、精密的技术。发酵食品源生物活性化合物的有效作用机制需要结合分子生物学技术和生物信息学分析工具进一步挖掘和确认。

第六节　大豆功能性成分

一、酚类化合物

大多数植物中均含有酚类化合物，包括类黄酮、羟基肉桂酸衍生物、酚酸和单宁酸等。单宁酸是没食子酸的一种，属于天然多羟基酚酯。此外，大豆还含有酚酸和黄酮类化合物的衍生物异黄酮。

（一）酚酸

大豆含有 8 种酚酸，分别是对羟基苯甲酸、绿原酸、肉桂酸、阿魏酸、龙胆酸、水杨酸、丁香酸和香草酸（图 2-3）。绿原酸水解后形成咖啡酸，这两种物质都会导致褐变，引起营养流失，进而影响产品的色香味。在体外实验中，用活性炭去除大豆中的酚类物质已被证明可以增加风味并提高消化率。与之相反，咖啡酸和绿原酸也被报道可以在体外或体内阻断亚硝胺的生成。此外，这些酚类物质能够抑制黄曲霉毒素 B1 在大鼠肝脏中的代谢。酚酸还可以作为抗氧化剂，抑制活性氧引起的 DNA 损伤。

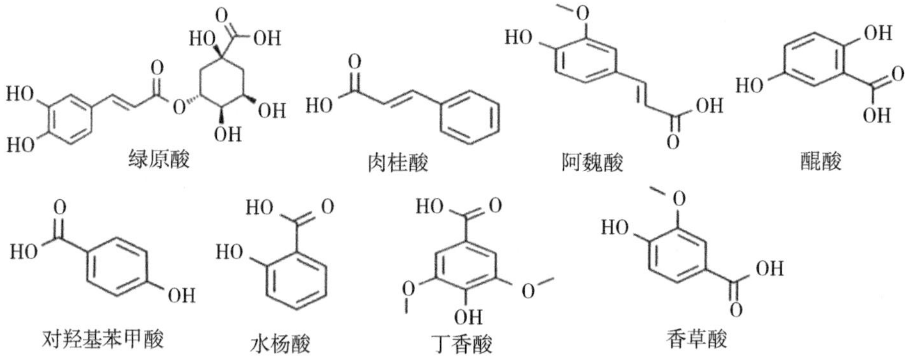

图 2-3　主要酚酸的化学结构

（二）异黄酮

异黄酮又称植物雌激素，与木脂素一起存在于植物中。这些植物化学物质具有类似于雌激素的生理活性，可被肠道菌群激活。大豆下胚轴内含有许多异黄酮，根据其化学结构可分为 4 类：①苷元，包括大豆苷元、染料木甙和黄豆黄素；②糖苷类，包括大豆苷元、染料木素和黄豆黄素苷；③乙酰基糖苷；④甘露糖苷（图 2-4）。多项研究表明，异黄酮具有激活卵母细胞和乳腺中的雌激素受体的能力，并可根据生理环境或其化学结构的不同而具有雌激素或抗雌激素的特性。例如，异黄酮是一种抗雌激素，可以降低乳腺癌和前列腺癌的发生风险，在体内和体外也具有类似维生素 E 和维生素 C 的抗氧化作用。此外，异黄酮是由一种致癌基因产生的，具有酪氨酸蛋白激酶抑制剂的功能。在大豆异黄酮中，染料木素在体外可抑制导致乳腺癌、结肠癌、肺癌、前列腺癌和皮肤癌的细胞的生长。染料木素还可以通过阻止血管增生来阻断氧气或营养物质的供应，从而抑制疳子的形成。

此外，女性长期摄入异黄酮会影响月经周期，从而降低患乳腺癌的风险。同时，异黄酮具有微弱的雌激素作用，可以减轻更年期相关症状的严重程度，而不会引起任何副作用。异黄酮可降低血液胆固醇的量高达 35%，这表明它们具有作为降胆固醇剂的潜力。在美国，大约 15% 进入更年期的女性通过利用雌激素进行相关的治疗。然而，雌激素的使用会增加生殖器官患癌症的概率。因此，大豆这一天然食品正逐渐被认为是这一人群雌激素的潜在替代品。雌激素还可以通过提高维生素 D 的活性来降低患骨质疏松症的风险，从而防止骨骼中的钙被洗脱，促进钙的吸收。具体来说，大豆中的异黄酮在结构和功能上都与雌激素相似，这是它们被称为植物雌激素的原因。异黄酮还可以缓解与更年期相关的潮热，而不会引起高脂血症或改变乳房和子宫的肌肉层，这是雌激素给药后观察到的常见副作用。

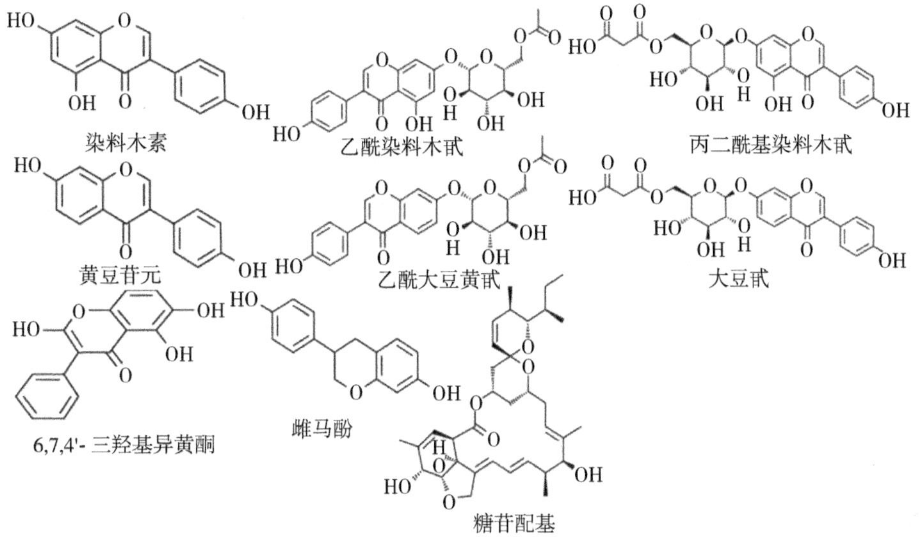

图 2-4　异黄酮的化学结构

二、植酸

植酸也称为肌醇六磷酸（IP6），由肌醇环和 6 个对称连接的磷酸基团组成。植酸存在于植物中，在谷物和豆类中尤其常见，含量为 0.4%～6.8%，大豆种子中的植酸含量为 2.58%。在食品加工过程中，植酸被水解为 IP1、IP2 和 IP3，分别含有 1 个、2 个和 3 个磷酸基，它们是肌醇与较少的磷酸基结合体。在人体代谢过程中，膳食中的总植酸以 0.5～0.6 mg/L 的浓度通过尿液排出。植酸在人体代谢中常与二价离子形成螯合物，如 Ca^{2+}、Mg^{2+}、Zn^{2+} 和 Fe^{2+}，在小肠中难以被吸收利用。因此，植酸被认为是一种非营养性化合物，因为它可以通过与矿物质结合并减少它们的吸收来影响体内矿物质的利用。此外，植酸作为一种非营养成分，并通过与蛋白质碱基的强烈结合，阻碍胃蛋白酶、胰蛋白酶和α-淀粉酶等重要消化酶的功能。然而，植酸最近被发现具有抗氧化、抗癌和降脂等作用，因此重新引起了人们的注意。

植酸具有多种生理活性功能，包括储存磷和阳离子。铁离子在体内通过产生羟基自由基诱导细胞或脂质氧化而引起氧化损伤。植酸可以与铁结合抑制羟基自由基的产生，从而防止细胞氧化。在食品加工过程中，这一功能也得到了重视，利用植酸补充剂来抑制食品加工过程中可能发生的氧化现象。此外，摄入较多含有大量植酸的谷物和蔬菜的人患结直肠癌的概率较低，这是因为植酸激活了肿瘤抑制基因如 p53 和 WAF-1/p21 的表达。植酸还通过减少癌细胞增殖和增加细胞分化表现出抗肿瘤活性。此外，较低的肌醇磷酸如 IP3 和 IP4（分别含有 3 个和 4 个磷酸基团）在调节细胞间反应过程中发挥重要的生物学作用。

三、蛋白酶抑制剂

蛋白酶抑制剂（PI）存在于大豆和其他植物中，包括土豆、花生和玉米等。大豆中的 Kunitz 和 Bowman-Birk 型蛋白酶抑制剂可抑制凝乳胰蛋白酶、弹性蛋白酶和丝氨酸蛋白酶的活性。在过去的 40 年里，大豆中的 PI 主要将其作为抗营养抑制因子进行讨论，然而，近年来其因具有明显的抗癌特性而受到重视。PI 对健康有益的潜在机制集中在它们的抗氧化活性上，因为胰蛋白酶抑制剂可以阻止自由基的产生，从而防止细胞被氧化损伤破坏。例如，具有凝乳胰蛋白酶抑制作用的 Bowman-Birk 型 PI，通过抑制肿瘤启动子的功能，抑制致癌基因 MYC 的表达，减少体内氧自由基的产生，防止 DNA 螺旋结构的破坏和氧化。此外，不仅是大豆中的 PI，一些植物中的类维生素 A、大蒜酸、表没食子儿茶素没食子酸酯、烟酸和他莫昔芬等也具有抗癌作用，它们可以抑制肿瘤促进因子产生超氧自由基或 H_2O_2。大豆中的胰蛋白酶抑制剂可促进胰岛素分泌，从而使血糖水平正常化。

四、木质素

木质素少量存在于植物中，参与细胞壁框架的构建。摄入后，它们被肠道细菌转化为肠二醇或肠内酯，随后以葡萄糖醛酸缀合物的形式从尿液中排出。谷物中的木质素含量一般为 2～7 mg/kg。例如，亚麻籽和大豆中均富含木质素或木质素前体。由于化学结构相似，木质素具有与雌激素相似的功能特性，能够调节雌激素水平，因此也被认为是植物雌激素。有研究表明，摄入大量木质素可能会降低体内游离雌激素的含量，降低引起乳腺癌的风险。此外，木质素可下调组织培养系统中乳腺癌细胞的增殖潜能，通过抑制参与雌激素生物合成和代谢的 5α- 还原酶和 17β- 羟基类固醇脱氢酶的活性，抑制参与胆固醇生成的 7-α- 羟化酶活性，从而分别降低性激素相关癌症和结肠癌的发生风险。此外，摄入富含木质素的食物可以通过与类黄酮和其他植物化学物质的协同作用来增强抗癌特性。

五、皂苷

大豆是所有食用豆类中皂苷含量最高的。皂苷可分为甾体皂苷和三萜皂苷。皂苷是一种双极性、热稳定的糖复合物，被认为是一种苦味的非营养物质。最近的研究表明，皂苷具有生理活性功能，如降低胆固醇、刺激免疫反应和抗癌作用，这使其成为一种功能性营养素。大豆皂苷可以缩短有害物质接触肠系膜所需的时间，从而促进这些有害成分更快速地被降解，有效削弱其毒性。由于皂苷与胆固醇具有相似的化学结构，因此也能抑制胆固醇的吸收。此外，皂素与维生素 E（生育酚）的协同作用可防止皮肤出现瑕疵，促进血液循环。维生素 E 不仅能降低循环中经常被称为"坏胆固醇"的低密度脂蛋白的水平，降低血液黏度，帮助血液流动更顺畅，还能防止中老年人脸上褐斑（老年斑）的形成。皂苷作为杀伤细胞活性的增强剂，在抑制肿瘤细胞 DNA 合成及减少宫颈癌和表皮癌细胞生长方面的作用已被报道。从大豆中提取的 B 组皂苷也被证明具有抑制 HIV 感染的作用。

六、膳食纤维和大豆低聚糖

大豆富含膳食纤维，这是一种不能被体内消化酶分解的食物成分。膳食纤维可分为果胶等水溶性纤维和纤维素、木质素等不溶性纤维。水溶性纤维由结肠微生物发酵，参与产生短链脂肪酸，包括乙酸、丁酸和丙酸，这些都是结肠细胞的主要营养物质，并具有吸收胆固醇的功能。不溶性纤维通过增强肠道功能而增加排便量，对预防便秘具有有效作用。膳食纤维的特性包括保水性、溶胀性、有机分子吸收、离子吸收和交换、肠道微生物分解等，因此它单独或联合作用可引发多种生理活动。特别值得一提的是，大豆膳食纤维最重要的作用之一是降低胆固醇水平。

大豆寡糖是大豆中含有约 4% 水苏糖和 1% 棉子糖的可溶性寡糖的总称。它们在植物未成熟时并不丰富，但在成熟期间的含量会迅速增加。大豆低聚糖是不可消化的，这意味着它们在人体中不会作为一种营养物质被消化或吸收，而是被认为是一种胀气因子，可以诱导大肠菌群产生二氧化碳或甲烷等气体。然而，由于它们能促进肠道内有益细菌的生长，最近受到了越来越多的关注。同时大豆低聚糖和膳食纤维还能促进肠道内维生素的合成，抑制有害细菌和外来细菌的生长，抑制氨和胺的产生。此外，它们还可以作为双歧杆菌的生长促进剂。双歧杆菌作为一种有益细菌，通过增强免疫功能和促进肠道蠕动而起到抗炎剂的作用，同时有助于消化和吸收。双歧杆菌产生乳酸以维持肠道 pH，从而抑制有害细菌的生长，改善肠道运动，有助于预防便秘或肠道功能恶化。此外，双歧杆菌的作用还包括阻止肠道内有害物质氨和 H_2S 的吸收，抑制吲哚、粪臭素、苯酚等致癌物质的产生，降低胰岛素抵抗和胆固醇浓度对高血压的影响。

七、卵磷脂

卵磷脂是一种复杂的脂质，大量存在于蛋黄、大豆油、肝脏和大脑中，并在脂肪球中形成脂质或脂质蛋白。它们一边是脂肪酸链，亲脂性强，另一边是磷酸和胆碱部分，亲水性强，因此，它们被广泛用作乳化剂以稳定水和油的混合物。此外，卵磷脂通常被用作抗散射剂和湿润剂，以降低产品的黏度和控制结晶度。卵磷脂是指各种磷脂混合物，如磷脂酰胆碱、磷脂酰乙醇胺、磷脂酰肌醇等，但在化学层面上，卵磷脂指的是磷脂酰胆碱。蛋黄卵磷脂是指从鸡蛋中提取的卵磷脂，而大豆卵磷脂则是指从大豆中提取的卵磷脂。大豆卵磷脂与蛋黄卵磷脂的区别主要在于磷脂和脂肪酸组成的不同。大豆卵磷脂含有同等比例的磷脂酰胆碱、磷脂酰乙醇胺和磷脂酰肌醇，而蛋黄卵磷脂含有约 70% 的磷脂酰胆碱、低水平的磷脂酰肌醇和一些鞘磷脂。

在体内，磷脂不仅是细胞膜的重要组成部分，而且分布在组织和器官系统中，在生理功能中起着重要作用。因此，卵磷脂参与了无数的代谢过程，包括脂溶性营养素和维生素的吸收，以及废物的排出。它还参与胆固醇的增溶以降低血胆固醇。此外，它在预防糖尿病、维持肾功能、使肝功能正常化、改善消化率等方面也很有效。卵磷脂还具有改善脑功能和预防阿尔茨海默病的积极作用。与此同时，大豆中的卵磷脂还能有效防止大脑中的乙酰胆碱减少。例如，一项研究表明，给予大鼠充分的卵磷脂，可增加大鼠大脑活动中乙酰胆碱的消耗量。磷脂酰胆碱影响脂质代谢、脂肪吸收和神经功能，而磷脂酰肌醇则参与激素表达、细胞增殖、细胞分裂和肝脏代谢。

八、共轭亚油酸

共轭亚油酸（Conjugated linoleic acid，CLA）是一组不饱和脂肪酸衍生物，根据 CLA 的位置和几何异构体命名。亚油酸有 2 个双键，因此存在 8 种天然异构体，占所有 CLA 异构体的 98% 以上。所有这些异构体都被认为是反式脂肪酸，没有营养价值。CLA 最初是从油炸碎牛肉中分离出来的，作为一种潜在的抗癌剂，它通过抑制小鼠皮肤癌的发展引起了人们的关注。在 8 种 CLA 异构体中，9- 顺式、11- 反式十八烯二酸具有较强的抗癌作用。此外，CLA 的抗氧化作用比 α- 生育酚强，与丁基羟基甲苯相似。CLA 的抗氧化作用有望通过保护细胞膜免受自由基的侵害而发挥抗癌作用。此外，CLA 对动脉粥样硬化具有抑制作用，可显著降低血液中的总胆固醇、低密度脂蛋白胆固醇和甘油三酯，从而有效减少动脉粥样硬化斑块的形成。此外，在牲畜饲料中添加 CLA 可通过降低体脂和增加瘦肉量来促进其生长，提高饲料效率。同时，家畜肉或奶中的 CLA 是由共生微生物，特别是肠道细菌将亚油酸转化为 CLA 而产生的。CLA 介导的 CYP7A 的激活与脂肪细胞分化、胰岛素抵抗、脂质代谢、致癌、炎症和免疫功能的调节有关。

第三章 豌豆食品加工

第一节 豌豆概述

豌豆是一种重要的豆科作物，它是蛋白质、维生素、矿物质和生物活性化合物的良好来源，对人体健康有益。世界上几乎所有国家都种植豌豆，并将其视为人类饮食的重要组成部分。加拿大是世界上最大的豌豆生产国，其次是中国、俄罗斯和印度。通常，豌豆有 2 种表现型，即光滑的豌豆和褶皱的豌豆，它们的种皮是米黄色、黄绿色、浅绿色、绿色、军绿色、深绿色、棕色或橙棕色的。豌豆外皮颜色的差异与黄酮类化合物的生物合成有关，黄酮类化合物的生物合成会受到不同品种和生长环境的影响。深色种皮样品中黄酮类化合物的含量普遍高于浅色样品。豌豆赖氨酸含量高，但缺乏含硫醇的氨基酸，因此常与谷物一起食用，以补充全套必需氨基酸。此外，豌豆在发芽后也可以作为芽苗菜和小菜食用。自 2020 年以来，冠状病毒病（COVID-19）对食品供应链产生了重大影响，粮食自给自足受到越来越多的关注。事实上，由豌豆内部发芽衍生的豆芽和微型蔬菜可能是暂时解决国内蔬菜短缺的另一种选择。

豌豆的生物活性和健康益处通常与其营养成分和生物活性成分有关。豌豆的升糖指数（GI）通常低于 60，因此被视为中低 GI 食品。最近的一项流行病学研究表明，高 GI 饮食总是与心血管疾病的风险增加有关。因此，豌豆全籽及其制品在替代部分其他高 GI 指数食品方面具有良好的潜力。此外，豌豆不含麸质，这意味着患有乳糜泻的人也可以食用。豌豆蛋白和多肽具有多种生物学特性，如调节代谢综合征。豌豆还富含膳食纤维，可通过调节肠道微生物组成提供各种健康益处。豌豆是矿物质（如钙、铁和锌）和维生素（如类胡萝卜素和叶酸）的良好来源。此外，这种豆科植物还含有大量的多酚类物质，尤其是类黄酮，它们表现出多种生物活性。因此，豌豆含有丰富的营养成分和生物活性化合物，具有开发成保健品或功能食品的潜力。

膳食蛋白质既可以来源于动物，也可以来源于植物。虽然对动物蛋白的需求一直很高，但人们普遍认为动物蛋白的环境可持续性较差。为了促进可持续的饮食习惯，鼓励减少对动物性蛋白质的依赖。此外，从植物中摄取蛋白质可能比从动物中摄取蛋白质更有益。例如，从植物中摄取蛋白质可以降低心血管疾病的死亡率。另外，增加肉类消费可能与导致肥胖、心脏病、代谢综合征和胃肠道癌症有关。综上所述，可以推测，未来对全豆类衍生产品的需求将不断增加，为豌豆作为增值品的探索提供了巨大的机会。因此，全面了解豌豆对其在食品工业中的进一步应用具有重要意义。本书对近十年来的相关文献进行了综述，对豌豆及其制品的化学成分和健康益处进行了全面的总结和探讨，重点介绍了豌豆及其成分的加工和食品应用，并提出了今后如何更好地利用豌豆。

碳水化合物是豌豆的主要化学成分之一，占豌豆种子干重的59.32% ～ 69.59%。豌豆种子中淀粉的含量为39.44% ～ 46.23%，高于蚕豆中的含量（38.4% ～ 41.8%）。豌豆富含膳食纤维，其含量为豌豆籽干重的23.23% ～ 30.72%，可溶性纤维含量为3.91% ～ 8.01%，不溶性纤维含量为19.32% ～ 23.1%。豌豆还富含蛋白质，其含量为豌豆籽干重的20% ～ 25%，与红豆（23.51%）和芸豆（23.44% ～ 24.90%）相近。豌豆种子中脂质含量为3.06% ～ 7.3%，与豇豆（4.22% ～ 7.17%）相似。豌豆中的灰分含量约为3.07%。此外，品种、环境和种植年份对豌豆种子中的营养成分也有显著影响。尽管如此，为了提高豌豆在食品工业中的精准应用，还需要对其不同品种的化学成分进行系统的比较研究（图3-1）。

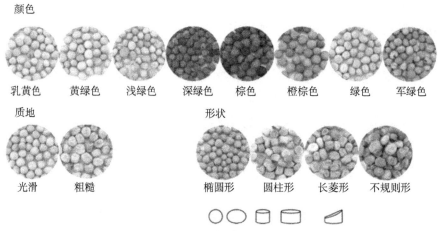

图 3-1 不同质地、颜色和形状的豌豆种子

（注：本书尾页附二维码识别高清彩图）

一、淀粉

直链淀粉和支链淀粉被认为是淀粉的主要类型，它们的比例显著影响淀粉的理化性质。豌豆淀粉中直链淀粉的含量很高，为 17.2% ～ 42.6%，皱粒豌豆中直链淀粉的含量高于圆粒豌豆。事实上，据报道，从起皱的豌豆中分离出的淀粉比从光滑的豌豆中分离出的淀粉具有更长的支链。直链淀粉含量较高的豌豆淀粉可能具有更强的抗消化能力。根据消化指数，豌豆分离淀粉的估计血糖生成指数（eGI）为 69.8 ～ 70.7。抗性淀粉被认为是最重要的膳食纤维之一，对人体肠道健康具有有益作用。有研究表明，豌豆种子的抗性淀粉含量为 1.84% ～ 6.95%，显著高于大豆种子（0 ～ 0.19%）。

豌豆淀粉呈典型的 C 结晶形态模式，相对结晶度为 36% ～ 55%，B 结晶形态的比例为 3.8% ～ 30.4%。利用扫描电子显微镜（SEM）进行测定，豌豆淀粉颗粒的形状通常为椭圆形或圆形。然而，在豌豆淀粉中也发现了一些不规则形状的颗粒，颗粒大小为 21.5 ～ 23.9 μm。一项比较研究表明，白色豌豆淀粉颗粒（4.03 ～ 21.33 μm）大小小于木豆淀粉颗粒（11.01 ～ 56.08 μm）、葛粉淀粉颗粒（6.8 ～ 35.38 μm）和蚕豆淀粉颗粒（2.07 ～ 57.61 μm），这表明白色豌豆淀粉可能比其他 3 种豆类淀粉更容易受到酸和酶的水解。豌豆淀粉的这些结构参数明显影响了它们的理化性质。淀粉的膨胀力表明其对水的吸附能力，水溶性反映淀粉在糊化过程中的溶解程度。白豌豆淀粉的溶解度和溶胀力随着温度的升高而增大。豌豆淀粉的峰值糊化温度（Tp）为 $64.2 \sim 70.1$ ℃。豌豆淀粉的糊化焓（ΔH）范围为 $4.67 \sim 9.2$ J/g，与芸豆淀粉、黑豆淀粉相近，而低于鹰嘴豆淀粉、扁豆淀粉、绿豆淀粉、蚕豆淀粉。淀粉的糊化温度可以反映其蒸煮所需的最低温度，也可以指示糊状物的峰值黏度。豌豆淀粉的糊化温度（$66.2 \sim 70.1$ ℃）与红豆淀粉（$66.77 \sim 69.92$ ℃）和鹰嘴豆淀粉（$66.5 \sim 71.1$ ℃）相似。先前有研究测得豌豆淀粉的峰值黏度为 2909 cP，高于芸豆淀粉的峰值黏度（2245 cP）、红豆淀粉的峰值黏度（2316 cP）和豇豆淀粉的峰值黏度（1689 cP）。豌豆淀粉相对较高的黏度有助于其食物质地特征的形成。然而，为了验证这些结果，还需要进行更多的研究，因为淀粉的物理化学特性会受到不同因素的影响。

二、膳食纤维

膳食纤维作为主要的不可消化碳水化合物，可通过调节肠道微生物组成提供多种健康益处。膳食纤维根据其水溶性通常分为可溶性膳食纤维（soluble dietary fiber）和不可溶性膳食纤维（insoluble dietary fiber）。豌豆种子富含膳食纤维，其含量为 $23.23\% \sim 30.72\%$，可溶性膳食纤维为 $3.91\% \sim 8.01\%$，不可溶性膳食纤维为 $19.32\% \sim 23.1\%$。比较研究表明，豌豆种子的可溶性膳食纤维含量与蚕豆（$4.89\% \sim 5.05\%$）、白芸豆（$4.57\% \sim 5.14\%$）、豇豆（$4.23\% \sim 5.82\%$）、红豆（$5.04\% \sim 5.59\%$）、黑豆（$6.59\% \sim 8.11\%$）相似。豌豆种子的不可溶性膳食纤维含量与大豆（$18.28\% \sim 21.99\%$）、绿豆（$17.92\% \sim 20.17\%$）、红豆（$20.41\% \sim 24.73\%$）、豇豆（$17.89\% \sim 22.33\%$）相当，低于白芸豆（$24.73\% \sim 26.75\%$）、红芸豆（$26.52\% \sim 26.96\%$）、扁豆（$23.57\% \sim 24.93\%$）、蚕豆（$26.85\% \sim 28.69\%$）。此外，采用超细粉碎技术可以提高豌豆种子中可溶性膳食纤维的含量，使其含量从 1.26% 提高到 4.97%。一般来说，膳食纤维含量高的食物可以降低体内血清胆固醇和血糖指数。因此，豌豆可能是预防糖尿病和高胆固醇血症的膳食来源。

豌豆种子中的可溶性膳食纤维由半乳糖醛酸、阿拉伯糖、半乳糖、葡萄糖、甘露糖、鼠李糖和木糖组成，其中半乳糖醛酸为主要糖，说明豌豆可溶性膳食纤维中含有大量果胶多糖。豌豆种子中不可溶性膳食纤维的糖组成包括葡萄糖、阿拉伯糖、半乳糖酸、木糖、半乳糖、甘露糖和鼠李糖，其中葡萄糖、木糖和阿拉伯糖为主要糖，这表明豌豆不可溶性膳食纤维应含有纤维素、木聚糖和阿拉伯糖。豌豆种子中的可溶性膳食纤维分子量为 25 ～ 478 kDa，其特性黏度和表观黏度分别为 0.84 ～ 0.85 dL/g 和 1.73 ～ 1.87 mPa·s。从豌豆种子中分离的多糖组分的微观结构显示出光滑的表面。此外，豌豆膳食纤维和多糖在体外表现出显著的抗氧化活性和体内降糖作用。

三、蛋白质

豌豆蛋白通常分为4类，分别是球蛋白、白蛋白、谷醇溶蛋白和谷蛋白，其中球蛋白是主要的储存蛋白，占大田豌豆总蛋白的 55% ～ 65%。豌豆蛋白主要由 7S/11S 球蛋白和 2S 白蛋白组成，赖氨酸含量高，可以弥补谷类为主的日粮中赖氨酸的不足。豌豆蛋白及其水解物具有多种促进健康的作用，如抗氧化、抗糖尿病、抗高血压作用，以及调节肠道微生物组成。此外，豌豆蛋白广泛应用于食品系统，如用于生物活性化合物的包封、可降解薄膜，以及作为动物蛋白的替代品。在豌豆中发现了几种致敏蛋白，然而，目前关于豌豆致敏特性的研究还不完整，食品加工对豌豆过敏的影响也没有得到很好的了解。

豌豆蛋白的氨基酸组成分布良好，富含各种必需氨基酸。与其他豆类类似，蛋氨酸和半胱氨酸这两种氨基酸被认为是豌豆种子的主要限制性氨基酸（LAA）。然而，当使用基于真实回肠氨基酸消化率法测定时，对人体来说，熟豌豆中婴儿的主要限制性氨基酸是芳香氨基酸，而对于年龄较大的儿童、青少年和成人，熟豌豆中的主要限制性氨基酸是赖氨酸。因此，可以利用其他蛋白质来源来弥补豌豆中缺乏的必需氨基酸，以实现营养均衡的饮食。此外，豌豆蛋白的一些理化特性与大豆蛋白非常接近，使其成为一种很有前途的大豆蛋白替代品。豌豆蛋白和大豆蛋白在 pH 依赖性溶解度曲线上均表现为典型的"U"形，但在低于 pH 5 的酸性环境下，其溶解度并不完全完美。豌豆蛋白（pH 4 ～ 5）的等电点与大豆蛋白（pH 4 ～ 6）的等电点非常接近。此外，高压加工和热处理明显降低了豌豆蛋白的溶解度。豌豆蛋白的发泡稳定性约为 89.74%，与大豆蛋白（82.44%）相近，明显高于大米蛋白（50%）和小麦蛋白（68.03%）。豌豆蛋白的吸水能力约为 3.389 g/g，高于大米蛋白（1.46 g/g）和小麦蛋白（1.376 g/g）。豌豆蛋白的最低胶凝浓度为 14%，与大豆蛋白相近（12%）。豌豆蛋白的乳化活性指数和乳化稳定性指数与大豆蛋白相似，这表明豌豆蛋白在肉类和香肠制品的生产中可以成为大豆蛋白的潜在替代品。

四、多酚类物质

（一）总酚含量

酚类物质是豌豆中最重要的生物活性成分之一。豌豆中既有游离多酚，也有结合多酚。有研究表明，3 种基因型豌豆的游离酚类物质含量（90.4 ～ 112 mg GAE/100 g DW）均高于结合酚类物质含量（58.5 ～ 83.9 mg GAE/100 g DW）。此外，相关人员系统研究了 22 种不同豌豆基因型（包括不同成熟度、不同花色、不同种皮颜色和不同种子形状）的总多酚含量。结果表明，22 个基因型豌豆的总酚含量（TPC）变化范围为 12.6 ～ 128.6 mg GAE/100 g FW，与种皮颜色和形状显著相关。绿橙色种皮基因型的总酚含量最高（128.6 mg GAE/100 g FW）。另外，褶皱和圆形种皮基因型的总酚含量（≥ 24.0 mg GAE/100 g FW）也明显高于褶皱种皮基因型。深色种子的总酚含量高于浅色种子。除此以外，豌豆种子的有色外壳还含有酚类化合物。在体外消化过程中，豌豆红皮释放的总酚含量约为（31.54 ± 0.69）mg GAE/g DW，高于黄皮 [（14.88 ± 0.27）mg GAE/g DW]。还有发现，萌发 7 d 后豌豆芽的总酚含量从 584.32 mg GAE/100 g DW 明显增加到 910.69 mg /100 g，表明萌发可以提高豌豆中多酚的含量。

（二）类黄酮

不同的黄酮类化合物，借助液相色谱、LC-MS、LC-ESI-MS/MS 和 UHPLC-Q-HRMS 等技术，已经在豌豆的不同部位发现黄酮醇、黄酮、异黄酮、黄烷酮、黄烷醇 / 黄烷 -3- 醇和花青素。豌豆中总黄酮含量（total flavonoids content，TFC）为 4.61 ～ 45.84 mg CE/100 g FW，变化幅度接近 10

倍。此外，豌豆种子中可溶性类黄酮含量（52.2～60.3 mg CE/100 g DW）高于结合类黄酮含量（8.42～20.3 mg CE/100 g DW）。有趣的是，豌豆种子中的总黄酮与种皮的颜色和形状显著相关。呈凹陷状和圆形种皮的基因型总黄酮较高（≥9 mg CE/100 g FW），呈绿橙色种皮的基因型总黄酮在所有测试基因型中最高。研究发现深色豌豆种子比浅色豌豆种子含有更多的总黄酮。此外，发芽处理也可以提高豌豆芽的总黄酮含量，发芽处理可使其从 4.53 mg CE/100 g DW 增加到 6.02 mg CE/100 g DW。

（三）酚酸

酚酸是豌豆中的第二大多酚类物质，其次是类黄酮。结果发现，彩色豌豆种皮的酚酸含量（78.53 g/g DW）高于相应的白色豌豆种皮（17.17 g/g DW），其中彩色豌豆种皮主要含有香草酸、龙胆酸和原儿茶酸，白色豌豆种皮主要含有阿魏酸和香豆酸。最近，在豌豆的不同部位也发现了各种不同的新的酚酸，如香兰素酸、奎尼酸、香豆酰奎尼酸、5- 阿魏酰奎尼酸、4-O- 咖啡酰奎尼酸、反式阿魏酸、反式肉桂酸、对羟基苯甲酸、4- 对羟基苯甲酸等。并且在任何种皮中都不存在丁香酸，而在紫色花系的种皮中则存在没食子酸和咖啡酸。然而，另一项研究发现黄豌豆壳中存在丁香酸。研究发现，豆荚水提取物中酚酸的总量为 73.15 mg/100 g，5- 咖啡酰奎尼酸是提取物中含量最高的酚酸，平均值为 59.87 mg/100 g。此外，豌豆种子中没食子酸、阿魏酸和丁香酸的浓度在萌发过程中也显著升高。一般来说，豌豆中酚酸的种类和含量因植物部位、颜色和提取方法而异。

五、脂质矿物质和维生素及其他有益成分

豌豆种子中的脂质含量相对较低，是一种低脂食物。豌豆脂质主要由多不饱和脂肪酸组成，占总脂肪酸的 42.01%～60.68%，其中不饱和脂肪酸含量相对较低（17.46%～24.95%）。豌豆的脂肪酸主要有棕榈酸（12.39%～19.24%）、亚油酸（34.56%～47.74%）和亚麻酸（7.37%～12.55%）。这些不饱和脂肪酸在胃肠道消化过程中的生物利用度尚不清楚，还需要更多的研究来证实这些结果。

豌豆含有很多矿物质如氮、钾和磷等。不同基因型豌豆种子的矿物元素含量（如氮、钾、磷、锰、铜和锌）各不相同。其中，氮（28.49～54.78 g/kg）、磷（1.648～4.04 g/kg）和钾（13.13～50.41 g/kg）是豌豆种子中的主要矿物质。此外，铜（3.51～21.79 mg/kg）、铁（29.32～80.69 mg/kg）、锌（28.15～55.80 mg/kg）和锰（7.96～22.83 mg/kg）在不同基因型豌豆种子中也存在差异。在豌豆种子中也发现了少量的硒（28.6 μg/100 g），但含量仍明显高于绿豆。这些矿物质在豌豆中的生物利用度尚不清楚，有待进一步研究。但在豌豆中还发现了几种维生素，如 α- 生育酚和 γ- 生育酚。豌豆种子中总生育酚的含量因品种而异，范围为 48.44～57.00 μg/g，较高于扁豆（29.65～46.18 μg/g）和芸豆（22.53～35.82 μg/g），而低于鹰嘴豆（150.29～170.51 μg/g）。此外，γ- 生育酚可能是豌豆种子中主要的生育酚，其含量范围为 46.14～54.17 μg/g。尽管如此，还需要更多的研究来证实这些结果，食品加工是否会影响矿物质和维生素的生物利用度也仍不清楚。

豌豆中还含有其他有益成分，如 β- 胡萝卜素和玉米黄素。一项比较研究发现，不同豌豆品种的总类胡萝卜素含量差异很大，β- 胡萝卜素的含量为 16.72～59.39 mg/kg DW。豌豆绿色子叶的类胡萝卜素含量为 10～27 μg/g DW，略高于黄色子叶的 5～17 μg/g DW。

六、抗营养因子

由于豆类中存在各种抗营养因子，其营养品质和有益作用一直受到质疑。通常，单宁、植酸、氰苷、皂苷、草酸、生物胺、凝集素、蛋白酶抑制剂和 α- 淀粉酶抑制剂被认为是豆类的抗营养因子。对于豌豆，植酸、凝集素、草酸盐和胰蛋白酶抑制剂被认为是主要的抗营养因子。

植酸通常被认为是豌豆中的一种抗营养因子。其抗营养特性归因于与矿物质（如铜、铁和锌）形成不溶性复合物，导致其在人体胃肠道中的吸收减少。它在豌豆中的含量（8.55～12.40 mg/g DW）与小扁豆（8.56～15.56 mg/g DW）和鹰嘴豆（11.33～14.00 mg/g DW）相近，但低于蚕豆（19.65～22.85 mg/g DW）、普通豆（15.64～18.82 mg/g DW）和大豆（22.91～35.9 mg/g DW）。一些加工方法，如浸泡、烤、煮、压煮、发芽等，都能有效降低抗营养因子的含量，浸泡、烤、压煮的联合应用是降低植酸含量最有效的选择。此外，豌豆中的凝集素含量（5.53 ～ 5.64 mg/100 g DW）与蚕豆（5.52 ～ 5.55 mg/100 g DW）相近，但显著低于红芸豆（88.52 mg/100 g DW）、大豆（692.82 mg/100 g DW）和扁豆（10.91 ～ 11.07 mg/100 g DW）。蒸煮方法可以显著降低豌豆中的凝集素水平。豌豆中总草酸含量（244.65 ～ 293.97 mg/100 g DW）与蚕豆（241.5 ～ 291.42 mg/100 g DW）相近，低于大豆（370.49 mg/100 g DW）。蒸煮和浸泡两种方法都能明显降低豌豆中总草酸盐的含量。此外，测定豌豆中单宁含量为 161.26 mg/100 g DW，与鹰嘴豆（165.68 mg/100 g DW）相近，但显著低于扁豆（282.3 mg/100 g DW）和普通豆（410.93 mg/100 g DW）。通常，单宁是复杂的酚类化合物，会降低营养物质在肠道内的生物利用度。然而，许多研究表明，单宁具有许多促进健康的作用，如抗氧化、抗糖尿病、抗炎、抗癌、抗过敏和抗菌作用。虽然单宁在食品上的应用有限，但在制药工业中得到了广泛的应用。

此外，豌豆中还含有胰蛋白酶抑制剂，可明显影响胰蛋白酶和胰凝乳蛋白酶的活性，进而影响生物体内蛋白质的消化。豌豆的胰蛋白酶抑制活性为 2.27 TIU/g，与蚕豆（2.84 TIU/g）和扁豆（2.71 TIU/g）相近，显著低于鹰嘴豆（7.14 TIU/g）和普通豆类（16.22 TIU/g）。此外，豌豆的胰凝乳蛋白酶抑制活性为 3.61 CIU/mg，显著低于普通豆类的 27.15 CIU/mg。之前的一项研究表明，冷加工，如冷造粒和挤压，可以明显降低豌豆的胰蛋白酶抑制活性。未来，还需要开展更多的研究来阐明不同食品加工工艺对豌豆抗营养因子的影响。

豌豆是豆科植物豆荚的可食用种子，是粮、菜、饲兼用作物，具有耐寒、耐旱、耐瘠等特点。因适应能力强，其在世界各地均有广泛种植。从营养学角度来说，豌豆的蛋白质含量为 18% ～ 30%，纤维含量为 10% ～ 20%，淀粉含量为 40% ～ 50%，同时含有赖氨酸和精氨酸等 8 种必需氨基酸，是多种维生素和矿物质及生物活性肽的重要来源。豌豆分布广泛，种植面积大，产量高。豌豆蛋白成本低、营养价值高，具有低过敏性的特点，被食品行业广泛利用。豌豆多肽是以豌豆蛋白为原料，通过蛋白酶水解得到，结构介于氨基酸与蛋白质之间，具有生物活性的小分子聚合物，其氨基酸组成与豌豆蛋白一致，含有 8 种必需氨基酸，有较高的营养价值。与豌豆蛋白相比，豌豆多肽分子质量相对较小，更易于被人体消化和吸收，且不存在豌豆蛋白中的抗营养因子（植酸、单宁）。豌豆多肽具有促进肠道有益菌生长、抑制血管紧张素转化酶（ACE）活力、抗氧化、降血压、抗菌、抗肿瘤、抗炎和免疫调节等功效。

第二节　豌豆淀粉加工

豌豆具有多种特性，在食品应用中具有良好的功能特性、高营养价值、可获得性和相对较低的成本，但在食品工业中仍未得到充分利用。作为浓缩物或分离物的蛋白质被用作功能性成分，主要是为了提高营养质量，并为配方食品提供理想的感官特性，如结构、质地、风味和颜色。现在食品工业中使用的蛋白浓缩物和分离物大多来自大豆、乳清和小麦。然而，食品制造商和消费者正在寻找替代蛋白质来源。豌豆蛋白在各种配方中都是有用的，如烘焙食品、汤、乳制品、无麸质食品、蛋黄酱和沙拉酱，以及新食品产品。和许多食用豆类一样，豌豆被认为是膳食碳水化合物的良好来源。其中有很多淀粉是抗性淀粉，不易被健康个体的小肠吸收，通过消化道进入大肠后，成为微生物的基质。膳食纤维便是抗性淀粉的典型代表，有助于降低患结肠癌的风险，降低血糖指数，还作为一种益生元，显示出降低胆固醇的作用，抑制脂肪堆积，与可消化淀粉相比，允许更多的钙和铁的表观吸收。

豌豆淀粉作为一种具有保健作用的天然资源和食品成分，其直链淀粉含量高、抗剪切变薄、抗逆性强、淀粉含量高，因而日益受到人们的关注。直链淀粉含量从光滑豌豆的 30% ～ 40% 到皱褶豌豆的 60% ～ 76% 不等。从营养的角度来看，豌豆淀粉具有相当高的抗性淀粉和总膳食纤维含量，其主要应用于工业领域，但由于功能性质较差，其在食品领域的应用并不多。豌豆淀粉是一种非常有用的成膜材料，因为其直链淀粉含量高，可以提高机械强度，包括抗拉强度和气体阻隔性能。在对我国 4 个大田豌豆品种分离的淀粉进行了理化性质和体外消化特性的研究后，发现它们在膨胀力、粘贴特性、热特性、结构特性及淀粉酶体外攻击的易感性方面表现出可变性。豌豆淀粉膜具有良好的阻隔性和物理完整性，具有较强的弹性。与乳清蛋白、大豆蛋白、豌豆蛋白和麦麸蛋白等其他可食用薄膜相比，它们要么具有可比性，要么具有优越性。并且黄原胶和甘油的加入影响了薄膜的力学性能，降低了薄膜的最大拉伸强度、断裂应变和刺穿力，增加了薄膜的延伸率和变形量。以分离乳清蛋白和豌豆淀粉为原料制备的食用膜能有效防止核桃和松子在贮藏过程中的氧化和水解酸败。豌豆淀粉/瓜尔胶可食性薄膜具有良好的物理和光学特性，可有效生产并成功应用于食品包装行业。

因此，淀粉特性的信息对于改善食品的质地很重要，如冷冻食品、挤压零食、饼干、酱料和汤。这不仅对食品加工有重要意义，而且对消费者的接受度也有重要意义。

一、豌豆淀粉的应用

豌豆淀粉可作为食品配料或膳食纤维的强化剂应用到主食制品中，如面包、馒头、包子、面条、重组米等，以满足不同人群对健康饮食的需求。加入豌豆淀粉，不仅可降低主食制品的餐后血糖反应，有时也有利于改善食品品质。例如，在制作面包时，加入传统膳食纤维会导致产品色泽过暗、体积小、口感差等，而添加豌豆淀粉的面包不仅膳食纤维成分得到了强化，在气孔结构、均匀性、体积和颜色等感官品质方面均比添加其他传统膳食纤维的营养强化面包好。豌豆淀粉可作为一种结构改良剂，广泛应用于焙烤食品中，如蛋糕、饼干等。含豌豆淀粉的蛋糕在焙烤后，其水分损失量、体积、密度与加入燕麦纤维的蛋糕相似。饼干类食品对面粉筋力质量要求不高，可添加较大比例的豌豆淀粉，有利于制作低热量饼干。在饼干面粉中添加持水性较低的豌豆淀粉可使面团变得更柔软，可得到高纤维和低血糖指数的饼干。因具有较好的黏度稳定性及低持水性，豌豆淀粉还可作为食品增稠剂来使用，使饮料更加稳定，且能保持饮料原有的感官品质。在发酵制品中，抗性淀粉可作为益生菌包括双歧杆菌、乳酸菌等的增殖因子，其可显著增加制品中活菌的数量。由于豌豆淀粉对糖尿病和肥胖症的预防和健康有改善作用，以豌豆淀粉为原料开发高品质的功能性保健食品具有巨大的应用前景。

目前，我国豌豆淀粉相关的保健食品主要为减肥食品和针对糖尿病患者的食疗膳食。当前市面上已经存在许多富含豌豆淀粉的产品，如高纯度豌豆淀粉复合冲调剂，能够清理肠道毒素，清除过多的血脂、血糖；豌豆淀粉糊精压片糖果，具有无糖低热量特性等。

二、豌豆淀粉的加工

豌豆淀粉生产工艺由豌豆清理、豌豆浸泡、豌豆破碎、粗纤维筛分、淀粉与蛋白质分离、细纤维筛分、淀粉浓缩、淀粉精制、淀粉脱水、淀粉干燥和副产品回收等多道工序组成（图3-2）。

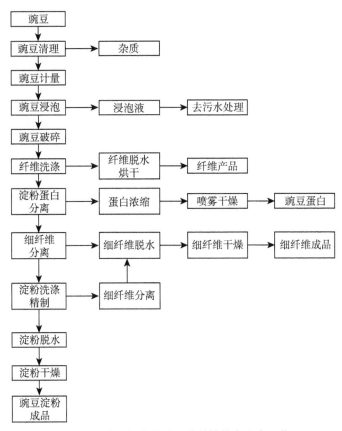

图 3-2 豌豆蛋白和豌豆淀粉的综合生产工艺

（一）豌豆清理输送

一般采购的豌豆原料中含有很多杂质，主要是输运和收获过程中产生的铁屑、沙石、根茎和灰尘等。铁屑和沙石进入生产系统会磨损甚至损坏设备，根茎和灰尘则会影响淀粉质量。豌豆接收时清理：豌豆接收时的清理与玉米类似，豌豆在卸车之后经过皮带输送机和斗式提升机输送依次进入两级清理筛，除去夹杂在豌豆中的大杂和小杂，初步清理之后经由皮带输送机和斗式提升机进入筒仓存储，但是这种方法无法清理并肩石，其他杂质去除率可以达到 98% 以上。豌豆输送后清理：筒仓中的豌豆出仓后经由皮带输送机和斗式提升机再一次进入清理筛清理，清理之后的豌豆通过计量秤，进入除石槽中。除石槽是通过水力除砂原理，去除豌豆中的并肩石和泥土。

（二）豌豆浸泡

浸泡是豌豆淀粉生产的关键工序，浸泡质量直接影响出粉率和淀粉的质量。浸泡的目的是降低豌豆颗粒的强度，以利于豌豆的破碎和分离，豌豆浸泡使用的浸泡液是自来水。豌豆需要在一定的温度下浸泡足够的时间，才能保证浸泡的效果。豌豆浸泡过程中，浸泡液需要自循环加热。豌豆浸泡液加热可采用夹套加热器或喷射器加热，以减少换热器内结垢。由于豌豆在浸泡过程中容易发芽及浸泡后的豌豆在管道中的流动性不好，所以豌豆在浸泡罐中待加工时，必须保证豌豆完全浸没在水中，且豌豆在下料时，下料管道中必须要使用一定压力的水流来冲洗豌豆。豌豆淀粉浸泡时间为 16 h 左右，浸泡温度为 48 ～ 52 ℃。浸泡后的水进入污水处理场进行处理。

（三）豌豆破碎

豌豆经过浸泡之后，颗粒充分吸水，体积膨胀，硬度变小。浸泡后的豌豆滤去输送水之后，即可进行破碎。豌豆的破碎一般利用磋磨机，通过调节磋磨机定盘与转子上刀具的间距，使豌豆充分破碎，释放豌豆颗粒中的淀粉。由于磋磨机的加工量是一定的，为防止磋磨机进料量不稳定，豌豆在进入磋磨机之前，需要在磨前储罐中暂存。豌豆经过磋磨之后，其中的淀粉和纤维均呈游离态，需要在磨后储罐中暂存，方便下一工段的进料。磋磨机在加工豌豆时，需要同时通入过程水，以调节磋磨机出料溶液浓度，使之控制在质量分数为 12% 左右。为了方便控制磋磨机出料浓度，进过程水的管道上最好配备流量计和调节阀，以实现自动化控制。经过磋磨后的豌豆呈糊状，含有大量纤维，一般称为粗纤维浆。

（四）粗纤维提取

粗纤维浆中含有淀粉、粗纤维、细纤维和蛋白质。粗纤维提取是指利用纤维筛分离出粗纤维浆中的粗纤维。在分离的过程中，用水洗涤纤维，将纤维中夹杂的淀粉充分分离。每组纤维筛由若干级纤维筛组成，每台纤维筛有筛上物泵和筛下物泵，在泵的作用下，筛上物纤维逐级往后，而筛下物淀粉乳逐级往前，洗涤水在最后一级加入，实现逆流洗涤。纤维筛组上方有 3 根水管，分别是洗涤水管、正冲水管和反冲水管，由电磁开关阀控制正冲水管和反冲水管的开关，冲洗筛篮；洗涤水管内通有自来水，用来洗涤纤维，同时除第一级筛下物外，其他级筛下物也进入洗涤水管，接入前几级纤维筛。每组纤维筛组成自循环，不仅能将纤维和淀粉分离，同时也可以洗涤纤维。粗纤维浆分离出粗纤维之后的物料称为淀粉浆。

（五）蛋白质分离干燥

淀粉浆中主要含有淀粉、细纤维和蛋白质，其中蛋白质是主要副产品之一，其营养价值和经济价值极高，但是蛋白质会糊住细纤维筛的筛网和旋流器的旋流管，影响后面的细纤维提取流程和淀粉浓缩精制流程，故需要将蛋白质从淀粉浆中分离。一般采用卧螺离心机分离蛋白质，卧螺离心机轻相即是蛋白质，重相则是分离出蛋白质后余下的物料，称为粗淀粉乳。蛋白质经过浓缩和喷雾干燥，得到商品蛋白质。

（六）细纤维提取

粗淀粉乳中含有淀粉和细纤维，在粗纤维提取流程中，纤维筛的筛孔太大，无法有效提取其中的细纤维，而大量细纤维会堵塞旋流器中的旋流管，故在淀粉浓缩之前需要增加一道细纤维提取工序。细纤维提取用到的纤维筛和粗纤维提取流程中的纤维筛原理一样，只是纤维筛的数量和筛孔直径不一样。粗淀粉乳分离出细纤维之后的物料称为细淀粉乳。

（七）淀粉乳浓缩精制

经过蛋白分离和两次纤维提取，副产品与淀粉已基本分离。由于在纤维提取过程中，物料中加入了大量的自来水和过程水，细淀粉乳的浓度很低，所以在淀粉精制洗涤之前需要对物料进行浓缩处理，以增加物料的浓度，并且减小洗涤旋流器的处理压力。进行细淀粉乳浓缩可以使用浓缩旋流器，其原理与目前广泛使用的精制旋流器基本一样，只是要求旋流器泵的流量逐级减小，也不需要使用自来水逆流洗涤。浓缩旋流器的溢流作为过程水再利用，底流即浓度提高的物料称为浓淀粉乳，质量分数一般为 25% ～ 27%。

（八）淀粉精制

虽然经过几道分离流程，但纤维和蛋白质不可能完全分离，故还需要对浓淀粉乳进行精制，以进一步利用自来水洗去其中的非淀粉物质，提高淀粉的纯度。淀粉精制需要利用淀粉洗涤旋流器。淀粉洗涤采用逆流洗涤。浓淀粉乳从第一级进入洗涤旋流器，逐级往后；自来水从最后一级进入洗涤旋流器，逐级往前。逆流洗涤使自来水洗涤即将出料的淀粉乳，能保证淀粉洗涤效果。洗涤旋流器的溢流作为过程水再利用，底流即干净的淀粉乳称为精淀粉乳。淀粉经过洗涤之后必须保证精淀粉乳的质量分数为 30% ～ 32%，以利于淀粉的脱水。为了更简单地检测旋流器出料的浓度，旋流器出料环节一般需要使用质量流量计与调节阀连锁。

（九）淀粉脱水、干燥、包装

精淀粉乳中含有大量水分，需要对其进行脱水，以得到湿淀粉。豌豆淀粉一般采用真空转鼓进行脱水。湿淀粉经过螺旋输送机收集和输送后，进入到气流干燥系统，对其进行干燥，使其水分降到 14% 左右。淀粉气流干燥采用负压干燥，冷空气经过过滤器，将空气中的粉尘滤除，纯净的空气进入热交换器，经过热交换器的空气升高到一定温度；湿淀粉经过喂料器（采用变频控制）进入扬升器，经过扬升器加速后进入有热空气的干燥管道，湿淀粉与热空气在干燥管道内充分混合，经过传质、传热，淀粉被干燥；干燥的淀粉与湿热空气进入旋风分离器，淀粉与空气分离，淀粉经过螺旋输送机收集后经过闭风器排到下一道打包工段，湿热空气由风机抽出并经干燥系统排出室外。

（十）纤维脱水干燥

在粗纤维提取和细纤维提取流程中，纤维筛将粗、细纤维提取出来，这两部分纤维需要混合在一起脱水浓缩，以得到湿纤维。纤维脱水可以利用板框式压滤机或者卧螺离心机，鉴于连续性生产的要求，推荐使用卧螺离心机进行纤维脱水。卧螺轻相作为过程水再利用，重相即湿纤维。湿纤维在经过皮带输送机或者螺旋输送机收集之后，被输送到干燥工段。纤维气流干燥采用多级气流干燥方式。干燥后的物料根据需要确定是否粉碎，粉碎后的纤维可以作为膳食纤维外卖，普通纤维可以作为饲料纤维外卖。

第三节　豌豆蛋白加工

不同的加工技术被应用于豌豆及其成分的加工中，从而扩大了它们在食品工业中的应用。本节介绍各种加工技术，如干燥、碾磨、浸泡、蒸煮等，以提高豌豆的功能特性。豌豆蛋白由于其低过敏、高营养价值及良好的乳化性和泡沫稳定能力，在食品中的应用较为广泛。虽然豌豆蛋白在结构和功能性质上与大豆蛋白类似，但由于其胶凝能力较弱，因而得到的产品比以大豆蛋白为原料的产品更柔软且弹性更小（图3-3）。

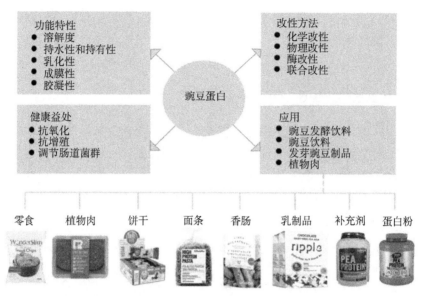

图 3-3　豌豆蛋白的研究现状

一、豌豆蛋白的制备方法

获得豌豆蛋白成分的常规途径是湿法分级。湿法提取可分为碱提取、酸提取、水提取和盐提取。其中，常用的是碱性条件提取后等电点下沉淀，该蛋白质在碱性 pH 时较高，而在接近等电点（pH 4～5）的 pH 较低。此过程中的操作非常简单。通常，将粉碎的豆粉（带皮或不带皮）按豆粉与水的比例按（1∶5）～（1∶20）分散在水中。将混合物的 pH 调节至碱性（pH 8～11），并让混合物静置 30～180 min，以使蛋白质最大限度地溶解。随后将混合物过滤以除去任何不溶物，并将提取物的 pH 调节至蛋白质对应的等电点以诱导蛋白沉淀，然后离心，回收蛋白质，洗涤以除去盐，中和并干燥。湿法分级作为提取豌豆蛋白的主流技术，通常每年工业生产的产能为 9 万吨。富含淀粉的豆类的湿式分级通常每 13 g 面粉需要配成 100 g 溶液。在喷雾干燥之前进行第二次稀释步骤。这两个稀释步骤导致每回收 1 kg 蛋白就会消耗 50 kg 水。据报道，对于富含油的豆类，每千克蛋白的耗水量为 90 kg。而添加的溶液通过喷雾干燥以得到粉体，这一过程耗能巨大。总的来说，湿法分级法的优点是可以获得相对纯的（大于 90%）蛋白分离物，缺点是该过程浪费了大量的水和能源，并且伴随着大量废物的产生，以及由于分级过程中苛刻的提取条件（pH 和温度），在提取的蛋白组分功能上会略有不足。

干法分级是一种碾磨分级技术，可以将谷物 / 种子分级成高淀粉的粉体和高蛋白质的粉体。研磨使面粉分散成具有两个尺度和密度的颗粒。气流分级利用了这种现象，将轻质细粒级（蛋白质）与重质粗粒级（淀粉）分离。在干法分级过程中，将完整或脱壳的种子磨成非常细的面粉，然后将面粉在螺旋气流中分级，以将淀粉与蛋白质分离。该过程可以重复几次以提高分离效率，因为蛋白质在初次运行后仍可能黏附在淀粉颗粒的表面。相对于湿法提取，气流分级分离通常被称为干法分级。干法分级具有更高的能源效率，并且能够生产出具有天然功能的浓缩组分。迄今为止，干法分级在豆类和谷物上的应用最成功，这与它们的特定组织结构和研磨特性有关。它的主要优点还包括提取的蛋白粉中没有化学试剂残留物，不需要水并且所需能量更少，保留了不溶性蛋白质，保持了蛋白质的天然功能，而主要缺点是相对而言其蛋白质含量不算高。

二、豌豆蛋白的加工工艺

由于豌豆中淀粉含量较高，豌豆蛋白的提取方法主要有 2 种：一种是干法提取，主要通过研磨、风选；另一种是湿法提取，主要包括碱提、盐提、酸提或者同时结合等电点沉淀和膜分离等方法。研磨风选的方法是将豌豆研磨后根据其颗粒的大小和密度分开，密度较小、纯度较高的部分是蛋白，密度较大、较粗糙的部分是淀粉。通过这种方法制得的蛋白纯度较低，一般为 38% ～ 65%，需要进一步纯化。碱溶酸沉法是豌豆蛋白提取中最常用的方法，由此得到的分离蛋白纯度较高，一般大于 70%，功能性好，易于大规模生产。通过膜分离提取的蛋白不仅功能性质较好，而且能够去除大部分的抗营养成分。但是，在其制备过程中，液体流速较慢，同时增加蛋白浓度易导致膜堵塞，不利于扩大生产，且花费高昂。利用一定浓度的盐溶液对蛋白进行提取，其原理是：一定浓度的盐溶液可以增加溶液的离子强度，从而提高蛋白的溶解度。这种方法提取出的蛋白变性程度小。国内外对于豌豆蛋白提取方法的研究有很多。在国外方面，通过干法喷射研磨、风选的方法将豌豆中的蛋白体和淀粉颗粒分离。制备豌豆浓缩蛋白，得到的浓缩蛋白含量为51% ～ 55%，最高得率在 77% 左右。这种方法得到的蛋白可以较好地保存蛋白的天然活性，同时耗能较低，几乎不利用水，可以避免对水资源的浪费和污染。利用 0.3 mol/L 的 NaCl 从豌豆中提取豌豆蛋白并对比了其和商业豌豆蛋白功能性质的差别后，发现通过盐提取的分离蛋白变性程度小。在较小的蛋白浓度（5.5%）下可以形成凝胶，而商业豌豆蛋白只能在高蛋白浓度（14.5%）下才可以形成凝胶。碱溶酸沉的方法可以改变清蛋白、球蛋白的比例及 11S 和 7S 的比例，从而对蛋白质的功能性质产生影响。碱溶酸沉提取的分离蛋白表面所带电荷量更高，因此有较高的溶解度，同时形成的乳状液的粒径较小，乳化性好。

1. 干燥

通常，收获的新鲜种子容易发芽或发霉。因此，干燥技术可能是减少收获后损失的一种潜在方法。干燥温度对豌豆的最终品质有着显著的影响。据报道，55 ℃ 的热处理是最合适的，因为它不会引起豌豆的任何脱皮或风味损失。此外，与其他干燥方法相比，超声辅助热泵间歇干燥技术在干燥过程中进行得相对缓慢，但可以显著降低能量消耗，并在一定程度上促进种子活力。研究发现，在干燥温度 36 ℃、超声功率 200 W、间歇比 0.5 的条件下，豌豆种子的综合干燥性能最好。此外，超声波处理显著提高了超氧化物歧化酶、过氧化物酶和过氧化氢酶的酶活性，降低了丙二醛的含量，从而提高了种子的活力。另一方面，在以加热为基础的干燥过程中，豌豆的发芽率下降，随着干燥温度从 30 ℃ 增加到 40 ℃，发芽率从 96.0% 下降到 84.0%。此外，研究发现高功率超声更有助于提高发芽率和发芽指数，并降低种子的平均发芽时间。然而，干燥条件（如温度、持续时间和设备）对豌豆品质的影响仍有待进一步研究。

2. 铣

碾磨利用机械力将颗粒破碎成更小的碎片或细颗粒，可用于将豌豆制成豌豆粉，以便进一步加工或直接食用。不同的碾磨方法和碾磨条件会影响豌豆粉的化学成分和一些理化特性。豌豆粉的质量与筛孔尺寸和转子转速密切相关。例如，超离心式磨机孔径的降低会导致豌豆粉淀粉损伤程度显著增加，而孔径为 500 μm 的筛网生产的豌豆粉具有最稳定的糊化和热性能。此外，筛孔孔径设置为 500 μm、转速为 16 000 rpm 的超离心磨可以保持磨后豌豆粉的香气特征，而不会产生其他与豆类相关的挥发物。此外，锤磨也被应用于黄色裂豌豆的加工，以 2 种转子速度（34 m/s 和 102 m/s）和 9 个磨网孔径（0.84 ～ 9.53 mm）进行锤磨。当转子转速为 102 m/s、筛孔为 0.84 mm 时，豌豆粉的中位粒度最低，而黏度最高。此外，先前的一项研究表明，不同设置和筛孔尺寸的锤磨和盘磨方法会导致大田豌豆的粒度和粒度分布的差异，从而影响蛋白质消化性能。锤磨的大田豌豆粉比圆盘磨出的大田豌豆粉具有更高的水化和消化性能，这可能是缘于它们的碾磨力、摩擦热的产生及降解蛋白质分子的能力的差异。

3. 浸泡

浸泡是在烹饪、微生物发酵和发芽等其他食品加工处理之前进行的一个重要过程。浸泡不会显著改变豆粉的化学成分，但会对其理化性质产生一定影响。浸泡会破坏黄豌豆淀粉颗粒周围的蛋白质和纤维基质，使其在糊化过程中高度膨胀，从而增加黄豌豆粉的糊化黏度。一般来说，浸泡可以在一定程度上提高黄豌豆粉的蛋白质溶解度，这可能是由于蛋白水解酶对蛋白质的分解。浸泡可以显著降低豌豆中凝集素和草酸盐的含量，但对植酸的含量没有影响。

4. 磨浆和分渣

用砂轮磨磨 3 ～ 4 遍，过 100 目筛网分渣。

5. 离心分离、酸沉淀

1500 r/min 离心 3 min，上清液加酸调 pH 至 4.4 左右，使蛋白质沉淀，离心分离。

6. 碱溶解

酸沉后的蛋白质加碱调 pH 至 7.0 左右，使蛋白质溶解，均质 5 min。

7. 喷雾干燥

蛋白液在 2 ～ 4 kg/cm² 的压力下进行喷雾干燥，获得豌豆蛋白粉。

第四节　豌豆粉丝加工

　　豌豆的起源中心为埃塞俄比亚、地中海和中亚，演化次中心为近东；也有人认为其起源于高加索南部至伊朗。豌豆由原产地向东首先传入印度北部，经中亚地区传到中国，16世纪传入日本，新大陆发现后引入美国。豌豆是古老作物之一，在近东新石器时代（公元前7000年）和瑞士湖居人遗址中发现碳化小粒豌豆种子，表面光滑，近似现今的栽培类型。中国最迟在汉朝引入小粒豌豆。《尔雅》中称"戎菽豆"，即豌豆。东汉崔寔所辑的《四民月令》中有栽培豌豆的记载。16世纪后期高濂所著的《遵生八笺》中有"寒豆芽"的制作方法和做菜用的记述。

　　2014年12月3日，经国务院批准，文化部确定了第四批国家级非物质文化遗产名录，烟台双塔食品股份有限公司申报的"龙口粉丝传统手工生产技艺"名列其中，龙口粉丝成功晋级"国遗"。招远是"龙口粉丝"的发源地和主产地，其有文字可考的历史可追溯到1000年前。尤其到了清朝嘉庆年间，招远开始兴建以绿豆为原料的粉丝作坊。传统的粉丝生产流程主要包括选豆－烫豆、捞豆－磨豆－过大箩－过小箩－兑浆－抖粉团－打糊－采芡－漏粉、拉粉－洗粉－晾粉－晒粉－收粉等环节，每一个环节都必不可少。传统粉丝生产没有准确的理论数据指导，多靠粉匠们的技术及操作工人的经验生产，粉丝质量的好坏全在粉匠们的判断和掌握之中。

　　粉丝是我国人民极其喜爱的一种食品，在我国有悠久的历史，长达1400多年。它具有洁白、透明、爽滑等优点，不仅在国内广受欢迎，在国外市场也得到了极大认可。粉丝又称为玻璃面条，与普通面粉制备的面条相比，粉丝中不含面筋蛋白等物质，成分相对单一。因此可以通过分析淀粉的理化性质、糊化性质、流变特性和热特性等来评估粉丝的质量。淀粉对粉丝的影响可能是由于生产链中涉及的糊化和回生两个阶段。将适量的淀粉和水混合制备的淀粉浆液加热到一定程度时，淀粉颗粒吸收大量的水发生溶胀和破裂。淀粉颗粒中的分子间作用力被破坏，淀粉分子中的晶体结构被破坏，由紧密排列的有序状变为散乱分布的无序状。颗粒中的部分葡聚糖链从颗粒中浸出，并进入溶液中。一般来说，直链淀粉在溶液温度较低时就开始从颗粒中浸出（＜ 70 ℃），而支链淀粉的浸出发生在溶液温度较高时（＞ 90 ℃）。这种现象常见于块茎、根类和谷物类淀粉中。淀粉颗粒的膨胀力和溶解性受到直链淀粉 / 支链淀粉的比例及其相关特性的影响，即受到淀粉中直链淀粉含量、支链淀粉长度分布及分子构象等因素的影响。进一步讲，淀粉颗粒膨胀的主要影响因素是支链淀粉，而直链淀粉分子抑制颗粒膨胀。因此，蜡质淀粉颗粒的膨胀能力往往更强。除此之外，淀粉颗粒中的脂质也会影响其膨胀力。尽管淀粉颗粒中的脂质含量很低，但它们可以延缓颗粒的膨胀并阻止直 / 支链淀粉分子从颗粒中浸出。这种现象归因于直链淀粉和脂质之间形成复合物。粉丝是淀粉形成的一种胶囊结晶结构的固体，淀粉加工成粉丝主要经过了糊化、成型、凝沉、干燥等环节。粉丝的主要成分是淀粉，同时含有少量的蛋白和纤维素。豌豆粉丝作为粉丝的一种，其品质仅次于绿豆粉丝。由于绿豆淀粉价格高昂，大部分厂家都采用豌豆等其他豆类的淀粉进行粉丝的生产。和绿豆淀粉一样，豌豆淀粉中直链淀粉含量高，制得的粉丝颜色鲜亮、弹性好。因此，很多生产厂家采用豌豆淀粉生产粉丝。

　　目前，豌豆粉丝加工工艺中制取淀粉主要有 3 种方法：①机械分离法；②酸浆法；③土法。机械分离法工艺先进，适合大规模的生产，但制得的粉丝质量没有传统酸浆法好。土法生产，收率低，质量差。用酸浆法制备的淀粉生产粉丝，是我国生产粉丝的传统工艺。虽然其设备落后，但是制得粉丝的光泽、弹性都很好。因此，国内的大部分厂家仍然采用这种方法生产粉丝（图 3-4）。

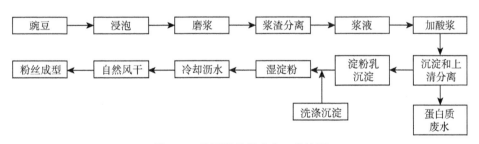

图 3-4　豌豆粉丝的生产工艺流程

酸浆法是豌豆粉丝生产中最传统也最普遍的方法。它主要是利用酸浆中的乳酸乳球菌及代谢产物乳酸来凝结淀粉颗粒，从而使淀粉与蛋白和纤维等物质相分离。然后，通过对淀粉的进一步加工制得粉丝。

糊化后的淀粉通过回生作用产生淀粉凝胶。生淀粉在糊化前呈现结晶状态，为 β- 淀粉；淀粉在制作粉丝的过程中经过糊化，淀粉颗粒膨胀形成 α- 淀粉，此时的淀粉成糊化状态。糊化状态的 α- 淀粉在低温或室温储藏过程中，自发地重新凝聚恢复成 β- 淀粉，这种现象称为淀粉的回生或老化。淀粉的回生过程可以分为短期回生和长期回生两个阶段。淀粉糊冷却初期，直链淀粉相互缠绕，通过氢键重新排列形成有序结构，淀粉部分结晶，逐渐形成具有一定硬度和弹性的淀粉凝胶，这一回生阶段称为短期回生阶段；直链淀粉外侧链重结晶引起长期回生，该过程持续时间较长，主要发生在粉丝生产结束后贮藏的过程中，因此粉丝形成过程中主要涉及淀粉的短期回生。需要研究淀粉颗粒的理化性质、淀粉在糊化和回生后凝胶的理化性质和凝胶结构，以生产抗消化性粉丝，并控制和优化抗消化性粉丝的品质。红薯淀粉和绿豆淀粉是制作粉丝的常用原料淀粉。在我国所有红薯淀粉品种中，干燥和煮熟的苏薯 8 号红薯淀粉制备的粉丝具有良好品质，其粉丝品质与绿豆淀粉制备的粉丝品质相近。添加红薯淀粉可以减少粉丝烹煮的时长，但增加了淀粉颗粒的膨胀力，这不利于形成紧实的粉丝。以绿豆淀粉为原料淀粉制备的粉丝质量为上乘，这是由于绿豆淀粉中直链淀粉含量较高，颗粒的膨胀有限。而由马铃薯淀粉制成的马铃薯粉丝会增加粉丝中的磷含量、峰值黏度和分解特性，从而使粉丝易断裂。马铃薯粉丝还具有硬度高和黏性大等缺点。木薯淀粉也是制作透明粉丝的优良原料淀粉，具有成本低廉、膨胀力强等优点。然而，由于天然木薯淀粉制成的粉丝太软，消费者难以接受。苋菜淀粉颗粒直径最小，具有良好的功能特性，并且苋菜淀粉糊具有独特的透明度，可以将其作为添加剂生产功能性粉丝。马铃薯淀粉和大米淀粉按不同比例混合对粉丝品质有影响。结果表明，马铃薯淀粉和大米淀粉按 1∶1 的比例混合生产出的粉丝具有最佳的蒸煮品质和感官品质，具有烹饪时间短、透明度高和光滑度高等优点。

小麦 – 木薯复合淀粉对粉丝性质有影响。研究发现添加木薯淀粉可以降低小麦淀粉制备粉丝的抗拉强度和抗剪切力。并且当木薯淀粉的添加量达到

30%时，粉丝的蒸煮特性和质地特性得到了改善。除此之外，蜡质淀粉也经常作为添加剂，应用于粉丝生产。加入蜡质淀粉可以降低淀粉中直链淀粉含量，从而增加粉丝的柔软度。这种应用常见于制作日本乌冬面中。天然淀粉存在一些生产缺陷，不能满足工业化生产的需求。如果可以用更稳定、更健康或更经济的成分代替部分淀粉，混合淀粉将具有更大的生产优势。植物乳杆菌发酵对甘薯淀粉粉丝品质也有影响，发酵后的甘薯淀粉最终黏度增高，淀粉的保水性增强，膨胀率增长。发酵一天制备的粉丝在断条率、硬度和抗拉强度等方面的品质明显提高。抗性淀粉添加到粉丝中的研究结果较少，但已有大量研究将抗性淀粉广泛应用于面条类食品中。将多糖与豌豆淀粉组合以克服淀粉凝胶在加工性能方面的不足是完全可行的。黄原胶可用于淀粉基食品的加工，因为它具有高假塑性和非牛顿流体特性。黄原胶的剪切稀化流动行为和弱凝胶特性提供了出色的悬浮和涂层特性，利于混合、倾倒和吞咽。

　　另外，海藻酸钠是一种从褐藻糖胶植物中提取的大分子水胶体，是碘和甘露糖提取的副产品。它可以增加凝胶黏度，保护药物不受肠道中酸和酶的影响，从而可以提高生物利用率，被广泛地应用于食品和制药行业。迄今为止，鲜少见关于酶解淀粉粉丝开发的研究报道。因此，可以利用普鲁兰酶酶解淀粉与黄原胶、海藻酸钠和黄原胶–海藻酸钠共混开发抗消化性粉丝。添加变性淀粉或将两种或两种以上的大分子混合，可以在一定程度上提高淀粉糊在生产过程中的稳定性，有利于生产高品质粉丝。然而即使在粉丝制作过程中使用了混合淀粉，但由于淀粉与淀粉之间的相互作用复杂，影响粉丝品质的因素较多，粉丝的品质仍旧难以预测。

第五节　豌豆发酵食品及其他豌豆食品加工

　　豌豆蛋白在食品工业中的应用广泛。本节重点介绍了豌豆及其主要成分在食品体系中的最新应用，如豌豆饮料、发芽豌豆制品、豌豆面粉掺入制品、豌豆基肉类替代品及封装和包装材料。

一、豌豆发酵饮料

目前已开发一种富含豌豆和大米蛋白的益生菌饮料，豌豆经乳酸菌发酵后，其品质与酪蛋白相当，更具体地说，乳酸菌发酵可以显著提高蛋白质效率比（PER）和净蛋白质比（NPR），前者从 1.88 提高到 2.32，后者从 1.66 提高到 2.30，从而提高了益生菌饮料的蛋白质品质。植物性酸奶或不含乳制品的酸奶在世界上得到越来越多的认可。通过乳酸菌发酵，豌豆奶可以很容易地变成豌豆酸奶。为了使以豌豆蛋白为基础的产品与传统酸奶相似，通过 10 种乳酸菌发酵剂发酵了 5 种牛奶和豌豆蛋白的混合物。结果发现，豌豆浓度的增加会导致产品酸度更高、协同性更高、硬度更低。此外，考虑到感官特性和发酵参数，发酵剂（如链球菌嗜热葡萄球菌＋德尔布鲁氏乳杆菌、嗜热葡萄球菌＋嗜酸葡萄球菌、嗜热葡萄球菌＋干酪乳杆菌）具有很好地利用豌豆蛋白生产酸奶的潜力。然而，为了提高这些发酵酸奶的硬度，还需要进行进一步的研究。此外，还评估了豆奶制备方法（如 Alk、Deh＋Alk、Bla＋Alk 和 Bla＋Acid）对非乳制品酸奶质量的影响。研究发现，Alk、Deh＋Alk、Bla＋Alk 制备的豌豆酸奶凝胶硬度明显提高，而 Bla＋Acid 制备的豌豆酸奶风味优于其他方法。另一方面，这些不同的预处理降低了乳酸菌发酵豌豆乳时的产酸量。此外，植物性酸奶的蛋白质含量往往低于乳制品，发酵时间过长也会造成一些质地问题。为了克服这些挑战，植物蛋白成分的高压加工（HPP）具有解决这些问题的潜力。研究发现，用高压处理形成的豌豆蛋白黏弹性凝胶的强度与商业酸奶相当。有趣的是，其凝胶强度也随着油的掺入而增加。这些结果为开发生产植物性酸奶的新工艺提供了理论基础。尽管如此，为了满足人类的营养需求，可以通过丰富加工过程中流失的营养物质来实现豌豆饮料强化，这在未来仍需进一步研究。

二、豌豆饮料

植物性牛奶因其高营养和健康价值而在世界上非常受欢迎。将豌豆直接打浆，过滤豆渣，就可以制成豌豆奶。然而，豌豆奶在加工过程中，很容易出现由己醛、壬醛和己醇产生的"青草味"和"豆味"等不舒服的感官特征。

这些不舒服的感官特征明显限制了豌豆在蛋白质饮料或植物性酸奶中的应用。近年来，为了减少豌豆奶加工过程中"异味"成分的含量，一项比较研究考察了不同的脂氧合酶（LOX）抑制剂、调节剂和高静水压力对豌豆奶风味和感官特征的影响。研究发现，添加抑制剂（如抗坏血酸、槲皮素、表没食子儿茶素 -3- 没食子酸酯和还原性谷胱甘肽）可以影响 LOX 的酶活性，改变豌豆奶中 α- 亚麻酸和亚油酸的含量，从而降低己醛和 2- 戊基呋喃的含量。此外，高静水压力处理也能显著降低己醛的含量。此外，调节剂（如豌豆蛋白、硫酸钠和丙二醇）可以加强风味化合物与豌豆蛋白之间的相互作用，从而减少己醛和己醇的产生。另一方面，豆奶的感官特征显示出"脂肪"强度降低和"类奶"强度增加的趋势。最近的一项研究还表明，制作豌豆奶的不同预处理，包括 25 ℃碱水浸泡、干脱壳和碱水浸泡、沸水焯水、湿脱壳和碱水浸泡，以及沸水焯水脱壳和酸水浸泡，对豌豆奶中挥发性化合物的含量有显著影响。更具体地说，湿脱壳碱水浸泡和沸水焯水脱壳酸水浸泡处理的总挥发物含量低于碱水浸泡和干脱壳碱水浸泡处理，说明漂烫通过使 LOX 失活对挥发物含量的降低起了关键作用。此外，超高温处理可以改变豌豆蛋白饮料的香气特征。脂质氧化和美拉德反应被确定为在超高温处理过程中发生的两种主要香气形成途径，这可能导致豌豆蛋白饮料中具有塑料、坚果和灰尘气味的化合物增加。

三、发芽豌豆制品

豌豆可以以较少加工形式使用，如豌豆芽和微型蔬菜。发芽可以广泛应用于可食用种子，以改善其植物化学成分和生物功能。豌豆芽富含矿物质和多酚类物质。发芽可以激活植酸酶的酶活性，使植酸降解，从而提高矿物质的生物可及性和生物利用度。此外，发芽过程对减少与胀气相关的低聚糖也有显著作用。此外，COVID-19 大流行对粮食系统造成了前所未有的破坏，导致整个供应链出现粮食短缺，这就凸显了粮食自给自足的重要性。因此，豆芽和小菜形式的蔬菜可以暂时解决极端天气、自然灾害或 COVID-19 大流行等突发公共卫生事件造成的国内粮食短缺问题。

豌豆种子的发芽策略可以通过几个简单的步骤来实现，主要包括灭菌、浸泡和发芽。冷等离子体（CP）是一项新兴技术，其应用也被扩展到调节种子萌发性能。先前有研究表明，适当的冷大气压等离子体（CAPP）处理对豌豆种子萌发有显著的正向影响。此外，由于其营养价值，豆芽通常被作为原料食用，但也可能与一系列食源性病原体的感染有关。因此，为了抑制食源性病原体，灭菌大多在种子浸泡前进行。微酸性电解水（SAEW，pH 5.0～6.5）是由加或不加亚氯酸钠的盐酸电解产生的，已被广泛用于灭活或消除水果和蔬菜上的各种食源性病原体。在之前的研究中，SAEW 被应用于豌豆芽的生产。结果表明，SAEW 处理显著降低了天然微生物的数量。此外，SAEW 处理显著提高了豌豆芽的鲜重、长度和可食性。另一方面，SAEW 对鲜重、长度、可溶性糖、总蛋白、维生素 C 和类黄酮均无不良影响。总的来说，SAEW 处理是一种很有前途的豌豆芽生产灭菌方法。

用必需元素强化豌豆芽是提升其营养价值的有效方法之一。利用碘硒溶液浸泡豌豆种子的方法，可成功地使豌豆芽富含硒、碘和锌，也改变了豌豆芽的一些形态和生理参数。浸泡溶液中的碘和硒会影响电子传递系统的活性、生育酚含量和谷胱甘肽含量。尽管如此，芽菜中碘和硒的相互作用仍有待研究。此外，最近的一项研究发现，与单独硒处理相比，蔗糖（10 mg/L）和硒（1.25 mg/L）联合处理可以更有效地提高维生素 C、蔗糖和果糖水平，尤其是硒水平。此外，蔗糖（10 mg/L）和硒（1.25 mg/L）联合施用比单独的硒处理能更有效地调节葡萄糖代谢，促进营养吸收。此外，在种子中富集锌应谨慎进行，以避免芽苗菜潜在的健康风险，如锌中毒。用于处理豌豆种子的 $ZnSO_4$ 的最高安全浓度为 10 μg/mL，在该浓度下，豌豆种子的发芽率高达 85%，萌发指数为 154%。尽管如此，这些矿物质在生物强化豌豆芽和微蔬菜中的生物利用度和安全性仍需要在动物和人类身上进行研究。

四、豌豆面粉

在食品中添加脉冲面粉可以提高其功能特性和营养成分，提高产品质量，豌豆粉可以加入小麦面包配方中，以提高最终产品的质量和营养特性。研究发现，用豌豆粉替代 10% 的小麦粉对面团流变学、面包质地、变质动力学或产品的感官属性没有不利影响，而加入豌豆粉可以通过提高蛋白质和膳食纤维的含量、降低淀粉消化率来提高最终产品的营养质量。此外，在全麦面粉中掺入 5% 的黄豌豆粉可以使面包的质量与只掺入全麦面粉的面包质量相似。事实上，含有黄豌豆粉的复合面粉总体上具有更好的面包制作潜力，因为它提供了良好的面团处理性能和良好的产品质量，并提高了全麦面包的营养价值。豌豆粉（原料为发芽豌豆和烤豌豆）代替 30% 的小麦粉后，白面包面团性能和烘焙特性均有所变化，以 30% 的豌豆粉替代后，蛋白质含量明显提高，用烤豌豆粉配制的面包可以获得与小麦粉面包相似的性能。在高达 30% 豌豆粉的面粉替代水平下，可以制作出高品质的面包，这为消费者提供了蛋白质含量增加和其他营养特性增强的替代面包。此外，在烘焙饼干的配方中，豌豆粉也被掺入小麦粉中。黄豌豆粉和绿豆粉以高达 40% 的比例与小麦粉混合，制成化学膨松饼干。研究发现，用 40% 的豌豆粉代替小麦粉，显著提高了蛋白质含量和总膳食纤维含量。添加豌豆粉还能提高其酚类物质含量和抗氧化能力。此外，还发现消费者更喜欢黄色豌豆饼干，而不是绿色豌豆饼干。这些结果表明，豌豆粉替代有可能改善小麦类产品的营养成分和食用质量。

　　纯化的豌豆组分，如豌豆分离蛋白和淀粉，可以应用于海绵蛋糕的制备。用豌豆粉或豌豆蛋白和豌豆淀粉的混合物完全替代小麦，会制作出比小麦蛋糕更有营养特性的豌豆蛋糕。更具体地说，小麦蛋糕中蛋白质的消化速度要比豌豆蛋糕中的蛋白质快得多。此外，与纯化豌豆淀粉或全豌豆淀粉制成的蛋糕相比，由小麦粉或玉米淀粉制成的蛋糕更容易受到 α- 淀粉酶的影响，这可能是由于豌豆蛋糕中直链淀粉和抗性淀粉的比例较高。有趣的是，在由纯化的豌豆成分和未精制的全豌豆粉制成的蛋糕中观察到类似的消化特点。总的来说，这些结果表明，豌豆成分和全豌豆面粉在以植物为基础的小麦面粉替代品中具有良好的应用潜力，可用于无麸质烘焙产品。

　　豆荚通常被认为是豌豆加工业的副产品，是膳食纤维、蛋白质、多酚和矿物质的潜在来源。利用豌豆豆荚粉可以开发速溶豌豆汤粉。含有 12.5% 豆荚粉的速溶豌豆汤粉是最能被接受的，整体可接受度为 8.5。此外，生产的速溶豌豆汤粉的膳食纤维（13.25%）、类胡萝卜素（6.65 mg/100 g）和叶绿素（1.95 mg/100 g）含量较高。利用豌豆副产品在食品工业中实现价值增值，还需要进行更多的研究。

五、肉的替代品

豌豆成分，如蛋白质、淀粉和纤维，已被用于开发各种形式的肉类和肉类替代品。豌豆蛋白可能会降低食品的性能，但在人造肉制品的开发中表现出了优异的性能。例如，在强化牛肉饼中添加豌豆分离蛋白可以降低其硬度、黏性、胶性和咀嚼性，使其质地更柔软，可以满足老年人对蛋白质的饮食目标需求。在鸡块配方中添加豌豆蛋白分离物可以提高营养价值，同时降低肉制品的成本。在肉类配方中添加豌豆蛋白分离物不仅提高了营养价值，而且还提供了一种载体，可以增强豌豆蛋白分离物的应用，以维持目标蛋白质的摄入量。此外，通过高水分挤压蒸煮处理，豌豆分离蛋白可用于生产纤维性肉类替代品。

纤维在肉类替代品的质地中起着至关重要的作用。在牛肉汉堡中，已经添加了豌豆纤维作为部分替代肉（以降低产品成本）或脂肪（以开发健康产品）。不同豌豆纤维牛肉汉堡在 pH、颜色参数、质地特征、烹饪损失、尺寸大小或感官接受度方面没有显著差异。在鸡肉肉丸中添加豌豆纤维可以提高肉丸的 pH、产量和保湿性，同时降低肉丸的减径率和吸脂率。特别发现，添加 3%、6%、9% 的豌豆纤维在鸡肉肉丸生产中，效果更好。此外，随着纤维剂量的增加，在肉丸中添加豌豆纤维可以获得更脆、更紧实、更有沙砾的口感。主观食欲不受豌豆纤维添加的影响，而且豌豆纤维的添加可以增加肉丸的营养成分。与此同时，豌豆淀粉和豌豆纤维已被应用于牛肉汉堡中来替代小麦屑。研究发现，在牛肉汉堡中加入适当比例的豌豆淀粉和纤维可以获得最佳的紧致度和多汁性，但对消费者的接受度没有任何不利影响。总的来说，由于技术参数的保存和感官的可接受性，豌豆纤维作为肉和脂肪的部分替代品是有希望的。

六、封装和包装材料

豌豆蛋白可以作为一种有效的封装系统。豌豆蛋白可以作为单一载体或与其他生物聚合物联合用于姜黄素、槲皮素、白藜芦醇、橙皮苷等多酚类物质的包被应用。例如，豌豆分离蛋白被成功地用作包封亲脂性多酚的纳米载体，如姜黄素、槲皮素和白藜芦醇。其中姜黄素、槲皮素和白藜芦醇主要是通过疏水相互作用或氢键作用被包裹在豌豆蛋白分离物中。负载到豌豆蛋白分离物后，3 种多酚对 UV 光和热处理的环境稳定性增强，抗氧化能力也有所提高。此外，豌豆蛋白分离物可以与高甲氧基果胶（HMP）结合形成静电纳米配合物，用于槲皮素和橙皮苷的包封。静电纳米复合物形成所需的最佳条件是豌豆蛋白分离物与 HMP 的比例为 1∶1，pH 为 4，这大大提高了橙皮苷的溶解度、生物可及性和抗氧化活性。

不同的植物蛋白和动物蛋白被认为是制备可食用或不可食用涂层和薄膜的优良材料。豌豆蛋白被广泛应用于可食用薄膜和涂层材料的生产。豌豆蛋白基薄膜可以提供高氧阻隔性能，但由于亲水性，其具有较高的水蒸气渗透性。玉米淀粉纳米晶（SN）的加入和高压均质（HPH）处理可以极大地提高豌豆蛋白基薄膜的包装性能。添加 10% 的 SN 可以降低豌豆蛋白基薄膜的透气性和力学性能，提高其热稳定性。此外，HPH 处理可以减小豌豆蛋白分离物的粒径，减少其表面电荷，增强豌豆蛋白分离物的表面疏水性，增加游离巯基，从而在成膜过程中具备形成共价键的潜力。另一方面，在 240 MPa 压力下，HPH 处理可使豌豆蛋白分离物基薄膜的不透明度从 7.39 降低到 4.82，表面更加均匀。经过 HPH 处理后，豌豆蛋白分离物基薄膜的抗拉强度和断裂伸长率分别从 0.76 MPa 和 96% 提高到 1.33 MPa 和 197%。

此外，从豌豆壳中分离的纤维素纳米晶体（CNC）可以提高羧甲基纤维素（CMC）基薄膜和壳聚糖（CS）基薄膜的一些包装性能。研究发现，在羧甲基纤维素基薄膜中添加 5% 的 CNC 可以提高 UV 和水蒸气的阻隔性、机械强度和热稳定性。与羧甲基纤维素基薄膜相比，CNC-CMC 复合膜的抗拉强度提高了 50.8%，水蒸气渗透性降低了 53.4%，还可以降低红辣椒的失重率并保持维生素 C 的含量。CNC 也可以促进壳聚糖基薄膜的包装性能。CNC 添加量为 10% 时，壳聚糖基薄膜的抗拉强度提高了 41%。此外，CS-CNC 复合膜的 UV 和水阻隔性能也得到了改善。而且，除了豌豆蛋白和纤维，豌豆淀粉还可以用于包装材料的开发。豌豆淀粉和聚乳酸是很有前途的石油基塑料替代品。最近，由豌豆淀粉和聚乳酸衍生的双层结构生物可降解薄膜已被开发出来，其韧性、热稳定性和阻隔能力均优于聚乳酸基薄膜。前者可以降低圣女果的失重率，延长有机酸和维生素 C 的滞留时间。因而，豌豆蛋白、纤维和淀粉在食品体系中作为封装和包装材料具有良好的潜力。

第六节　变性淀粉及豌豆淀粉改性方法

原生淀粉在加热时往往会产生质地差、黏稠和橡胶状的糊状物，冷却时则会形成不需要的凝胶。因此，淀粉通常通过物理、化学和酶的方法进行改性，以增强各种功能特性。最近，许多研究描述了豌豆淀粉的理化特性和功能特性可以通过不同的技术得到改善，如湿热处理（HMT）、超声处理（UT）、酸性和酶处理、γ 辐照处理、微波处理、退火处理、发芽处理或者互相组合。抗性淀粉因在食品加工过程中的有益作用和耐热性逐渐成为一种受欢迎的食品成分。为了提高抗性淀粉含量，采用湿热处理结合苹果酸处理对豌豆淀粉进行改性。在苹果酸酯化反应前应用湿热处理可以提高淀粉产物的取代度，其原因是湿热处理可以提高淀粉颗粒的可利用性，使苹果酸更容易渗透到淀粉颗粒中，导致豌豆淀粉的抗性淀粉和 SDS 含量急剧增加，酶的敏感度降低。因此，高含量的抗性淀粉和变性淀粉的低消化率可用于生产低热量食品和保健品。

超声处理作为一种简单、可靠、环保的绿色食品成分改性技术，受到了广泛的关注。近年来，人们利用超声处理和湿热处理对豌豆淀粉的理化特性进行了改性。这些处理可以降低 70～90 ℃下豌豆淀粉的结晶度、分子质量、膨胀力和溶解度。超声处理可显著提高豌豆淀粉中表观直链淀粉的含量，由34.08% 提高到 37.82%。然而，与未处理的淀粉相比，经过湿热处理和湿热与超声双重处理后，直链淀粉的含量显著降低。另一方面，所有改性均提高了豌豆淀粉的抗性淀粉含量，湿热处理和湿热与超声双重处理均降低了豌豆淀粉的快速消化水平，表明改性淀粉的消化能力降低。此外，还发现超声辅助湿热处理相对于其他处理可以提高淀粉糊的黏度和高温稳定性。γ 辐照处理是另一种非常规的淀粉改性方法，快速、简单、环保。最近，采用超声处理后再进行 γ 辐照来修饰豌豆淀粉的理化性质。仅超声处理后的豌豆淀粉未观察到显著差异，而超声和 γ 辐照双重处理后豌豆淀粉的理化性质和功能特性有较大差异。超声和 γ 辐照双重处理后，豌豆淀粉的表观直链淀粉含量显著降低。超声和 γ 辐照对豌豆淀粉进行双重处理后，其溶解度、水／油吸收能力和透光率均显著提高，而其膨胀指数、糊化性能和增效性均下降。超声和 γ 辐照处理后，豌豆淀粉的理化性质和功能特性得到改善，可能有利于扩大相关食品的应用范围。为了获得食品工业应用所需的淀粉材料，最近的一项研究系统地评估了不同处理对豌豆淀粉理化和功能特性的影响，包括高压、微波蒸煮、超声波高压、酸水解高压和酶脱支高压。结果表明，经过不同处理后，原淀粉的典型 C 型晶型结构转变为 B 型晶型结构，半晶质结构也在不同处理后消失。此外，豌豆淀粉的远端结晶度降低，而近端结晶度在不同处理下相对增加。微波蒸煮在促进稳定双螺旋结构形成方面的效果不如其他处理，高压在促进短程有序结构形成方面的效果不如超声波高压、酸水解高压和酶脱支高压。

　　退火处理是改善淀粉理化性质最重要的物理加工处理之一。经过快速乙醇辅助退火方法改性的豌豆淀粉的峰值黏度下降，而谷黏度和终黏度明显增加。晶体结构由 C 型转变为 A 型。通过乙醇辅助退火处理，其糊化温度也有所提高，而熔变值则有所降低。豌豆淀粉在 60% 的乙醇溶液中退火 3 h 后，其糊化温度为 80.97 ℃，高于原淀粉的糊化温度。此外，退火后的淀粉的溶胀性和溶解度也显著降低。乙醇辅助退火方法不仅缩短了退火的孵育时间，还提高了豌豆淀粉的热稳定性、剪切稳定性和酸稳定性。而且，一种新的退火方法——等离子体活化水韧化处理（PAW-ANN）被用于修饰豌豆淀粉的理化性质。研究发现，PAW-ANN 处理可以改善豌豆淀粉的长、短程有序结构，提高其糊化熔，降低其峰值黏度，提高其凝胶强度。此外，蒸馏水经等离子体处理后得到的等离子体活化水（PAW）具有功能均匀、绿色环保等优点。

　　发芽是一个酶被释放和激活的生物过程，一些研究表明，发芽处理可以影响淀粉的理化和功能特性。发芽对豌豆淀粉结构和理化特性均存在一定影响。萌发处理能显著促进豌豆淀粉的直链淀粉含量和粒径分布，但会轻微降低相对结晶度。另一方面，发芽处理可以显著降低豌豆淀粉的峰黏度、谷黏度、终黏度和糊化焓。因而，发芽处理可以显著影响豌豆淀粉的结构和理化特性，这可能为促进发芽豌豆淀粉在食品工业中的应用提供理论依据。

第七节　豌豆蛋白改性方法

豌豆蛋白水溶性低（如酸性低），功能性差，这限制了其在食品系统中的应用。为了克服这些缺点，可以通过以下几种改性方法来提高其功能性：①化学改性；②物理改性；③酶改性；④联合改性，包括化学联合物理改性和物理联合酶改性。本节总结了不同改进技术的主要优缺点，可为食品加工业提供一些有用的信息。

一、化学改性

在改善豌豆蛋白功能性方面，化学修饰是最常用的方法之一。在所有化学处理中，豌豆蛋白和多糖之间的复杂凝聚和共轭是两种传统且简单的方法。复杂共聚物的制备是基于 pH 依赖的缔合行为，当蛋白质和多糖带相反电荷时，这种络合通常被认为遵循成核和生长型机制。一般来说，豌豆蛋白分离物与多糖的络合程度取决于 pH、生物聚合物的混合比例及多糖的酯化程度、分子量、电荷密度等分子特性，浊度法和相图分析是确定络合形成的常用方法。目前，已有大量研究对豌豆蛋白分离物 – 多糖复合物的功能性质进行了探索。多糖的存在使豌豆蛋白分离物最小溶解度的 pH 向更酸性的方向移动。与未修饰的豌豆蛋白分离物和其他配合物相比，该化合物具有较好的抗氧化性。质量比为 1∶1 的豌豆蛋白分离物 – 高甲氧基果胶复合物和质量比为 3∶1 的豌豆蛋白分离物 – 甘油酯复合物在 pH 4.5 和 4.0 时蛋白溶解度最高，分别达到 93% 和 74.18%。这种改性方法显著提高了豌豆蛋白分离物在酸性条件下的乳化性能、泡沫稳定性（FS）和物理稳定性。对于凝聚修饰，一般认为在酸滴定过程中，多糖和 pH 引起的蛋白质构象的改变会导致形成的配合物的表面性质不同，从而提高豌豆蛋白分离物的功能性。总之，豌豆蛋白分离物与多糖可溶性复合物的形成提高了蛋白质在酸性环境下的溶解度和物理稳定性，有助于豌豆蛋白酸性饮料配方的应用和开发。

结合是一种不同于凝聚的重要化学修饰技术，即通过美拉德反应将蛋白质与多糖结合，是一种很有前景的绿色化学技术，可以提高蛋白质的功能性。一般情况下，蛋白质与多糖的结合受到以下因素的影响：①每种聚合物的性质和比例；②相对湿度（RH）；③培养时间和温度。傅里叶变换红外光谱和十二烷基硫酸钠－聚丙烯酰胺凝胶电泳是表征和分析共轭产物形成的有效方法。到目前为止，一些研究人员研究了在 60 ℃和 79% 相对湿度条件下形成的豌豆蛋白－多糖结合物在不同的培养时间下的功能，发现在适当的孵育时间与多糖偶联后，豌豆蛋白或 PPH 的溶解度均有显著提高，但孵育时间越长，越会对豌豆蛋白－多糖偶联物的溶解度产生不利影响。此外，豌豆蛋白－多糖或 β- 多糖偶联物稳定的 O/W 乳液也表现出更小的粒径、更高的表面电荷密度，以及对 pH（2 ～ 8）、热加工（25 ℃、37 ℃和 72 ℃）和离子浓度（0、100 mM、300 mM 和 500 mM）的良好的物理稳定性。因此，通过控制美拉德反应实现豌豆蛋白－多糖偶联可以有效提高豌豆蛋白或 PPH 的溶解度和乳化性能。

pH 改性处理，即将蛋白质溶液置于极端酸性或碱性的 pH 条件下，然后置于中性的 pH 环境，允许蛋白质进行部分折叠，接着重新折叠，形成具有独特表面性质的熔融球状构象。该方法已被应用于改善蛋白质的功能性质，碱性 pH 改性的豌豆蛋白分离物制备的油水乳状液在储存过程中比天然豌豆蛋白分离物更能有效地抑制油滴的聚结，这表明碱性 pH 改性的豌豆蛋白分离物表现出更好的乳化性能。此外，酰基化修饰和磷酸化修饰都是改善豌豆蛋白功能特性的廉价而高效的化学方法。通过琥珀酸酐（SA）、正辛烯基琥珀酸酐（OSA）和十二烯基琥珀酸酐（DDSA）的 N- 取代基疏水改性，豌豆蛋白分离物 -SA、豌豆蛋白分离物 -OSA 的功能性质（溶解度、发泡性 [FC]、FS、乳化稳定性 [ES] 和持水力）得到了显著改善。三聚磷酸钠改性后豌豆蛋白分离物的功能性质（溶解度、乳化活性 [EA]、ES、FC、FS 和持油力）也显著增强。酰化修饰和磷酸化修饰都在豌豆蛋白结构中引入了负电荷，增强了蛋白质分子间的静电斥力，从而改善了豌豆蛋白的功能。

二、物理改造

一些物理技术通过修饰豌豆蛋白来改善其功能。许多研究表明，与未改性的豌豆蛋白分离物相比，热处理后不同参数的豌豆蛋白分离物的溶解度没有改善，但可能会显著降低。温度升高通常会引起蛋白质间的相互作用（疏水和共价），导致蛋白质聚集和沉淀，从而降低了溶解度。虽然热处理不利于蛋白质溶解度的提高，但是热处理后的豌豆蛋白分离物稳定的乳液比未改性的豌豆蛋白分离物稳定的乳液具有更好的乳化稳定性。热处理同样提高了豌豆蛋白分离物在 pH 7.0 时的 EA，但降低了其发泡性能。与天然豌豆蛋白分离物相比，热处理和剪切联合处理明显降低了蛋白质的溶解度，但与纯热处理相比，这种改性过程使蛋白质的溶解度更高。除热处理外，超声波（US）处理还可以改变蛋白质的构象和结构，使蛋白质分子的亲水性增强。US 处理显著改善了豌豆蛋白分离物的溶解度，且随着超声时间的延长，豌豆蛋白分离物的溶解度进一步增大。高强度 US 加工有效地改善了豌豆蛋白分离物的发泡性能，豌豆蛋白分离物的 FC 和 FS 分别从 145.6% 和 58.0% 提高到 200.0% 和 73.3%。HP 是一种非热处理，可以显著影响非共价键，从而改变蛋白质的构象。在一定的 pH 条件下，HP 处理对豌豆蛋白分离物的乳化和发泡性能有积极的影响，但其溶解度没有明显改善。与相同浓度的豌豆蛋白分离物相比，添加非表面活性麦芽糊精可以通过调节连续相的黏度，显著提高豌豆蛋白分离物的 FS。此外，冷大气压等离子体处理显著提高了豌豆蛋白分离物的溶解度。固体分散喷雾干燥技术是将水溶性较差的成分分散到无定形基质载体中，通过喷雾干燥获得溶解性较好的成分。另外，使用阿拉伯树胶和麦芽糊精作为无定形基质载体，显著提高了豌豆蛋白分离物在 pH 4.5 和 7.0 下的溶解度。这种改性方法被认为是一种清洁、高效的提高豌豆蛋白分离物溶解度的技术，值得进一步研究。

三、酶改性

酶修饰蛋白质的方法被认为比化学和物理修饰更清洁、更有效，也很容易受到消费者的青睐。对于豌豆蛋白，酶催化交联可以显著提高其胶凝和乳化性能，而酶解可以改善其溶解度和乳化发泡性能。

微生物转谷氨酰胺酶（Microbial transglutaminase，MTG）是一种常用的蛋白质交联酶，它可以通过催化肽 / 蛋白结合谷氨酰胺和赖氨酸之间的羧酰胺转移形成交联来修饰蛋白质，从而影响蛋白质的凝胶性能。MTG 催化交联后豌豆蛋白分离物的凝胶性能得到显著改善，表明 MTG 处理后豌豆蛋白分离物的凝胶强度比未处理的豌豆蛋白分离物要强。此外，豌豆蛋白分离物和豌豆蛋白分离物 – 玉米蛋白配合物酪氨酸酶交联（来自芽孢杆菌 megaterium 的酪氨酸酶 [TyrBm]）对油水乳状液性能也有影响。与单独用豌豆蛋白分离物稳定的乳液相比，用 TyrBm- 交联豌豆蛋白分离物 – 玉米蛋白稳定的乳液理化稳定性最好，用 TyrBm- 交联豌豆蛋白分离物稳定的乳液理化稳定性次之。这为提高豌豆蛋白分离物稳定乳液的稳定性提供了一种新的途径。

酶解通常会降低分子量，增加可电离基团的数量，并暴露隐藏在蛋白质核心中的疏水性基团，这有可能改善蛋白质的疏水性、溶解度及乳化和发泡性能。许多研究人员已经应用这种结构修饰技术，有效地提高了豌豆蛋白在不同 pH 下的溶解度。常用的蛋白酶有凝乳酶（EC 3.4.23.4）、木瓜蛋白酶、胰蛋白酶、碱性蛋白酶、调味酶、中性蛋白酶、混合碱性蛋白风味酶、中性蛋白风味酶等。利用凝乳酶和木瓜蛋白酶水解豌豆蛋白分离物，发现其乳化性能和发泡性能总体上有改善的趋势。不同的酶处理显著提高了豌豆蛋白分离物的发泡能力，其中碱性蛋白酶的起泡性最高，其次是中性蛋白风味酶、中性蛋白酶和碱性蛋白风味酶。所有豌豆蛋白分离物的 FC 均在 30 min 时最高，并随着水解时间的延长而降低。胰蛋白酶处理的豌豆蛋白分离物稳定乳剂比豌豆蛋白分离物稳定乳剂表现出更小的油滴和密度更高的表面电荷；随着水解度的增加，胰蛋白酶水解豌豆蛋白分离物的乳化性能显著提高。然而，酶水解处理对豌豆蛋白沉淀的胶凝性能没有积极影响。总的来说，酶和水解度的类型都影响着豌豆蛋白功能的改善程度，有限的酶水解处理是获得理想功能特性的合适途径。

四、联合改性

联合改性是一种可以有效改善豌豆蛋白功能特性的新兴技术，即不同的修饰方法协同作用。比如利用 pH 改性（pH 分别为 2、4、10、12）和 US 组合工艺对豌豆蛋白分离物官能性的影响，发现 pH-12 和 US 组合处理（pH12-US）显著提高了豌豆蛋白分离物的溶解度，而酸性条件下 US 组合处理对豌豆蛋白分离物的溶解度没有明显的提高。pH12-US 修饰的豌豆蛋白分离物的溶解度比天然豌豆蛋白分离物高 7 倍。豌豆 – 水稻分离蛋白复合物结合直接蒸汽注射处理可提高蛋白质的功能，例如，在 pH 为 7 下的溶解度（从 3% 到 41%），EA（从 5.9 m^2/g 到 52.5 m^2/g）、FS（从 68.2% 增加到 82.8%）和持油力（从 1.8 g/g 增加到 4.9 g/g）均显著增加。此外，蛋白质 – 多糖复合物联合冻干处理明显改善了豌豆蛋白分离物的乳化和发泡性能。利用电子辐照联合风味酶水解处理对豌豆蛋白分离物进行改性，其中豌豆蛋白分离物的 FC 和 FS 随着辐照剂量的增加而增加，并在 10 kGy 时达到最大值。

第四章　绿豆食品加工

第一节　绿豆概述

绿豆是人们较喜爱的食物之一。主要品种有：豆粒大、色泽鲜艳的官绿豆；豆粒小、色泽深的油绿豆；色泽一般、早播、可以多次采摘的摘绿豆；晚播、一次采摘的拔绿豆等。绿豆生长地域较广，我国各地农村都有种植。

绿豆的主要营养成分有蛋白质、脂肪、碳水化合物、核黄素、烟酸、维生素 E、钙、铁、磷、硒等。主要功能为清热解毒、消暑利水。在炎热的夏季，人们常常熬制绿豆汤，放凉食用，可消汗除热，解除暑毒。经常食用绿豆及其加工食品，有益于人体健康。

常见的绿豆加工食品有绿豆粉丝、绿豆粉皮、绿豆沙、绿豆糕，或加工成绿豆面粉作为其他食品的原料。

一、绿豆的生物学特性及分布

绿豆别名植豆、青小豆，为豆科一年生草本植物。我国绿豆的主要产区集中在华北及黄河、淮河流域的平原地区，以河南、河北、山东、安徽等省最多，山西、甘肃、陕西、江苏、四川、湖北、贵州等地次之，东北三省也有种植。

二、绿豆的营养价值

绿豆营养价值很高，100 g 绿豆含蛋白质 23.8 g，脂肪 0.5 g，糖类 58 mg，钙 80 mg，磷 360 mg，铁 6.8 mg，胡萝卜素 0.22 mg，维生素 B_1 0.52 mg，维生素 B_2 0.12 mg，烟酸 1.8 mg。自古以来绿豆就被作为清热解毒

之佳品。中医学认为：绿豆性味甘寒、无毒，有清热解毒、祛暑止渴、利水消肿、美肤养颜之功效。如果将绿豆添加一些相应的药物或食物做成药膳，不但具有食物的美味，而且还有药用的效果，常食能起到养生保健、预防疾病之目的。

绿豆用途很广，经济价值高，食用时可掺米煮饭，或作为主食，或煮汤食之，亦可与谷类配合煮粥食用。其加工制品样式多，深受消费者的欢迎，如在炎热的盛夏，绿豆汤是众多家庭必备的传统的清凉饮料。此外，还有绿豆粥、绿豆沙、绿豆糕、绿豆粉皮、绿豆粉丝等。绿豆还是酿造名酒的好原料，如四川泸州的"绿豆大曲"、安徽的"明绿液"、山西及江苏的"绿豆烧"、河南的"绿豆大曲"等，都独具风味，深受国内外消费者欢迎。绿豆芽营养丰富、美味可口，且生长期短，无论工厂还是家庭，一年四季均可生产。

第二节　绿豆饮料加工

一、绿豆饮料

绿豆具有清热解毒、清暑止渴等功效。绿豆汤、绿豆茶早已成为很多家庭必备的清凉饮料。为满足广大消费者需要，采用先进的工艺技术生产的绿豆饮料备受欢迎。

1. 原料配方

绿豆、白砂糖、柠檬酸、山梨酸钾、淀粉酶和中性蛋白酶等各适量。

2. 工艺流程

选料→蒸煮→分离过滤→加酶处理→配料装罐。

3. 操作要点

（1）选料。选用优质绿豆，除去虫蛀、霉粒及其他杂物，洗净备用。

（2）蒸煮。在提取罐内加入干豆量 5～6 倍的水，开锅后投入洗净的绿豆。在 0.2 MPa 条件下蒸煮至豆粒膨胀而不破皮。

（3）分离过滤。用泵将豆汁抽出，经绒布过滤。

（4）加酶处理。在豆汁中加入适量的 α- 淀粉酶和中性蛋白酶，处理

2 h，使豆汁中的淀粉和蛋白质分解，然后过滤，静置澄清。

（5）配料装罐。绿豆原汁制成后，可根据需要配制成不同种类的产品。

① 瓶装绿豆汁饮料。将原汁加水稀释 1～2 倍，加糖调好酸度，然后灌装密封、灭菌，检验合格后装箱。为了加强绿豆的医疗保健作用，可加入适量的中草药汁液。

② 软包装绿豆汁饮料。将未经酶处理的绿豆原汁，加适量白糖，调味后装入铝塑复合袋（盒）中，在 80 ℃水浴锅中灭菌 1 h。

③ 绿豆浓缩原浆。为了便于储存、外运和多分厂生产，可将原汁投入真空浓缩罐中，在 660～700 mm 汞柱、46～53 ℃条件下浓缩到所需要的浓度，将浓缩液放出，装罐，高温灭菌。

二、大米绿豆速食粥

1. 原料配方

优质大粒绿豆、粳米、土豆淀粉、普通小麦粉、白糖粉和甜菊糖。

2. 操作要点

（1）速食米的制备工艺

大米→预处理→煮米→蒸米→冷水浸渍→烘干

↓

绿豆→预处理→煮豆→蒸豆→烘干→配比→包装→成品。

↑

小麦粉→蒸粉→过筛→混合→造粒成型→烘干

↑

淀粉＋其他辅料

① 预处理。将大米用室温水浸泡 10 min，取出后用 80 ℃热风干燥 30 min。

② 煮米。在煮米锅内放入适量水，加热至沸腾，将预处理过的大米迅速倒入锅内，保持 95 ℃左右加热 4～6 min。煮米过程中不要搅动，避免造成糊汤破碎。煮米时加水量以大米质量的 4～8 倍为宜。煮米时间控制在 5 min 左右，适宜的煮米程度以大米颗粒膨胀 1.5 倍左右，口尝米粒无明显硬心为宜。

③ 蒸米。煮米后，将米汤迅速沥出，把米移入蒸米锅内，用 100 ℃热蒸汽蒸 8 ～ 12 min。

④ 冷水浸渍。蒸米后将米取出，立即用室温水（最好 15 ℃以下）浸渍 1 ～ 2 min。

⑤ 烘干。将冷渍沥干的米粒平摊在透气的不锈钢筛盘上，首先立即用 80 ℃干热风预干 50 min 左右，再用 100 ℃干热风强制通风干燥，最后用 200 ℃干热风处理 5 ～ 10 s，烘干至大米含水量降至 4% ～ 7%。

（2）速食绿豆的制备

① 预处理。将绿豆用 90 ℃的热水浸泡 30 min。

② 煮豆。热水浸泡后，将豆取出，放入 100 ℃沸水锅内，保持沸腾 15 ～ 20 min，煮至绿豆无明显硬心且不过度膨胀，切忌开花。

③ 蒸豆。将煮好的绿豆沥干水分，放入蒸汽锅内，用 100 ℃蒸汽猛蒸 10 ～ 15 min，直至绿豆彻底熟化，大部分裂口。蒸时一定要保证汽足，快蒸，使绿豆中的多余水分迅速蒸发逸出，形成疏松多孔的内部结构，以增加复水性。

④ 烘干。绿豆蒸熟后，不必用冷水冷却，立即送入烘干机，用 80 ～ 90 ℃干热风干燥 2 ～ 4 h，直至绿豆含水量为 5% ～ 7%。

（3）糊料制备

① 增稠剂筛选。选择土豆淀粉与蒸熟的小麦粉，其比例以 2：1 为宜。

② 原料混合。将土豆淀粉和熟小麦粉按比例倒入调粉机内混合均匀。若想要甜味大米绿豆粥，可适当加入相当于糊料重量 10% 的白糖粉和 0.05% 的甜菊糖。所用原料都要过 80 ～ 100 目筛，并在调粉机内彻底混合 10 ～ 15 min，按总量加入 10% ～ 16% 的米汤（大米制备中沥出的米汤），混合 10 ～ 15 min，使其成为手握成团、一压即碎的松散坯料。

③ 造粒成型。采用造粒成型法，使糊粒坯通过造粒机成型，得到颗粒状的糊料，粒度为 8 ～ 12 目。

④ 烘干。造粒成型的糊料颗粒送入 80 ℃热风干燥，干燥 30 min 左右，直至颗粒含水量为 5% 左右。用 20 目筛过一下，筛除糊料细末。

（4）大米绿豆粥的配比组成

将上述制备好的大米、绿豆和糊料按 6：2：3 的质量比配合，即可得到速食粥产品。

将配料按比例配好后，每小包44 g密封，每10小包再装一大袋密封包装。

三、速食绿豆羹

1. 工艺流程

原料选择→清理→淘洗→浸泡→蒸煮→烘干→冷却→包装→成品。

2. 操作要点

（1）原料选择。选用一级绿豆，种皮为绿色或深绿色，因为硬粒不能吸水膨胀，不易煮烂，严重影响产品的质量。所以，原料在加工前，要进行硬实粒检验，每千克绿豆硬实粒的检出量不能超过 1 粒。

（2）清理。除去杂质及磁性金属物。

① 除杂。选用平面回转筛（两层筛面），上层采用 4.2 mm × 24 mm 的长形筛孔，除大杂，下层采用直径 2 mm 的圆形筛孔，除小杂和小硬实粒。根据绿豆粒大小，随时更换不同筛孔的筛面，保证大杂下脚中所含正常完整豆粒不超过 1%，小杂下脚中不含正常完整豆粒。

② 去石。用吸式比重去石机，清除密度大于绿豆的并肩石等杂质。为了确保去石效果更好，最好进行二次去石，沙石去除率要大于 96%，且在清除的沙石下脚中，每千克所含饱满粒不超过 100 粒。

③ 去除磁性金属物。用平板式磁力分选器，除去绿豆中的铁钉、螺丝钉等金属物。

（3）淘洗。用清洁水淘洗经上述清理的绿豆，水温要大于 15 ℃，水温太低会影响去污效果。洗掉豆粒表面微生物和灰尘，并进一步除去筛选无法分离的并肩石和泥块。

（4）浸泡。将洗净的豆粒浸入 45 ～ 48 ℃的温水中，浸泡 90 min，保证胀豆率＞96%，豆粒含水量为 30% ～ 36%。吸水过多，蒸煮时易开裂，使豆内物质脱落，出品率下降；吸水不足，豆粒内部不能完全糊化，影响干燥时豆粒的开花率，从而影响成品的质量。

（5）蒸煮。常压下蒸 20 ～ 24 min，使豆粒开裂率为 60% ～ 70%，豆粒无硬心。煮得过度，不利于干燥；煮得不到位，成品的复水性能差。

（6）烘干。为了降低豆粒水分，用过热空气使豆粒膨化开花，使豆粒具有均匀的多孔结构，制品复水性能好。

将豆粒放入振动流化床干燥机内干燥后送入输送带或干燥设备干燥。流化床内干燥介质温度为 120 ～ 160 ℃，通过调节振幅，控制豆粒在床内的流速，从流化床流出的豆粒开花率＞80%，开裂率达 100%，但水分尚高，还需送入输送带式干燥设备降低水分。输送带式干燥器干燥介质温度为 60 ～ 80 ℃，操作时，加料要均匀，控制适当的物料厚度和运行速度，烘干后，成品含水量＜8%。

（7）冷却、包装。包装前将绿豆冷却至室温或略高于室温，夏季可用风扇降温。包装材料用阻水、阻气、遮光度较好的聚丙烯袋、聚酯袋或铝塑复合袋。用计粒计量机包装，每袋 40 ～ 60 g。

四、茶叶绿豆羹

1. 原料配方

砂糖 55 kg，绿豆沙 52 kg，饴糖 18 kg，琼脂 1.6 kg，绿茶粉 2 kg，防腐剂 0.1 kg。

2. 工艺流程

琼脂→熬制→过滤

↓

砂糖→熬制→过滤→混合→滤液→熬制→出锅→注模→冷却→包装→成品。

3. 操作要点

（1）熬糖。称取砂糖和饴糖放入锅内，加少许水加热溶解后，过滤去除杂质。

（2）熬琼脂。琼脂放入温水中，待其充分吸水后，加热使其溶化，过滤去杂质。

（3）熬制。将糖和琼脂的滤液收集合并，继续加热熬制，待达到一定浓度后，加入绿豆沙、绿茶粉等搅拌均匀，再加热一定时间，待浓度合适时进行注模成型。

（4）包装。冷却后包装即为成品。

五、无皮绿豆汤

绿豆汤是我国传统清热解毒饮料，其营养成分优于五谷类作物，其中蛋白质含量是小麦粉的 2～3 倍，是玉米面的 3 倍，是大米的 3.2 倍。

1. 原料配方

绿豆 8%，白砂糖 9%，淀粉 2%，黄原胶 0.8‰，食盐 0.8‰，香精 0.3‰。

2. 生产工艺流程

白砂糖＋淀粉＋稳定剂＋食盐＋水→溶解→定容→预煮

↓

绿豆原料→分拣（去沙石）→预煮脱皮→漂洗→沥干→装罐→配汁→封罐→灭菌→冷却等→保温→检验→包装→成品。

3. 操作要点

（1）分拣（去沙石）。用人工分拣，去除原料绿豆中的坏豆或沙石等异物，避免杂质混入食品中。

（2）预煮脱皮。用夹层锅把 0.1% 的碳酸钠溶液加热至 100 ℃，把分拣好的绿豆放入溶液中（绿豆：碳酸钠溶液的质量比为 2：3），用木桨搅拌，煮沸约 5 min 后，把碳酸钠溶液排入另一个夹层锅（调节碳酸钠浓度后，开始煮另一锅绿豆），然后放入 40 ℃的温水中浸泡 15 min。

（3）漂洗。向上述浸泡好的绿豆中加入冷水，用木桨搅拌脱皮，漂去浮在面上的绿豆皮。经反复漂洗，可除去绿豆皮。废水与绿豆皮要集中处理，防止污染环境。

（4）沥干。把脱皮后的绿豆清洗干净，沥干待用。

（5）配汁。把白砂糖、淀粉、稳定剂、食盐加水混合溶解、定容，煮开，加入罐中。

（6）灭菌。采用 8 min — 15 min — 7 min/121 ℃的方式灭菌，水冷却至 40 ℃。

（7）保温及包装。按罐头食品的要求，在 37 ℃的恒温库中保温 5～7 d。

经检验无误后，打印日期，包装，入成品库。

六、绿豆酸乳

绿豆酸乳是以绿豆和鲜牛乳为原料，经过乳酸菌发酵制成的饮料。它不仅营养丰富，而且具有一定的医疗保健作用，深受消费者的欢迎。

1. 工艺流程

选料→脱皮→浸泡→制浆→分离→脱臭→制浆→灭菌→发酵。

2. 操作要点

（1）选料。选用籽粒饱满、无虫蛀、无霉变的绿豆，除去泥沙等杂物。

（2）脱皮。将清洗后的绿豆入脱皮机脱皮，脱皮率应在 95% 以上，否则影响产品的口感和外观。

（3）浸泡。将脱过皮的绿豆洗净，在室温下浸泡 4～5 h，用手挤压有白浆冒出时即可。

（4）制浆。将有色素的浸泡水倒掉，加入相当于干豆质量 5～6 倍的水，调整 pH 至 8～9，再细磨一次浆，过 60 目筛。

（5）分离。用自分式磨浆机，过 200 目筛子将豆渣和豆浆分开。

（6）脱臭。将分离以后的绿豆浆，通入高温蒸汽，温度达到 120 ℃后，喷入真空脱臭罐中进行真空脱臭。从真空脱臭罐中出来的绿豆浆应有一股清香味而不是豆腥味。

（7）制浆。绿豆浆经过真空脱臭后，加入 40%～50% 的鲜牛乳，充分混合后再加入混合液总量 6%～8% 的白砂糖，将其充分溶解。

（8）灭菌。混合浆在 90 ℃条件下保持 30 min，可以杀死全部病原菌和细菌，使浆中酶活力钝化和菌类物质失活。浆中蛋白质变性，有利于乳酸菌生长。

（9）发酵。杀菌后的浆液冷却到 37～40 ℃后，加入 3% 的发酵剂，在 42 ℃条件下培养 2～3 h，完成后熟，即为成品。

七、豆汁

1. 原料

绿豆 1000 g。

2. 操作要点

（1）将绿豆的杂质筛净，挑去干瘪、有虫蛀的豆粒，清洗干净，放入池内用凉水（冬季用温水，水量要比绿豆的量高出 2 倍）浸泡 10 h。待豆皮用手一捻就掉时捞出，加水磨成稀糊（磨得越细越好），然后在稀糊内加入 1500 g 左右的浆水，并逐次加入不少于 12 000 g 的凉水过滤，约可滤出粉浆 3500 g，豆渣 2000 g。

（2）把滤出的粉浆倒入大缸内，经过一夜沉淀，白色的淀粉就沉到缸底，上面是一层灰褐色的黑粉，再上一层即是颜色灰绿、质地较浓的生豆汁，最上层则是浮沫和浆水。撇去浮沫和浆水，把生豆汁舀出。在煮汁前必须再沉淀一次，夏季沉淀 6 h，冬季沉淀一夜。沉淀好后，撇去上面的浆水。

（3）大砂锅内放入凉水少许，用旺火烧沸后倒入生豆汁，待豆汁被煮涨并将溢出锅外时，立即用微火保温（此时不能用旺火，否则会煮成麻豆腐）。随吃随盛。趁热就焦圈与辣咸菜同吃，饶有风味，是北京有名小吃之一。

第三节　绿豆面制品加工

一、酥皮绿豆馅面包

1. 原料配方

（1）皮。富强粉 25 kg，白砂糖 1.5 kg，鸡蛋 0.5 kg，鲜酵母 100 g。

（2）馅。绿豆粉 300 g，白砂糖 350 g，猪油 100 ～ 125 g。

2. 操作要点

（1）制皮工艺

原辅料处理→第一次面团调制→第一次发酵→第二次面团调制→第二次发酵→皮面团。

① 原辅料处理。将制皮的原辅料中的面粉、糖过筛，鸡蛋打开，搅匀蛋黄与蛋清，酵母活化。

② 第一次面团调制。将事先准备好的温水放入调粉机，然后投入 70% 的面粉和全部酵母液一起搅拌成软硬均匀一致的面团。

③ 第一次发酵。将调制好的面团放入温度为 28 ～ 30 ℃、空气相对湿度为 75% 的发酵室内发酵，3 ～ 5 h 即可发酵成熟。

④ 第二次面团调制。先将种子面团倒入调粉机，然后放入剩余的面粉、水和其他辅料一起混合搅拌成面团。

⑤ 第二次发酵。将调制好的面团送入发酵室内进行第二次发酵。发酵室温度控制在 28 ～ 32 ℃，经 2 ～ 3 h 的发酵即可成熟，发酵成熟后即为皮面团，备用。

（2）制馅方法。先把猪油和水煮开，再放入糖和绿豆粉，充分搅拌成馅。为了增加风味，在搅拌时可放入一点切碎的细葱末，使成品具有葱香味。

（3）面包的成型与烘烤。将发酵好的皮面团，经反复搓揉制成圆形面皮，每个面包内约放入 15 g 馅儿，包好后将缝处向下，放入面包烘烤盘内。用刀在面包坯的表面划上两刀，其划线深度以露出馅为准，待其胀发后，放进烘箱内，调整温度为 250 ℃，烘烤 3 ～ 4 min 后取出，即得成品酥皮绿豆馅面包，冷却后包装。

二、绿豆豆沙包

1. 原料配方

绿豆豆沙 500 g，白糖 225 g，桂花酱 15 g，精白面粉 500 g，酵面 10 kg，食用碱 10 g。

2. 操作要点

（1）将面粉放入盆内，加入解开的酵面和碱水，揉和成面团，盖上湿布，让其发酵。

（2）绿豆豆沙内放入白糖（200 g）、桂花酱，拌匀制成豆沙馅。

（3）发酵好的面团加白糖（25 g）揉匀，在案板上搓成直径约 3 cm 的圆条，揪成 22 个面剂，逐个拼成面皮，包入豆沙馅，捏成鸭蛋形，包口朝下，平放在案板上。全都包好后，放入笼中，旺火蒸约 15 min 即熟。

三、绿豆团

1. 原料配方

绿豆 25 kg，吊浆粉 500 g，白糖 150 g，蜜枣 200 g，蜜桂花 50 g，猪油 100 g。

2. 操作要点

（1）蜜枣去核，上笼屉内蒸软，晾凉后加化猪油搓揉成蓉泥；再加白糖、蜜桂花揉匀，分成 20 份，搓成小圆球做糖馅备用。

（2）绿豆筛去杂质，淘洗干净，放锅内加清水煮约 10 min，捞出稍晾，搓去豆皮，用清水淘洗一下，再入笼蒸熟待用。将吊浆粉置于案板上，加少许清水揉匀，再分成 20 个剂子即成皮坯。

（3）用皮坯包上馅心，搓成圆球形，再使其表面均匀地贴裹上一层熟绿豆，即成绿豆团生坯。

（4）笼屉里铺一张湿屉布，把绿豆团生坯摆放在上面，用旺火沸水蒸约 10 min 即可。

四、绿豆煎饼

1. 原料配方

绿豆 500 g，精盐 12 g，辣椒酱 6 g，香油 12 g，豆油 12 g。

2. 操作要点

（1）将绿豆洗净晒干，用石磨粗磨一次，加入清水浸泡 4 h 左右，捞出搓掉豆皮，加清水 500 g，磨成豆糊。把蒜捣成泥，放碗中，加入精盐、辣椒酱、香油拌匀成调料。

（2）铁鏊子置小火烧热，刷上一层油，舀大半勺豆糊，倒在鏊子中间，右手拿竹片刮子，蘸点清水，将豆糊抹成圆饼状，待凝固时，用锅铲将饼翻过来煎另一面，两面呈浅黄时取下，包卷调料食之。

五、煎饼馃子

1. 原料配方

绿豆 300 g，馃子（油条）18 个，面酱 30 g，葱花 20 g，香油少许。

2. 操作要点

（1）先将绿豆筛洗干净，用清水泡一会儿，待豆胀起，搓去豆皮，捞出脱皮绿豆磨成颗粒状，倒入盆内，加水把豆皮漂净，再放上净水浸泡 1 h 左右，然后用小拐磨，连水带豆用勺舀着向拐磨上倒，边倒边磨，使磨出来的绿豆浆的浓度如同一般的玉米面粥。

（2）将铛置微火上（煤球火最好），当铛热后，把绿豆浆倒在铛子上（最好一勺一个），用小木板把绿豆浆摊成小圆饼形，熟后用铁片铲边，把饼揭下后，把面朝下放在铛子上，放上一个馃子，从一头卷起来，抹上面酱，撒上点葱花，当中对折起来。在铛子上抹点油，将煎饼两面煎一煎，待两面焦黄即成。

六、绿豆杂面条

1. 原料配方

绿豆 250 g，小麦 250 g，大白菜 100 g，精盐 10 g，味精 10 g，香油 25 g。

2. 操作要点

（1）将绿豆、小麦拣去杂质，用清水浸泡 4～5 h，磨细粉。

（2）将磨好的绿豆小麦粉加适量凉水和成硬面团，盖上湿布，稍饧一会儿。

（3）切好的面团放案板上，用擀面杖擀成薄薄的面片，切成宽窄随意的面条。

（4）锅内放清水，置旺火上烧沸，将面条下锅煮；白菜洗净，切成细丝，放入面条锅内同煮，加精盐调剂口味，待面条、白菜煮熟时，撒上味精，淋上香油，搅拌均匀，盛碗内即可食用。

七、绿豆火腿粽子（安徽）

1. 原料配方

糯米 2.5 kg，绿豆 750 g，火腿 500 g，芦苇叶 200 张，芝麻油 100 g。

2. 操作要点

（1）将芦苇叶入沸水锅煮软，取出后剪去叶根，漂洗干净，放入冷水中浸泡待用。将绿豆粗磨成瓣，放冷水中浸泡约 2 h，搓去外皮，沥干。选肥瘦相间的火腿，切成约重 10 g 的长条片块。

（2）把糯米淘洗干净，泡 1 h 左右，沥干放入盆中，加入芝麻油拌匀。取芦苇叶 3 张折叠成尖角形，先放入糯米 50 g 及绿豆 1 份，中间插 1 片火腿，再用 50 g 糯米覆盖，折叠芦苇叶包成三角形，用麻线扎紧。再放入铁锅中，加清水至没过粽子 3 cm，用旺火煮 1 h 后，改用中火继续煮 5 h 左右，中间加水 2 次，即成。

八、绿豆糕

1. 原料配方

绿豆 12.5 kg，桂花 1 kg，豆沙馅料 27.5 kg，香油 4.5 kg（其中 1.5 kg 做涂料），绵白糖适量（甜度可根据口味调整）。

2. 工艺流程

制绿豆粉→调粉→成模→蒸煮→晒凉→包装→成品。

3. 操作要点

（1）制绿豆粉。挑选无霉烂绿豆，筛去泥沙杂物，洗净后，下锅蒸煮至皮破开花，取出用清水冲洗后晒干，上粗磨退除豆皮，再上精磨磨粉，筛除粗粉后即制得绿豆粉。

（2）调粉。先在调粉机内放入绵白糖，再加入相当于绿豆粉量 10% 的水，搅拌均匀，最后加入绿豆粉和香油搅拌混合均匀，使料软硬、干湿适当，调好后取出，过 16 目筛，使料粉充分松散。

（3）成模。用硬木制成的成型模子，可根据需要制成四方形、长方形、六角形、梅花形等，还可刻上花纹图案。料粉入模时，要装满木模，将预先揪好的豆沙馅小块剂子放在木模中心处，上下四周用料粉填平，翻转印模，用木棒轻敲底面，扣在垫有纸垫的蒸板上。也可先将料粉撒满木模，用手指轻压印模，去掉1/3左右的料粉，再放入预先制成的豆馅剂子，用手压实后撒满料粉、刮平。

（4）蒸煮。扣在蒸板上的绿豆糕生坯，既可用高压蒸汽柜蒸熟，也可用大蒸笼蒸熟。要掌握好蒸煮时间，当粉的边缘发松、不黏牙时即可。

（5）晾凉。将从蒸板上取下的绿豆糕充分过风凉透，方可包装，即为成品。

4.产品特点

本品呈黄绿色，组织松软，豆沙隐约可见，细腻爽口，芳甜甘凉，具有绿豆清香，且有解暑之功效。

第四节　绿豆淀粉类食品加工

一、绿豆淀粉

淀粉是豆制品加工厂加工粉皮、凉粉等产品的主要原料。淀粉制品多在夏季加工，此时正是豆制品加工的淡季。可利用豆制品加工前半部设备加工淀粉。

1.工艺流程

原料→浸泡→水洗→磨制→过滤→二次磨制→二次过滤→三次过滤→淀粉分离→淀粉沉淀→淀粉脱水→淀粉。

2.操作要点

（1）浸泡。浸泡的目的是将绿豆颗粒软化，使蛋白质网膜疏松，易于破碎和提取淀粉，也为淀粉提取时产酸菌的生长提供天然培养基。绿豆在开始浸泡时，豆粒的表皮形成一种水化膜，水开始向绿豆内渗透。如果浸泡水温过高，会加速渗透，水渗入豆内后开始溶解糖分、戊聚糖、含氧物质及矿物质，豆子开始进行生化反应，吸取营养，产气、产酸、繁殖分裂等。时间太短，吸水不足，豆内各种物质没有很好地分离，就不能分离出优质淀粉。但浸泡过度会破坏其本身的生理状态，提取出的淀粉质量也不好。原料浸泡有热水和凉水两种方法。

热水浸泡是在容器内按一定比例加入热水，使水温保持在 30 ～ 35 ℃。水温与季节有一定关系，夏季凉水的温度高，可以少加热水；冬季凉水的温度低，就需要多加一些热水。在浸泡过程中，要换 2 ～ 3 次泡豆水。浸泡开始时按 1：2 加水。第一次换水一般在 7 h 以后，换水时如果豆已超过水面过多，说明豆吸水快、水温较高，换水时应适当降低水温。如果豆没有超过水面，且水很清凉，说明水温较低，换水时要把水温调高。热水浸泡比凉水浸泡要缩短一半的时间。一般绿豆浸泡需要 21 ～ 23 h。用凉水浸泡与用热水浸泡相比较，有节约能源的优点，但是浸泡时间较长，占用容器多，设备的利用率低。凉水浸泡时每 24 h 换 1 次水，水量要逐渐增加，以保证豆子充分吸水。凉水浸泡一般需要 65 ～ 70 h。

（2）水洗。浸泡后的原料要经过水洗。水洗的目的是除去原料中的碎石等杂质和没浸泡开的死豆；洗净原料，有利于提高产品质量。一般原料在浸泡前都经过干料清杂，去除沙子、大石块、杂草等与原料豆密度不一样的杂质。对于和绿豆密度或大小一样的杂质，水洗的效果最好。经水洗干净的原料，为磨制工序创造了良好的条件。特别是使用砂轮磨制原料，必须经过水洗，以保证磨片的使用寿命和磨制质量。

（3）磨制。磨制的质量直接影响到淀粉的提取率。绿豆淀粉磨制细度比豆制品加工中黄豆的磨制要细。第一次磨碎后进行分离，对分离出的渣子进行第二次磨碎，使绿豆所含淀粉得到充分的提取。磨制时要求定量进料、定量给水。其目的是使磨制粗细适当，磨糊稀稠适度，保证磨制质量。一般绿豆磨制过程中加水 14 倍，二次磨制时加水 6 倍，加上泡料时吸水，前后共加水 22 倍。

（4）过滤。把磨好豆糊中的淀粉乳与渣子分离开。过滤过程一般为 3 次，这样可以把淀粉充分提取干净，提高淀粉的出粉率。第一次磨制后的豆糊送入分离机进行第一次分离，将分离出去的渣子加水进行第二次磨制。将第二次磨制后的豆糊送入分离机进行第二次分离，将分离出的渣子加水送入分离机进行第三次分离。把 3 次分离出的淀粉乳都注入淀粉分离罐中。

（5）淀粉分离。经过滤的淀粉乳是淀粉和蛋白质的混合物。淀粉分离的目的就是把淀粉与蛋白质分开。分离淀粉的方法有机械法、流槽法、酸浆法。一般淀粉分离要经过 3 级分离。

① 一级分离。淀粉乳过滤后，每 100 kg 加入 8 ～ 10 kg 酸浆，搅拌均匀后，静置分离淀粉 9 ～ 10 min，淀粉便分离沉于容器底部。这时开始放废液，再加入配好酸浆的淀粉液，搅拌均匀，静置沉淀分离后排掉废液。如此循环，直至容器满，准备第二级分离。在排放废液时要尽量少吸出淀粉，因此要掌握好沉淀的时间和吸水最低限度，同时吸水时操作要轻，防止把淀粉搅起。

② 二级分离。将容器内的淀粉进一步净化，把剩余的蛋白质及其他水溶性物质分离出来。二级分离采用的方法是洗涤法，行业上称为"冲溶"。操作时在淀粉液中加入 1/8 的清水搅拌均匀，然后静置 10 min 后，撇除上层的豆汁，当距淀粉层 5 cm 时停止撇豆汁，立即冲少量的清水继续搅拌，搅拌后进行三级分离。

③ 三级分离。将二级分离后的淀粉液，过细筛滤去杂物后，输送到沉淀容器内沉淀。12 h 后即可取出淀粉进行脱水。三级分离又叫"上盆"。

（6）淀粉脱水。目的是将淀粉中多余的水滤掉，便于淀粉的运输、使用等。一般脱水用较细的豆包布，将其四角吊起，把淀粉液倒入其中，经过 10 多个小时后，在淀粉含水量降至 44% 时取出。此时，淀粉呈硬块状。在容器中取出淀粉液进行脱水时，要先把上层的酸浆吸走，存放在酸浆罐里，然后取出中层的黑粉液，最下层的是白淀粉。淀粉沉淀后上、中、下三层非常分明，只要取时注意，就可取出洁白的淀粉。

二、绿豆粉丝

目前市场上的粉丝品种较多，绿豆粉丝以其晶莹透明、柔韧纤细、耐煮、口感爽滑、味清淡而深受人们的欢迎。但是纯绿豆制成的粉丝成本高，会影响其产业发展。于是人们研制开发了复合型绿豆粉丝，采用产量高、营养价值高、成本低的红薯为原料，改进制作工艺，在保持绿豆粉丝品质的基础上，大大降低了成本，开辟了原料的领域，使绿豆加工产品给农民和加工企业带来较高的经济回报。

1. 工艺流程

配料→浸泡→破碎→沉淀→脱水→冲芡→开生→拉丝→漏粉→晾晒→包装。

2. 操作要点

（1）配料。选用新鲜红薯或红薯干与绿豆混合，新鲜红薯与绿豆的质量比为 36∶1 或 32∶2，红薯干与绿豆的质量比为 9∶1 或 8∶2。

（2）浸泡。新鲜红薯要先去皮、清洗，红薯干要选择片大、洁白的浸泡，以没过原料 30 cm 为宜，要不断补充水分，冬季浸泡的时间要长些。夏季不宜浸透，变软即可；冬季要全部浸透。绿豆（也有用蚕豆）要先清除砂土粒等杂物，冬季用开水浸泡，并不断搅拌，每半小时加入一定量冷水；夏季可用 60～70 ℃温热水浸泡。控制好温度和时间，防止原料变质。

（3）破碎。将浸泡好的原料送入粉碎机破碎。将破碎后的细料送至来回振动的吊箩中，不断向吊箩内喷水，使其破碎得微细、均匀。

（4）沉淀。将经破碎的原料静放在沉淀池（缸）中，使水中的碎块化成粉浆，进行第一次沉淀。时间方面，春秋季为 8～10 h，夏季不超过 4 h，冬季一般为 20 h 左右。将沉淀粉浆搅拌均匀，放入沉淀池（或缸）中再沉淀。沉淀时间方面，夏季为 8～9 h，春秋季为 15～16 h，冬季 24 h。

（5）脱水。先清除沉淀池中的废浆液，然后扒出湿淀粉，冲刷清除池底杂物。把湿淀粉放在吊包里脱水 2～3 h，及时晒干。

（6）冲芡。用热水将晒干的部分淀粉调成黏稠的稀糊状，再用沸水猛冲粉糊，边冲边快速搅拌，10 min 后粉糊即成透明状的粉芡。粉芡要求不夹生、不结块，没有粉粒。

（7）开生。在粉芡中加入明矾，用量为 1 kg 粉芡加入 10 g 明矾，并不断搅拌，将湿淀粉和粉芡混合，搅拌均匀，至无粉块为止，揉成粉团。

（8）拉丝。将粉团分成小块，分别放在用开水烫过的小面盆里，使劲揉和，直至粉团拉起，不结块，没有粉粒，不黏手又能拉丝，其粉条落在粉团上立即淌平不会成堆，漏下的粉丝不粗、不细、不断，即表明已符合标准。如果粉条下不来或下得太慢，粗细不均，表明太干，应加水调和均匀；如果下条太快或有断条，则说明太稀，应重新加粉揉匀。

（9）漏粉。先准备水温为 97～98 ℃的锅，锅内水要满，并在锅上安好漏粉瓢（或有洞的器具），瓢底孔眼直径为 1 mm。

瓢底离锅水的距离：制作粗粉丝，瓢与锅的距离应近些；制作细粉丝，距离可远些。将粉团陆续放在粉瓢内按压出细长的粉条，直落锅内沸水中，即凝固成粉丝浮于锅水上面，沿一个方向转动，防止粉丝下锅黏拢。要特别注意掌握锅内水温，使水温控制在 97～98 ℃（微沸）状态下。水温过高，水沸腾，容易断丝，应退火（或掺点冷水）；水温过低，粉丝会沉到锅底黏成团，应适当加火，提高水温。待粉丝开始熟时，可用筷子将它从锅边及时捞起。

（10）晾晒。粉丝捞起后，立即将粉丝排放在备好的竹竿上放入有冷水的缸内降温 1 h，以增加弹性，待粉丝较为疏松开散、不结块时捞出晒干。晾晒时还要用冷水洒湿粉丝，轻轻搓洗，使之不黏拢，最后晒至干透，取下捆成把。成品规格：70% 的粉丝不短于 60 cm，粗细均匀，有透明感，不白心，不枯条。成品放干燥后入通风仓库保管。

三、绿豆粉皮

粉皮是利用绿豆淀粉加工而成的片状半透明产品，是用绿豆淀粉制作而成的传统食品，加工工艺及使用工具都比较简单，适宜于个体家庭制作，是夏季极好的菜肴原料。

1. 机制粉皮

（1）生产工艺流程。淀粉过滤→冲调→制皮→成品。

（2）操作要点

① 淀粉过滤。将湿淀粉加一定量的水搅拌，当搅拌均匀后用泵泵入另一容器，容器上口加过滤布把淀粉乳中的杂质过滤干净。淀粉乳在容器内还要继续搅拌，不能停止，否则淀粉就会沉淀。

② 冲调。把容器内的淀粉乳取出 1/5，加入 95 ℃的热水冲调，使其成为半熟的糊状，温度为 80 ℃。将半熟状的淀粉糊兑入淀粉乳中，搅拌均匀至无疙瘩。淀粉糊与淀粉乳之比为 1:4。混合之后的温度要控制在 62 ℃以上。冲

调过程中要严格控制加水的比例，湿淀粉在加水前含水分 44%，1 kg 湿淀粉应加入 4 L 水。在兑淀粉糊时要同时加入明矾水。每 100 kg 淀粉加 2.5 kg 明矾，先将明矾用热水溶解，再兑入淀粉乳中。淀粉糊与淀粉乳经过搅拌后，全部成为糊状液体后就可以制作粉皮。

③ 制皮。开动粉皮机前应清洗传动铜板，并将铜板用布浸食油擦 1 次，以利于揭皮。开机时将调好的糊状淀粉液放入料斗，打开料斗门将其匀速地放入传动铜板的调节槽内。调节槽出料口调到 0.6 cm 厚，行走的传动铜板将液体带走，进入蒸汽加温箱，将淀粉糊蒸熟。出加温箱后，用冷水喷淋降温。至机器终端，揭皮机把粉皮揭下来，并切成方块，人工折叠后放入包装屉内。制皮时要使粉皮薄厚程度一致，控制好加热的温度，调节好冷却水的流量大小。

2. 手工粉皮

（1）主要工具。热水锅、凉水桶、淀粉乳容器，铁勺 1 把，铜旋子 10 ～ 15 个。

（2）操作要点。将淀粉按 1 : 4 的质量比加水调成淀粉乳，并按 1 : 0.02 的质量比加入明矾水。将热水锅加热使其沸腾，凉水桶内放满凉水。一切准备工作完成后即可开始旋皮。

旋皮时，将淀粉乳用小勺按量舀进铜旋子内，把铜旋子放在开水锅水面上，正转和反转数次。热水的温度经铜旋子传到淀粉乳，淀粉乳受热后糊化凝结。由于是在转动过程中加热，淀粉均匀地分布在铜旋子的底部，3 ～ 5 min 后即成粉皮。

成皮后将铜旋子拿出放入凉水桶面，并浸入少许凉水，在凉水桶内冷却 3 min 后，将粉皮从铜旋子内揭下来，挂在竹竿上，短时自然冷却后，便可折叠放入包装屉内。

（3）手工制作粉皮注意事项。淀粉乳调制时比例要准确。加工前必须将铜旋子擦洗干净。操作时铜旋子旋转要快，不能停转，转动越快粉皮薄厚越均匀。凉水桶内的水要不断更换，以保持粉皮的冷却速度。

3. 家庭制作绿豆粉皮

（1）调糊。取含水量为 45% ～ 50% 的潮淀粉，加入粉量 2.5 倍的冷水，用木棒不断地搅拌，使其黏性、弹力均匀一致。

（2）成型。将旋盘放入开水锅中，用粉勺取调好的粉糊少许，倒入旋盘内，并用手拨动旋转，使粉糊受到离心力的作用由盘中心向四周均匀地摊开，同时受热糊化成型。待中心没有白点时，连盘取出，置于清水中，冷却片刻后将成型的粉皮脱出放在清水中冷却。

（3）摊晾。先将水粉皮用制淀粉时的酸浆浸 3 ~ 5 min，不仅可以脱去部分色素和表面的黏性，还能增加光泽，然后摊在撒有干净稻草的竹帘上晾晒，并翻转一次，使两面干燥均匀。待水分降至 16% ~ 17% 时，就可以收藏和包装。

四、绿豆凉粉

凉粉是人们喜爱的粉制品，已有 1000 多年的历史，全国各地虽都有销售，但制作方法和调味品各不相同。凉粉是由几种不同品种的淀粉配比后熬制而成的产品。

1. 原料配方

（1）配方一。绿豆粉（杂豆粉）50 kg，白薯粉 50 kg，白矾 2 kg，饮用水 600 ~ 650 L。

（2）配方二。绿豆粉（杂豆粉）30 kg，白薯粉 50 kg，玉米粉 20 kg，白矾 2 kg，饮用水 600 ~ 650 L。

2. 工艺流程

配料→调浆过滤→熬制→冷却→切块→成品。

3. 操作要点

（1）配料。由于各种淀粉的性质不同，在制作凉粉时为了获得理想的产品，一般都不是用一种淀粉，而是几种淀粉配在一起。

（2）调浆过滤。原料配好后放入容器内加水搅拌，并用布过滤，清除杂质。加入白矾水，将淀粉乳用泵输送到熬粉锅内，准备熬制。

（3）熬制。淀粉乳送入锅内后，将锅盖盖好，开动锅内的搅拌器，搅拌淀粉乳。淀粉乳搅拌起来后，打开蒸汽阀门，开始熬粉。熬制时搅拌器不停地搅拌，10 min 后，锅内会发出"砰砰"的响声，说明淀粉已煮熟。关闭蒸汽阀门，停止搅拌。

（4）冷却。在包装屉内铺好湿豆包布，打开放料口，将熬好的淀粉糊放入屉内。放满后置于通风处自然冷却，12 h后，用凉水喷淋，10 min后切块。

（5）切块。将凉粉屉翻扣在案子上，取下空屉，揭去豆包布。用刀将凉粉切成15 cm×10 cm的块，放入包装屉内。

五、凉拌凉粉丝

1. 原料配方

绿豆湿淀粉500 g，榨菜末250 g，酱猪肉末250 g，蛋皮末250 g，辣油250 g，辣酱250 g，酱油200 g，香醋100 g，虾籽15 g，蒜泥15 g，味精25 g，精盐25 g，香油100 g。

2. 操作要点

（1）将湿淀粉放在钵内，用大量清水搅和，待淀粉沉淀后把水倒掉。用上述办法重复处理6次左右，直至湿淀粉中的酸异味彻底消除。

（2）将锅置旺火上，倒入沸水1750 g，把湿淀粉用清水250 g稀释后，加盐搅匀，然后缓缓倒入沸水锅中，边倒边用勺子搅拌，使湿淀粉充分搅成淀粉糊，烧沸后将锅离火，加入味精后即成粉坯。

（3）用特制的金属刨子，将粉坯刨成粉丝，分装后浇上辣油、辣酱、香醋和酱油适量，撒上榨菜末、肉末、虾籽、蛋皮末、蒜泥、香油即可食用。

六、素炒凉粉

1. 原料配方

绿豆凉粉400 g，葱末、姜末、蒜末、麻酱、盐、酱油、味精、花生油各适量。

2. 操作要点

（1）将绿豆凉粉切成长6 cm、宽2 cm的条；将麻酱加一点水泡开，加入盐、酱油、味精调好。

（2）炒锅上火，放入花生油，待油热后用葱末和姜末爆锅，随后放入凉粉条，不断翻炒，炒热后即倒入调好的调料，再下入蒜末翻炒两下即可出锅装盘。

第五节　其他绿豆食品加工

一、绿豆果

1. 原料配方

中晚稻米 1 kg，绿豆 50 g，红板糖 500 g，食碱 20 g，熟花生油 3 g。

2. 操作要点

（1）将中晚稻米用清水浸 2 h，洗净，捞起沥干。掺清水 1 L，磨成稀浆，与碱水搅拌。红板糖下锅，掺水 200 mL，用微火熬成浓液，滤去杂质，与上述调好的稀浆搅拌。将绿豆洗净，用清水浸 2 h，沥干。

（2）大锅置旺火上，倒入清水烧沸，放入笼屉，屉内铺上净布，夹进通气板，盖紧。待上蒸汽时，揭盖，把糖浆倒进屉内，用凸形木板边搅动浆，边冲入温水约 1.4 L，直至成浓浆，盖紧，蒸 30 min，再揭盖，倒入绿豆，再行搅拌，然后盖紧，蒸 2 h 至熟。揭盖，擦干蒸汽水，取出晾凉后，倒在木板上，再翻在另一块板上，绿豆果面抹匀花生油，用水果刀直切 3 行，每行斜切 3 块即成。

二、锅巴菜

1. 原料配方

绿豆 1000 g，大米 250 g，香油 100 g，味精 10 g，精盐 10 g，酱豆腐 2 块，辣椒油 10 g，麻酱 75 g，酱油 75 g，豆腐丝 50 g，花生油、姜、香菜、五香面、大料面各适量。

2. 操作要点

（1）将绿豆洗净后用水浸泡，泡涨后把豆皮搓掉，用清水把豆皮冲洗出去。大米用水泡一下捞出，同泡好的绿豆一起带着水用石磨磨成稀糊状备用。

（2）把铛坐火上，待铛热后擦上一层薄油，把豆浆糊用勺子舀在铛底上，用木板子把糊薄薄地、均匀地摊在铛底上，见起黄泡时，用刮子挑起四周，揭下来，放在案板上晾凉，用刀切成柳叶大小的片备用。

（3）把麻酱放在盆内，香油分几次放入，每一次都要搅拌，待麻酱和香油充分混合后，再加香油，再搅拌，最后使麻酱成稀糊状备用。

（4）把香油、酱豆腐、精盐、酱油、味精放入盆内，搅拌均匀即成锅巴菜的调料。

（5）把豆腐丝用油炸一下，切成小象眼块，再把香菜洗净切成末备用。

（6）把锅坐火上，倒油，加入葱花、姜末炝锅，再加入酱油、五香面、精盐、大料面、味精调味，待锅开后，用水淀粉勾芡成粥状，开锅后移到小火上，使锅小开，把切好的锅巴抓放在卤锅内，用勺搅拌匀，盛到碗内，再浇入适量的麻酱，拌上调料、香菜、辣椒油即可食用。

三、煎焖子

1. 原料配方

绿豆淀粉 500 g，麻酱 100 g，大蒜 150 g，植物油 150 g，明矾 5 g，香油 25 g，酱油 25 g，凉白开水 1500 g，精盐 25 g。

2. 操作要点

（1）将大蒜剁碎成泥，放入碗内，加入精盐 25 g 和凉白开水 50 g，搅拌均匀后盛放于碗内。把酱油 25 g 倒入另一碗内备用。

（2）将绿豆淀粉加凉白开水 1000 g 泡开，锅内放剩余凉白开水 450 g，上火烧开，待水开后将明矾 5 g 投入锅内，再把泡开的淀粉倒入锅内搅拌均匀，边搅边煮，10 min 左右即熟，盛入小盆内晾凉，取出，切成小菱形块即焖子备用。

（3）将铛上火，然后放入 150 g 植物油，待油热时，把切好的焖子下油煎，一面煎好后用铲子翻过来煎另一面，煎得两面都见焦黄时即成。

（4）将煎好的焖子盛入盘中，浇上麻酱、蒜泥、酱油，淋上香油搅拌均匀即可食用。

四、家制绿豆高粱饴

1. 原料配方

白砂糖 1.1 kg，绿豆淀粉 200 g，柠檬酸 1 g，水 700 g，香精和色素适量（也可以不放）。

2. 工艺流程

溶制淀粉糊→熬糖浆→调制色香→成型→包装→成品。

3. 操作要点

（1）溶制淀粉糊。将淀粉 200 g、白砂糖 200 g、水 200 g 先行溶化加热至 60 ℃（将容器在水浴中加热），用纱布过滤。同时把配方中的另外 500 g 水煮沸，徐徐冲入淀粉和白砂糖溶化的糖浆中，不断搅拌，冲成黏稠的淀粉糊状，然后加入其余白砂糖 900 g，加入柠檬酸粉末 1 g，不停搅拌使之溶化。

（2）熬糖浆。将淀粉糊放入不锈钢锅中加热熬煮，并用锅铲不断搅拌，避免糊锅；熬煮 30～40 min 使水分蒸发，一直到锅中不冒水蒸气为止（或用一根筷子，蘸一些糖浆，放在冷水中冷却，结成硬块即可）。

（3）调制色香。将锅离火，加入 6～8 滴杨梅香精或橘子香精，可选择不同食用色素调制出不同颜色；也可不添加香料和色素，以保持原汁原味。

（4）成型。倒在撒有淀粉的木框中或案板上成型，木框高 1.5 cm。

（5）包装。冷却后用刀切成长 3 cm 的长方块，包装后即为成品。

五、绿豆芽

绿豆芽清洁卫生、营养丰富，既可当作新鲜蔬菜，又可冷冻或制作罐头。

1. 原料配方

绿豆若干。

2. 工艺流程

筛选→清洗→浸泡→发芽→淋水→漂洗→成品。

3. 操作要点

（1）筛选。生产绿豆芽，要选用发芽势好、发芽率高的新鲜绿豆，挑出杂质、破粒、虫蛀粒、杂粒等。

（2）清洗。将绿豆倒入木桶或淘箩内，用水淘洗 6～7 次，以淘清泥沙、漂去嫩豆。漂洗时，可用竹笊篱顺时针方向轻轻兜底搅动，让嫩豆逐渐浮到豆面最上层，再用竹笊篱捞去。嫩豆不能发芽且容易腐烂，影响其他绿豆发芽，所以，漂去嫩豆直接关系到绿豆芽产品质量，必须认真做好。

（3）浸泡。将绿豆浸泡于清水中，浸豆水的深度不要超过豆粒的 1 倍，大约浸泡 6 h 左右；要求每小时翻动 1 次，以保证绿豆上下浸透、膨胀均匀。在浸豆前可用 0.5% 的石灰水进行冲洗，以消毒杀菌，激发酶活性，提高豆子发芽率。

（4）发芽。当小芽长到半个豆粒长时，装缸（装缸方法同大豆芽）放入豆芽机或暖房内育芽，温度控制在 20～25 ℃。装豆前先把缸用开水冲洗 3～4 遍，对缸进行预热并消毒。装缸后，每隔 3～6 h 淋清洁水 1 次，水要浸过豆芽，然后排出，水温以 22 ℃ 左右为宜。

（5）漂洗。待豆芽生成后，应分层取出，以免折断。取出的豆芽放在凉水中淘洗，除去豆皮和杂质，即可上市。生豆芽所用的工具要洗净、消毒、晾干，以备再用。

豆芽生成过程在夏季需 3～5 d，1 kg 绿豆可生产豆芽 8 kg 以上。

4. 质量指标

绿豆芽梗长 76～90 mm，芽身挺直、洁白，无豆壳。

第五章　红豆食品加工

第一节　红豆概述

一、红豆的生物学特性及分布

红豆又名赤小豆、赤豆、小豆、米小豆、红饭豆和红小豆，一年生草本植物，种子呈椭圆形或长椭圆形，一般为赤色，被誉为粮食中的"红珍珠"。主产国有中国、日本、印度、朝鲜和孟加拉国。红豆原产于我国，喜马拉雅山麓尚有野生种和半野生种的红豆，在《神农本草经》中已有关于红豆药用的记载。据古书记载，我国栽培红豆已有两千多年的历史，现在我国各地均有栽培。我国是红豆主要的生产国和出口国，年总产量为30万～40万吨。目前，亚洲是我国主要的出口市场，每年出口量为5万～8万吨。

1. 植物形态

一年生直立草本，高可达90 cm。茎上有显著的长硬毛。三出复叶互生；顶生小叶卵形，长5～10 cm，宽2～5 cm，先端渐尖，侧生小叶偏斜，两面疏被白色柔毛；托叶卵形。果呈圆柱形，长5～8 cm。种子6～8粒。花期6～7月，果期7～8月。

2. 分布

在我国，红豆的栽培面积较广，全国各地普遍栽培。主要分布在华北、东北和长江中下游等地区，包括吉林、北京、天津、河北、陕西、山东、安徽、江苏、浙江、江西、广东、四川。

3. 采制

秋季荚果成熟而未开裂时拔取全株，晒干，打下种子。

4. 性状

种子矩圆形，两端较平截，长 5～7 mm，直径 4～6 mm。表面暗红色，有光泽，侧面有白色线性种脐，长约 4 mm，不突起。子叶 2 片，肥厚，乳白色。

二、红豆的营养价值

红豆营养价值丰富，是一种高蛋白、低脂肪、多营养的功能性食品，具有重要的食用、药用价值。它的蛋白质平均含量为 22.6%，脂肪 0.6%，碳水化合物 58%，粗纤维 4.9%，脂肪酸 0.71%，皂苷 0.27%，钙 76 mg/100 g，磷 478 mg/100 g，铁 4.5 mg/100 g，维生素 B_1 0.31 mg/100 g，维生素 B_2 0.11 mg/100 g，钾 1230 mg/100 g。红豆中赖氨酸与 B 族维生素的含量在各种豆类中最高。红豆中含有多种生物活性物质，如多酚、单宁、植酸及皂甙等。单宁和多酚都具有很强的抗氧化活性，对蛋白质和多肽有很强的亲和力，能够抑制淀粉酶和胰蛋白酶；而多酚和植酸也具有潜在降血糖活性。红豆中还含有大量的原花色素，这类物质有显著的自由基清除能力。原花色素对控制炎症、动脉粥样硬化、心血管疾病、糖尿病和癌症中的氧化损伤均有帮助。因此，红豆具有多种保健功能，如抗氧化活性、对糖尿病的有益作用、助肾作用、护肝作用、抗癌、抗菌和抗病毒等。

中医认为，红豆性甘平，具有除热毒、消胀满、利尿、通乳、补血之功效，主治心肾脏器水肿、腮腺炎、痈肿脓血、乳汁不通等症，尤以妇科中配药方使用最多。外敷治扭伤、血肿及热毒痈肿等病症。

现代医学研究证明：红豆含有其他豆类缺乏或很少有的活性成分，具有补血、消毒、利尿、治水肿等功效。20% 红豆水抽提液对金黄色葡萄球菌、福氏痢疾杆菌和伤寒杆菌等有抑制作用。红豆煮汤饮服可用于治疗肾脏、心脏、肝脏、营养不良、炎症，以及特发和经前期等各原因引起的水肿。另外，红豆的叶、花、芽均可入药治疗疾病。

第二节 红豆面制品加工

一、红豆年糕

1. 原料配方

江米粉 3 kg，粳米粉、白砂糖各 2 kg，红豆 1.5 kg，糖桂花 25 g。

2. 操作要点

（1）将红豆挑选干净，用清水洗净。放入铝锅中，加清水先用旺火烧开，再改用中火煮熟，用漏勺将红豆捞起，沥干水分装盆待用。

（2）江米粉和粳米粉按照 6：4 的比例，倒入大盆中拌和，加入白砂糖拌匀。再加进清水，边倒边搅拌，不出现粉粒，把面团拌和得不干不稀，干稀适中。

（3）将锅水烧开，笼屉内铺上干净的湿布。把糕粉分成 3 份，红豆分成 2 份。先取 1 份糕粉放入屉内，抹平，上面放 1 份红豆，抹平按实，用旺火蒸 10 min。见糕粉呈现玉色时，再放入 1/3 糕粉，抹平，上面仍放 1 份红豆，抹平按实，仍用旺火蒸 10 min。待糕粉呈玉色时，把最后 1 份糕粉倒入，抹平按实，上面再撒上少许粉面，用旺火蒸 15 min 即熟。

（4）把分批放入屉内蒸透蒸匀的糕粉出锅后倒在案板上，糕面撒些糖桂花，趁热先切成长条形，再切成小方块即为成品。

二、擂沙圆（上海）

1. 原料配方

红豆 1 kg，糯米 500 g，粳米 100 g，芝麻、猪板油各 50 g，白砂糖 200 g，糖桂花 5 g。

2. 操作要点

（1）将红豆洗干净，放进锅里加入清水 5 L，用旺火煮约 1 h，豆胀皮裂成粥状时取出，以磨磨细成糊状，装入布袋中，压干，使之成为干豆沙块；将干豆沙块放在圆竹匾里擦散，在烈日下暴晒，经 2～3 d，豆沙成为小粒硬块，放在锅内，以微火焰炒约 30 min，使豆沙块分为芝麻状的细粒干沙，取出再磨，磨时要加得少、磨得细，磨好后再将磨出来的粉用一号细铜筛筛过，剩余的豆壳去掉不要，粗粒再磨再筛，就成为蜡黄色的擂沙粉。

（2）将糯米、粳米掺匀，淘洗干净，在凉水中浸 12 h 左右，带水磨成粉，放入布袋中榨干水分。取 1/10，上笼蒸熟，加入压干的水磨粉中揉透。

（3）将芝麻炒熟，磨成酱，加入猪板油（剥去膜）、白砂糖、糖桂花拌匀，制成馅心。

（4）将揉好的面团揪成面剂，搓圆，制成酒盅形，把馅心裹入，再封口搓圆。

（5）铁锅置旺火上，放入清水烧沸后将汤圆逐个下锅，边下边用铁勺推动，防止汤圆粘锅。

（6）取较大搪瓷盘 1 只，铺满擂沙粉，将煮熟的汤圆用漏勺捞起，沥去水分，放到拖盘中滚动，使汤团外层粘满豆沙粉，即成擂沙圆。

三、红豆枣汁米饼

1. 原料配方

红豆，粳米，大枣，白砂糖。

2. 工艺流程

原料（粳米、红豆）→粉碎→混合（加红枣汁、水、白砂糖）→调湿→膨化→成型→干燥→喷油或淋油→调味、调香→成品。

3. 操作要点

（1）原料的选择和粉碎。选用新鲜、优质的粳米和红豆，并将粳米、红豆分别进行粉碎，然后过 100 目筛备用。

（2）红枣汁的制备。选取充分成熟、干燥、饱满、新鲜的优质大枣，利用流动水清洗 2 次并沥干，在不破坏枣核的情况下将大枣切成 3 片，然后放入浸提罐中在 95 ~ 100 ℃温度下浸提 3 次，静置沉降 60 min，吸去上清液，经 200 目的不锈钢离心筛过滤后备用。

（3）混合、调湿。按照粳米和红枣汁为 7∶3 的比例混合，得到预混粉。添加 5% 的枣汁、1.5% 的白砂糖、适量的水，充分搅拌混合均匀，面团湿度以手捏成团、手松即散为佳（含水量为 30% 左右）。

（4）膨化。采用双螺杆挤压膨化机进行膨化。先将设备预热，温度为

180 ～ 200 ℃，再加入物料。膨化时挤压螺杆的转速为 60 ～ 70 r/min。

（5）干燥。原料经挤压膨化后，从喷头挤出，经过剪切成型后放入远红外恒温干燥箱内进行干燥处理。干燥温度控制在 75 ～ 80 ℃，时间约为 25 min，干燥至其含水量为 4% ～ 15%。

（6）喷油或淋油。在干燥后的产品表面均匀地喷涂一层棕榈油，使其口感好，并有利于喷调味粉。喷油量为 4% ～ 7%，油温控制在 70 ～ 80 ℃，以利于调味料的吸附。

（7）调味、调香。根据实际要求，将不同风味的调味物质喷在植物油的表面，以得到理想的营养风味米饼。

四、即食红豆粉

1. 原料配方

红豆 80 g，白砂糖 45 g，糯米汁 35 g，可可粉、枸杞、香精等适量。

2. 工艺流程

红豆→挑选→清洗→浸泡→软化→搓沙→去皮→静置→混合调配→搅拌→干燥→粉碎→包装→成品。

3. 操作要点

（1）红豆的挑选、清洗。选取豆粒饱满、种皮红或紫红、发亮、新鲜度好的红豆，去除干瘪、虫蛀、霉变的豆粒及石块、豆秆等杂物，用流动水洗去泥土及杂质。

（2）浸泡。将洗好的原料红豆放入容器中加水浸泡，水、豆比例至少为 5：1，以红豆充分吸水为准，水温在 15 ℃以上，浸泡时间在 15 h 以上。将糯米浸泡约 4 h，待用。

（3）软化。将吸水充分的红豆放入锅中，进行常压煮制，煮制期间要经常搅动红豆，防止糊锅，煮制时间为 2 h。从锅中取出豆粒，用手指搓捻，手感粉状无硬块、软烂熟透时，将红豆取出控水。将糯米放入锅中煮至软烂，锅中汁液浓稠即可，一般用时 50 min 左右。用单层纱布滤去糯米，留糯米汁待用。

（4）搓沙、去皮。将煮好的红豆用手搓碎，将豆沙充分揉出，注意用力均匀，防止豆皮被揉碎，影响红豆沙的口感。取单层纱布滤出豆皮，并用煮汁多次冲洗纱布，以提高红豆的出沙率。

（5）静置、混合调配。将红豆煮液静置约 3 h，红豆沙与水分分层，除去上清液，将红豆沙与糯米汁、白砂糖混合，利用可可粉、枸杞汁或香精等调节不同的口味，搅拌均匀。

（6）干燥、粉碎。将调好口味的红豆沙倒入不锈钢洗盘中，厚度不超过 0.5 cm，薄厚均匀，放入鼓风干燥机内恒温（70 ℃）烘干一定时间，至红豆沙表面完全干燥，用探针插入内部，感觉坚硬无黏稠感，干燥彻底即可。待冷却后用小铲铲出干透的红豆沙，放入粉碎机粉碎成粉末状，过 100 目筛。

（7）包装、成品。将红豆沙每 30 g 一包分别包装入袋，用热封机热封即为成品。

五、红豆粥

1. 加工方法一

（1）原料配方

红豆、乳粉、白砂糖、黄原胶。

（2）工艺流程

白砂糖、乳粉、黄原胶溶化均匀

红豆→筛选→清洗→浸泡→粗磨→配料→脱气→预杀菌→灌装→杀菌→冷却→擦干→贴标→成品。

（3）操作要点

新鲜原料筛选清洗后，软化水浸泡 2～4 h，直至红豆皮泡软，添加白砂糖、乳粉及适量黄原胶，胶体磨预均质，以 60 目筛网过滤，料液通过高压均质机，压力 14.7～19.6 MPa 下高压均质。料液温度 40 ℃以上，压力 –78.4～–58.8 kPa 下脱气。131 ℃，3～4 s 超高温瞬时杀菌。料液在 85 ℃热灌装，120～122 ℃、20 min 杀菌，速冷至常温。

2. 加工方法二

（1）原料配方

① 主料。红豆 20 g，稻米 100 g。

② 辅料。年糕 50 g。

③ 调料。盐 3 g。

（2）工艺流程

红豆→清洗→水煮→调味。

（3）红豆粥的做法

① 清洗。红豆洗净，放入锅中，再倒入适量的水一起煮开，开锅后倒出汤汁，再倒入 3 倍的水，开锅后改用小火慢熬 20 min，捞出备用。

② 水煮。米淘洗干净，放入锅中，倒入成比例的水煮开。开锅后倒入煮熟的红豆和适量的汤汁，用小火煮 1 h 左右。

③ 调味。放入盐调味，再放入年糕就可以了。

（4）注意事项

2 个快速煮烂豆子的小窍门：不管是红豆还是其他豆子，只要将其放在冰箱冷冻室 2 h，拿出来煮时豆子很快就烂了；或者待水开锅时，兑入几次凉水，被凉水"激"几次，豆子就很容易煮烂了。

六、方便营养米菜粥

1. 原料配方

黄玉米渣 100 kg，红豆 20 kg，小米 30 kg，胡萝卜 80 kg，番茄 20 kg，山芹菜 60 kg，白砂糖及复合抗老化剂适量。

2. 工艺流程

黄玉米渣、红豆、小米→浸泡→蒸煮→配料混合（加蔬菜丁、糖液）→装罐注液（加水）→排气封盖→杀菌→冷却→保温、检验→包装→成品。

3. 操作要点

（1）原料选择及处理。选用蜡质黄玉米加工所得的优质玉米渣，要求无杂质，粒度为 3.5～4.5 mm。将其在温水中浸泡 40 min 后捞出，再将其与适量水一起在加压蒸煮锅内蒸煮，蒸煮条件为压力 101 kPa、时间 1.3～1.5 h。蒸煮至成饭状为准。

将红豆经风选、筛选和磁选去除各种杂质，用水淘洗 2 次后置于水中浸泡 2～3 h 后捞出，再将其与适量的水一起置于蒸煮锅中在 100 ℃下进行常压蒸煮，蒸熟为止，取出稍凉即可进入下一工序。将小米精选去净麸质和杂质后，浸泡 4～5 h，捞出待用。

选择新鲜胡萝卜，用清水清洗干净，切成 5 mm×5 mm 的小块，置于炒锅中加油炒制，至七成熟即可。采用鲜嫩山芹菜，挑选除杂，取用其茎梗并清洗干净，再用 95 ℃水烫 1.5 min 后用冷水漂洗，将漂洗后沥除表面大部分水分的菜茎横切成 10 mm 长的小段待用。将番茄用清水清洗干净后热烫除去表皮，再切成 7 mm×7 mm 大小的块。白砂糖加热水溶化过滤待用。

（2）配料混合。将浸泡好的小米和蒸熟的玉米渣、红豆及加工好的蔬菜丁按原辅料配比在夹层锅内混拌均匀，边混拌边加入复合抗老化剂（主要由已调制好的大豆磷脂组成，添加量约为 0.25%）和糖液，拌匀为止。

（3）装罐注液。选用质轻坚固的铝合金易开罐为罐装容器，其顶盖设有一塑料外套盖，套盖内侧装有折叠式粥勺。按粥食的配比定量装入拌好的米料与菜料混合物，再补注净水，留足顶隙。

（4）排气封盖。将装好料的罐头在自动真空封口机上于 60～66 kPa 真空条件下排气封罐，之后擦净罐身。

（5）杀菌、冷却。将封盖后的罐头在杀菌锅内进行杀菌。杀菌结束后冷却至稍高于室温即可。在杀菌和施加反压过程中均应保持渐变，使罐内外的压差保持在允许的范围内，以避免影响封口的致密性和造成罐头变形。

（6）保温、检验与套盖。将杀菌冷却后的罐头置于保温库内，在 37 ℃ ± 2 ℃的温度下保温 7 d，除正常进行抽检其他指标外，抽检合格者套扣塑料顶盖，即为成品。

七、营养保健型魔芋红豆粥

1. 原料配方

红豆 44 kg，魔芋 21 kg，白砂糖 32 kg，食品添加剂（成分为黄原胶、蔗糖酯各 50%）0.35 kg。

2. 工艺流程

（1）预处理工艺

红豆→选料→称重 A →清洗→煮豆→冷却→沥水→称重 B　魔芋→沥除石

灰水→称重 A→清水漂洗→98 ℃洗烫 5 min→排水→98 ℃洗烫 5 min→排水→冷却→沥水→称重 B 汤液（糖、添加剂、水）→溶解→过滤。

（2）生产工艺

空罐→清洗→充填（加红豆、魔芋）→一次加汤机→脱气箱→二次加汤机→封罐机→杀菌→冷却→成品。

（3）操作要点

① 预处理

a. 红豆选料、清洗。去除霉变、虫蛀、变色、变味的红豆及夹杂其间的沙石、异物，用洗米机反复冲洗 10 min 至干净无异物。

b. 红豆煮豆。把夹层锅中的水加热至 95 ℃，倒入红豆保持 5 min。红豆吸收一定水分，将其组织膜泡软，便于蛋白质、淀粉等营养成分溶离；但又不能过分吸水，以免造成产品组织松散、没筋性。为保护产品具有红豆天然的色泽，可添加护色剂和水分保持剂，经反复试验，以复合磷酸盐较优，添加量为红豆量的 0.6%，与红豆一起加入夹层锅。

c. 红豆冷却、沥水、称重。红豆煮豆结束后排水，加冷水冷却至室温沥水，每次控制吸水率，红豆∶水的质量比为 1∶1.5，吸水率 =（称重 B- 称重 A）/ 称重 A。

d. 选料、沥水。去除老化、变色、变味的魔芋，滤掉石灰水，称得重量 A。

e. 魔芋清水漂洗、洗烫。先用清水反复漂洗，然后用夹层锅加热至 98 ℃并保持 5 min，排水，接着用夹层锅加热到 98 ℃并保持 5 min，排水，最后用清水反复漂洗至白色、半透明，气味正常，沥水，称重。注意控制吸水率，魔芋∶水的质量比为 1∶0.9，吸水率 =（称重 B ＋称重 A）/ 称重 A。

f. 汤液。先将糖放入配制桶中加水溶解，再把少量糖与添加剂等配料在塑料桶中混匀后加水充分溶解，再倒入配制桶搅拌 10 min 后测量。糖度：（12.3±0.2）°Bx，pH：8.6±0.5，相对密度：1.042±0.005。为防止搅拌中产生泡沫，加消泡剂 0.01%。经检验合格后经过 120 目过滤后，通过 90 ℃、2 s 的高温短时杀菌后送至加汤机。

② 制作过程

a. 空罐清洗。先用纯水冲洗，然后用混合蒸汽加热的水喷淋杀菌。

b. 充填。将一定比例的红豆、魔芋充分拌匀后加入空罐内，并使每罐充填重量一致。

c. 一次加汤。加汤温度 90 ℃，加入量占总加汤量的 70%。

d. 脱气箱。将产品放入脱气箱，罐内中心出口时的温度控制在 80 ～ 85 ℃，目的是使罐内空气彻底清除。

e. 二次加汤、封罐。将其余 30% 的汤液加入并立即封罐。

f. 杀菌。采用加压、沸水的方式杀菌，98 kPa、121 ℃ 的条件保持 20 min，冷却至室温，即为成品。成品每罐 340 g，常温保存时间为 18 个月。

八、膨化糙米芽粉

将糙米和其他谷物、豆类发芽后进行低湿烘烤、制粉，可加工制成断奶食品。可以是红豆芽、绿豆芽，也可用多种豆芽配合投料。因糙米和豆类发芽后，制得的粉体带有较浓的甜香味和豆香味，所以一般不需用蔗糖等甜味剂。

1. 原料配方

糙米芽（含水量 10% ～ 15%）70%、豆芽（含水量 10% ～ 15%）30%。

2. 工艺流程

红豆→精选提纯→发芽→去皮→干燥→破碎→红豆芽粉→配料（加糙米→精选提纯→发芽→干燥→破碎→糙米芽粉）→挤压→膨化破碎→附聚团粒化→干燥杀菌→无菌化冷却、计量、包装→成品。

3. 操作要点

（1）发芽方法。将精选提纯后的糙米放在温度为 10 ～ 15 ℃ 的水中浸泡 10 ～ 12 h。中间换水一次。然后置于发芽保温箱中保温发芽，温度控制在 30 ～ 35 ℃，发芽 2 ～ 3 d，每天通风 2 次。待芽长到 2 ～ 3 mm 时，停止发芽。用清水将糙米芽冲洗后，置于离心脱水机内脱水。红豆发芽法同上。浸泡时间为 5 ～ 6 h，温度控制在 25 ～ 30 ℃。停止发芽后，用水漂洗，并轻轻搅拌豆芽，将豆皮漂掉，然后用离心脱水机脱水。

（2）干燥。糙米芽、豆芽富含热敏性较强的维生素 C、维生素 B_1 等，为了提高其在干燥过程中的保存率及干燥的均匀度，可采用流化振动干燥或垂直振动干燥方法，也可选用微波干燥。干燥至含水量为 10% ～ 15% 时，终止干燥。

（3）破碎。干燥后，经充分自然冷却，用气流或涡轮粉碎机将糙米芽、豆类芽分别粗粉碎至粒度为全通 160 目筛的粉体。

（4）配料。分别将糙米芽粉、豆芽料置于 PSH 系列悬臂双螺旋锥形混合机内充分混合均匀。

（5）挤压膨化。选用单螺杆挤压膨化机，将混合料连续增压挤出，骤然降压使其体积膨大几倍到几十倍。挤压膨化的工艺参数一般为：高温为 150～180 ℃，高压为 0.981 MPa，主轴转速为（290±10）r/min。近年来，选择主轴转速为 400～600 r/min 的膨化机，其膨化温度和膨化压力更高，分别为 200～300 ℃和 1.5 MPa，因而膨化率更高，更适用于膨化糙米。

（6）破碎。将膨化后的物料，用涡轮式气流粉碎机粉碎至粒度为全通 240 目筛的膨化糙米粉。

（7）附聚团粒化及其干燥灭菌。混合后，将粉料置于沸腾床造粒干燥机内进行喷雾，把乳粉溶解成浓液，对粉料进行喷雾，液滴直径为 100 μm 左右，使粉体与液滴附聚在一起而团粒化。或喷涂卵磷脂（以无水乳脂肪为溶剂），予以附聚团粒化。沸腾干燥至粉体含水量为 50% 左右，在干燥的同时进行杀菌。

（8）冷却、计量、包装。干燥终止后，将团粒化的粉体进行无菌化冷却、计量、包装，即为成品。

九、双色糕

双色糕用糯米粉和红豆做成。红豆有清热毒、散恶血、除烦闷、通气、健脾胃之功能。用红豆和糯米面做成的双色糕褐白分明，清新爽目，香甜可口，很受欢迎。

1. 原料配方

糯米粉 1 kg，红豆 400 g，白砂糖和香精适量。

2. 操作要点

糯米粉加温水和好，揉匀，上屉蒸熟，取出晾凉后加入适量的白砂糖、香精，用屉布包起备用。将红豆除去杂质，泡开洗净，煮烂，加糖与香精制成豆沙。再将粉团分成等量两份，均拼成大薄片，在一片上面抹匀豆沙，取另一块盖在上面。然后将糕的四周切齐，切成菱形块，上面撒上京糕丁、青梅丁即可。

第三节　红豆饮料制品加工

一、红豆枣茶

1. 原料

红豆、红枣、NaOH 溶液、$NaHCO_3$ 溶液、复合增稠剂、乙基麦芽酚、磷酸钠、白糖、水。

2. 工艺流程

红枣选择及处理→打浆→枣泥

红豆原料及处理→磨浆→豆沙→调配→均质→脱气→灌装封口→杀菌检验→包装→成品。

3. 操作要点

（1）枣泥制备。分选后的红枣置于 45 ～ 50 ℃的温水中浸泡，将浸泡好的红枣和适量的水放在夹层锅内焖煮 40 ～ 60 min，直至充分软化，然后用打浆机（筛孔径 0.2 mm）制取枣泥，除去皮渣、核等，再送入胶体磨进行精磨。

（2）红豆沙的制取

① 红豆的分选及脱皮。红豆分选后浸水膨胀，然后急速干燥，送脱皮机进行脱皮。

② 红豆的浸泡、清洗。将去皮的红豆置于 0.5% 的 NaOH 溶液中浸泡，温度为 45 ～ 50 ℃，时间为 4 ～ 6 h，待红豆充分膨胀后捞出，用清水冲洗干净，沥干备用。

③ 灭酶、脱腥。将沥干的红豆放入 0.5% 的 $NaHCO_3$ 溶液中，沸水热烫 5 min，用清水漂洗后沥干。

④ 加水磨浆。对处理好的红豆加适量清水，用砂轮磨粗磨一次，再经胶

体磨细磨两次，并分别用 150～200 目筛网分离过滤。

⑤ 调配。将复合增稠剂、乙基麦芽酚、磷酸钠分别用水化开，然后将糖液、红豆沙、枣泥、增稠剂在调配罐内调和。温度：80 ℃，pH：6～7，调配比例：白糖 9%～10%；枣泥 15%；豆沙 15%；复合增稠剂 0.2%；乙基麦芽酚≤200 mg/kg；磷酸钠 0.05%。

⑥ 均质与脱气。用高压均质机在 25 MPa、80 ℃下均质，然后在真空度 0.1 MPa 下脱气 15 min。

⑦ 灌装。自动灌装后及时密封，密封真空度为 0.03～0.035 MPa。

⑧ 杀菌。杀菌公式为 10 min—20 min—10 min/121 ℃，杀菌后迅速冷却至 40 ℃，擦罐后于 25 ℃下保温 7 d。

二、红豆纤维饮料

红豆中膳食纤维的含量为 5.6%～18.6%，主要集中在豆皮内，而在红豆的加工产品中，豆皮往往作为废物或杂质被人们废弃掉，影响了其作为膳食纤维这一功能性食品基料的使用。以红豆的豆皮为原料，加工成质量稳定、口感适中的纤维饮料，不仅为消费者提供一种新型功能性食品，同时，也为做好红豆的深加工和综合利用奠定了基础。

1. 原料配方

红豆干豆皮或湿豆皮，柠檬酸、白砂糖、海藻酸钠、琼脂、硬脂酸单甘酯。

2. 工艺流程

红豆→清洗→浸泡→分离豆皮→碱处理→过滤→离心干燥→磨细→混合调配→均质→成品。

3. 操作要点

（1）清洗。将红豆中混有的杂物清除，用清水漂洗 2～3 遍。

（2）浸泡。将清洗后的红豆用清水室温浸泡 24 h 左右，浸泡后用热水冲洗。

（3）分离豆皮。将上述处理好的红豆放入搅拌机中，用中低速搅拌对原料进行破碎，时间要合理掌握，以使豆皮和豆胚乳能最大限度地分离。搅拌完毕，用清水冲洗，丝网过滤，豆皮被分离出。收集豆胚乳和少量豆皮的混合物另作他用。

（4）碱处理。将分离后的湿豆皮放入组织捣碎匀浆机中，按湿豆皮∶水＝（15～25）∶80 的质量比加入清水，高速搅拌 5～10 min，用一层纱布过滤，残渣放入 70 倍量的水中搅匀，缓缓加入 5 倍量的 0.1%～1% 碳酸氢钠水溶液，于 50 ℃条件下高速搅拌 5 min，最后用 0.1%～1% 盐酸溶液调节匀浆液 pH 至 4.8。

（5）离心干燥。将上述匀浆液转入离心机内高速离心，沉淀物经烘干后即制成红豆皮纤维素。

上述匀浆液也可不经离心干燥，经部分浓缩后直接进入胶体磨内精磨，再按配方要求加入辅料，进行混合调配。

（6）磨细。取干燥后的豆皮纤维素于细磨中磨细，使颗粒大小能过 40 目标准筛。

（7）混合调配。按上述配方将原辅料混合调匀，加热至沸腾，并保持 5 min。

（8）均质。均质是影响产品稳定性和口感的一个重要因素，它包括均质压力和均质次数两方面。当均质压力为 30～40 MPa 时，产品稳定性好，口感细腻，经二次均质后，产品品质达到了相当完美的程度。

三、红豆乳

1. 原料配方

红豆，乳粉，蔗糖，单甘酯，蔗糖酯，琼脂，CMC-FH6，香料适量。

2. 工艺流程

红豆→浸泡→粉碎→过筛→混合（加蔗糖、乳粉、乳化稳定剂、水混匀）→加热→加香料→调温→均质→灌装密封→高温灭菌→冷却→成品。

3. 操作要点

（1）红豆制浆。选籽粒饱满的红豆，除杂后加 3 倍量的水进行浸泡。浸泡时用少许 5% 碳酸氢钠溶液，pH 调整为 7.5～8.5，水温调整为 55～60 ℃，浸泡 3 h，以利于下一步的粉碎及除去豆腥味和苦涩味。浸泡结束时，浸泡水的 pH 不低于 6.5。浸泡后，再加 5 倍量约 60 ℃的热水，经粗磨和胶体磨两道粉碎，过 160 目筛，备用。

（2）混合、加热。先按照配方要求，将制备好的红豆浆和蔗糖、乳粉、乳化稳定剂及水充分混合均匀，然后将混合均匀的料液加热到 80 ～ 85 ℃，并保持 10 min，最后加入需要的香料。

（3）加香料。一般可加入 0.03% 的红豆香精、0.02% 的新西兰牛乳香精及 0.002% 的乙基麦芽酚。其原因是上述原料混合后虽然物理性质比较稳定，但感觉其香气和浓郁方面略显不足。调整香气时应注意，香精不可加多，以免香味失真。

（4）调温、均质、灌装。密封、高温灭菌将调香后的物料的温度降低到 65 ～ 70 ℃，然后在 25 ～ 30 MPa 下进行均质，经灌装密封后在 121 ℃ 的温度下灭菌 15 ～ 20 min，灭菌后经过冷却即为成品。

四、豆沙饮料

豆沙饮料是以红豆为主要原料，添加糖、蜂蜜、乳粉、桂花等辅料，经蒸煮、均质、杀菌等工序精制而成。其营养丰富，消暑爽口。

1. 原料配方

红豆 50 kg，砂糖 60 kg，CMC 1.8 kg，乳粉 2 kg，蜂蜜 1 kg，桂花 1 kg，水 888.2 kg。

2. 工艺流程

原料豆→清理→冲洗→浸泡→蒸煮→磨浆→配料→均质→升温→灌装→封罐→杀菌→保温→打号→装箱入库。

3. 操作要点

（1）原料处理。除去原料豆中的石粒、土块、瘪豆和磁性金属等杂质，然后洗去原料表面的污物。

（2）蒸煮。蒸煮欠火或过火都会降低出沙率，甚至出现豆腥味或蒸煮味，蒸煮前需对清理过的原料进行浸泡，水温控制在 20 ～ 25 ℃，时间为 16 ～ 18 h；浸泡后进行蒸煮可缩短蒸煮时间，节省能源，可用夹层锅进行煮豆，也可在杀菌锅内高压蒸豆，煮完的豆应有 15% ～ 20% 的带裂口，用手轻轻一挤即碎，露出松软的豆沙来，蒸豆一般采用的条件是温度 120 ℃、时间

30 min。

（3）磨浆。磨浆就是将蒸煮好的豆进行破碎，除去豆皮、胚芽，边磨边加冷水，加水量以磨豆量的 3 ～ 5 倍为宜，对豆皮和胚芽进行冲洗，洗液回收至配料缸，保证成品保持良好的色泽。

（4）配料。按配方量将砂糖和乳粉用热水溶解，配成 70% 左右的糖浆，过滤后泵入配料缸，磨碎的料液投至配料缸与糖浆混匀，按配方量浸泡 CMC 至均匀一致，无明显未溶颗粒，边搅拌边加入配料缸中，然后加入蜂蜜、桂花，用软化水定容，充分搅拌混合，升温至 70 ℃左右。

（5）均质。料液温度控制在 70 ℃左右，均质压力为 20 MPa，用胶体磨或均质机，经过均质的料液黏度增大，颗粒变细，口感润滑细腻，将均质后的料液泵入冷热缸中，升温至 90 ℃左右。

（6）灌装。罐身、罐盖需经消毒水清洗后方可进行灌装，灌装量要计量准确，顶隙以 5 ～ 8 mm 为宜，灌装料温度 80 ℃以上，封罐机真空度 0.03 MPa。

（7）杀菌。杀菌方式为 10 min—25 min—10 min/120 ℃，杀菌锅排气要充分，升温至 120 ℃，恒温保持 5 min，整个杀菌过程泄气阀应处于全开位置。

（8）冷却。杀菌结束后，打开排气阀，使锅内压力降到常压，排掉冷凝水，然后缓慢开进水阀，小水流降温 5 min，再开大进水阀，用冷却水使罐头降温至 38 ℃左右。

（9）擦净。杀菌冷却结束后，应及时擦去罐体表面的水珠、污物、油渍，保证罐体清洁，防止锈蚀。

（10）保温、检查。保温温度为 37 ℃，保温时间从室温达到 35 ℃时起计时为 7 个昼夜，室内相对湿度不得超过 80%。保温终了，进行敲音检查和化验室抽检，合格后进行打号、贴标、装箱、入库。

五、酸性红豆浆

酸性红豆浆作为酸性饮料，成本较低，工艺简单，生产方便，同时在保证营养的前提下，酸性红豆浆组织更加均匀，具有宜人的清香和独特的风味，是一款新型的夏日清凉解暑饮品。

1. 工艺流程

红豆粉→溶解→打浆→混合配料（加白砂糖、稳定剂干混合→热水溶解）→酸化→定容→调香→均质→灌装→杀菌→冷却→成品。

2. 操作要点

（1）溶解及混料。首先在 45 ~ 50 ℃的热水中溶解红豆粉；将稳定剂和糖干混后，撒入 80 ~ 90 ℃的热水中溶解；料液混合均匀后，需冷却至 30 ℃以下。

（2）酸化。酸化前应将酸液稀释成 10% 或 20% 的溶液，将料液的温度降至 35 ℃以下，加酸过程要坚持慢加快搅的原则。

（3）均质。均质的进一步微细化处理，使物料分散均匀，产品口感细腻圆滑，同时也提高了产品的稳定性。将物料加热到 65 ℃左右时进行均质，均质压力为 30 MPa。

（4）杀菌。由于调配型酸性饮料的 pH 一般为 3.8 ~ 4.2，其杀灭的对象菌为霉菌和酵母菌，故巴氏杀菌即可得到商业无菌的效果。杀菌经过冷却即为成品。

六、巧克力涂层豆沙冰淇淋

以豆沙、冰淇淋、巧克力涂层"三位一体"生产夹心式冰淇淋，为冰淇淋生产增加花色品种开辟了新领域。

1. 原料配方

（1）豆沙配方。白砂糖，红豆，全脂乳粉，麦芽糊精，棕榈油，明胶，水。

（2）冰淇淋配方。白砂糖，全脂乳粉，蛋黄粉，复合稳定剂，香草香精，棕榈油，水。

（3）巧克力涂层配方。块状巧克力，棕榈油，黑芝麻适量。

2. 工艺流程

（1）豆沙

红豆→精选→浸泡→蒸煮→研磨斗混合（白砂糖、棕榈油）→杀菌→冷却→豆沙备用。

（2）芝麻

芝麻→清洗→干燥→焙炒→熟芝麻。

（3）巧克力浆料

块状巧克力、棕榈油→溶化→巧克力浆料。

（4）巧克力涂层豆沙冰淇淋

各种原料→混合→杀菌→均质→冷却→老化→灌注→冻结→抽浆料→第二次灌注（豆沙）→冻结→涂巧克力（熟芝麻、巧克力浆料）→包装→硬化→成品。

3. 操作要点

（1）原辅料预处理、混合及杀菌。将部分白砂糖与复合稳定剂按（5∶1）～（10∶1）的比例充分拌和备用。将白砂糖、全脂乳粉、麦芽糊精、棕榈油、蛋黄粉和水加热到 40 ～ 50 ℃充分搅拌溶解，再继续加入复合稳定剂，缓慢加热搅拌使其充分溶解，再用 120 目筛进行过滤，在 78 ℃条件下杀菌 30 min。

（2）冷却、均质、老化。将杀菌后的料液均质处理，压力调节为 16 MPa，再经板式热交换器冷却至 10 ℃左右，进入老化缸，在 2 ～ 4 ℃条件下老化 4 h 以上。

（3）凝冻、灌注、抽浆料、成型。用间歇式凝冻机进行膨化，要求膨胀率达 40%，即进行灌注、冻结，温度控制在 –30 ～ –25 ℃。将模具在冻结槽中行进 3 ～ 5 min，模具边缘冻结 2 ～ 3 mm，内芯未冻结时，及时进行抽浆料和第二次灌注豆沙料、刮模，盖好模具盖板，再次冻结成型。脱模后，需停止 1 ～ 2 min，使冰淇淋表面的水分被吸收，无水珠时即可涂巧克力浆料。

（4）豆沙处理。将红豆中的硬杂物（石头、铁丝、玻璃等）拣去后，用清水淘洗干净。然后用清水浸泡 4 ～ 6 h，水温控制在常温，使豆粒充分吸水膨胀，手掐无硬心时即可使用。

（5）蒸煮。将浸泡好的红豆倒入夹层锅内，豆、水之比为 1∶3，并加入适量小苏打混匀，开启蒸汽加热至沸腾，煮至全豆开花。

（6）磨沙。将煮好的红豆添加冷水，冷却到 40 ～ 50 ℃，一同进入胶体磨，使其磨成沙。

（7）其他原材料处理。将白砂糖、麦芽糊精、全脂乳粉、棕榈油、明胶等加水加热溶解，然后用 80 目筛过滤，除去杂质，进入杀菌缸，温度控制在 78 ℃，时间为 30 min。通过板式热交换器冷却送入老化缸，温度降至 2～4 ℃，备用。

（8）巧克力外衣涂层制作方法。先将研磨缸清洗干净，用蒸汽严格消毒后，再将巧克力大块敲成小块（便于缩短溶化时间），把棕榈油送入研磨缸加热，同时把巧克力碎块送入，使其充分搅拌研磨。将按配比的料在保温缸中混合研磨 2 h，在混合研磨的第一阶段将温度升至 78 ℃，恒温 30 min，然后冷却至 40 ℃，继续研磨 1.5 h 后即可用作外涂层巧克力浆料，加入适量芝麻。

（9）芝麻炒制。将黑芝麻用水淘洗干净，然后干燥，用温火慢慢焙炒至呈微黄，使芝麻有特有的香气。

七、八宝冰淇淋

红豆、黑豆、花生、芝麻、黑米等不仅蛋白质含量高，而且铁、磷、钙及 B 族维生素含量非常丰富。其中红豆、黑豆、花生、黑米的铁含量是全脂淡乳粉的 2～8 倍，芝麻的铁含量是全脂淡乳粉的 60 多倍，黑豆的硫胺素、核黄素、烟酸的含量分别是全脂淡乳粉的 3 倍、14 倍、17 倍，是良好的天然补品。将这些物质适量加到冰淇淋中，可增加冰淇淋中植物蛋白质、矿物质、B 族维生素等营养素的含量，使产品具有更全面的营养功能和一定的保健功能。同时，通过一定的工艺处理，还可以赋予产品特殊的色、香、味、形。

1. 原料

花生米，红豆，芝麻，黑米，红砂糖，白砂糖，全脂淡乳粉，复合稳定剂，黑豆，棕榈油，淀粉，鸡蛋、香料及食盐适量。

2. 工艺流程

（1）花生米处理

花生米→洗涤→烧烤→冷却→去皮→破碎。

（2）芝麻处理

芝麻→洗涤→熔烤→冷却。

（3）红豆、黑豆处理

红豆、黑豆→选料→洗涤→浸泡→煮烂。

（4）黑米处理

黑米→洗涤→浸泡→混合→精磨→备用。

（5）八宝冰淇淋的制作

混合浆→调配→糊化杀菌→均质→冷却→老化→凝冻→注模→冻结（硬化）→包装入库。

3. 操作要点

（1）红豆、黑豆处理。选择颗粒饱满、无虫害、无霉烂变质的红豆、黑豆，过筛，去除杂质，然后在流动水中洗涤干净。在不锈钢夹层锅中煮沸，直至完全煮烂，部分豆粒皮壳分离，冷却至常温。

（2）花生米处理。选择籽粒丰满的花生米，去除有虫害、出芽、霉烂变质的颗粒及杂质，将洗涤干净的花生米装盘，入远红外烤箱焙烤。焙烤温度为 105 ~ 110 ℃，烤至能脱皮，并产生浓郁的花生香味即可。冷却后去皮，并在捣碎机中破碎。

（3）芝麻处理。与花生米类似，只是不需要去壳及破碎。

（4）黑米处理。

① 浸泡。选择籽粒饱满、无虫害、无霉变的黑米，在流动水中洗涤干净后，放入 50 ~ 55 ℃水中浸泡 3 ~ 4 h，使其充分吸水膨胀，组织变软。

② 磨浆。将以上处理好的红豆、黑豆、黑米混合均匀，加适量水，在胶体磨中研磨成浆，备用。

由于芝麻、花生含油脂较多，必须与红豆、黑豆、黑米混合后再开磨，而不宜单独研磨，否则易发生黏结，不利于操作。

（5）八宝冰淇淋的制作

① 调配。按冰淇淋常规配料方式，将混合浆、经过充分吸水溶解的复合稳定剂、溶解后的淀粉、全脂淡乳粉、稳定剂、食盐、白砂糖、红砂糖等分别加入高速混料机中混合。最后加入搅打均匀的鸡蛋，充分混合均匀后，用

100 目不锈钢筛网过滤，去除可能存在的结块。

② 糊化、杀菌。过滤后的料液打入立式夹层锅中，加水至规定容量，在 78 ～ 82 ℃下杀菌 15 ～ 18 min，并使料液中的淀粉充分糊化后，冷却至 63 ～ 65 ℃。

③ 均质。料液在 62 ～ 64 ℃下，分别在压力为 15 MPa 和 5 MPa 的条件下进行二级均质。

④ 老化。冷却后的料液打入老化缸中，加入香料，在 4 ℃下慢速搅拌，老化 10 ～ 16 h。

⑤ 凝冻。老化后的物料经立式连续凝冻机冻结膨化，形成软质冰淇淋。注模插棒后，在盐水中速冻，形成硬质棒状或其他形状冰淇淋。

八、红豆绿豆复合饮料

1. 原料配方

红豆、绿豆、白砂糖、蜂蜜、稳定剂、水。

2. 工艺流程

（1）红豆乳打浆工艺

红豆→挑选→称量→清洗→晾干→烘烤→水浴→预煮→打浆→过滤→红豆乳→二次打浆。

（2）绿豆乳打浆工艺

绿豆→挑选→称量→清洗→晾干→烘烤→水浴→预煮→打浆→过滤→绿豆乳→二次打浆。

（3）复合饮料工艺流程

绿豆乳、红豆乳、稳定剂、复合营养调味剂→调配→均质→灌装→成品。

3. 操作要点

（1）原料挑选。挑选颗粒饱满、种皮颜色紫红的红豆粒，挑选颗粒圆滑饱满的绿豆粒，除去干瘪、虫蛀、霉变的豆粒及石块、豆秆等杂物。

（2）称量。利用电子秤精确称量。

（3）清洗、晾干。流动清水洗去杂质、泥土等附着物，放于通风处晾干。

（4）烘烤。将上述处理过的红豆和绿豆分别于烘箱内在 150 ℃下烘烤处理，使其适当熟化。

（5）水浴。对熟化的红豆和绿豆分别加适量水，在 35 ℃下进行水浴处理，使其适当软化。

（6）预煮。将水浴后的红豆和绿豆及其浸出液迅速加温至 85～90 ℃。

（7）打浆、过滤。用匀浆机中高速趁热打浆 10 min。将得到的浆液用 4 层以上的纱布包裹过滤。

（8）二次打浆。将过滤后的匀浆置入胶体磨二次打浆，使其充分粉碎而不会产生分层现象。

（9）调配。将绿豆乳与红豆乳按比例混合并加入调味剂调节口味。配方为红豆乳 24%，绿豆乳 35%，白砂糖 1.2%，蜂蜜，稳定剂适量，其余为水。

（10）均质、灌装。向绿豆红豆乳浆中加入稳定剂和复合营养调味剂，使其充分混合后过均质机，均质压力为 20～25 MPa，使产品获得更加微细的颗粒，具有更好的口感和稳定性。产品经过均质后灌装即为成品。

九、红豆乳

1. 原料

红豆、蔗糖、$NaHCO_3$ 溶液、乳粉、乳化稳定剂、香味料、水。

2. 工艺流程

红豆→浸泡→粉碎→过筛

↓

蔗糖、乳粉、乳化稳定剂、水混匀→混合→加热→加香味料→调温→均质→灌装密封→高温灭菌→冷却→成品。

3. 操作要点

红豆（2.5%）除杂，加 3 倍量的水浸泡。浸泡时用少许 5% 的 $NaHCO_3$ 溶液，pH 调为 7.5～8.5，水温调为 55～60 ℃，浸泡 3 h 后，再加 5 倍量约 60 ℃热水，经粗磨和胶体磨两道粉碎，过 160 目筛得红豆浆与蔗糖（6%）、乳粉（1.5%）、乳化稳定剂（蔗糖酯 0.12%、单甘酯 0.01%、CMC-FH6 0.1%、琼脂 0.03%）混料后加温至 80～85 ℃，并保持 10 min，然后降温至 65 ～ 70 ℃，在 25 ～ 30 MPa 下进行均质。在灭菌温度 121 ℃下保持 15 ～ 20 min。

十、红豆酸乳

1. 原料

红豆、牛乳、白砂糖、琼脂、保加利亚乳杆菌和嗜热链球菌、水。

2. 工艺流程

红豆→煮豆→磨细→过滤→混合→均质→杀菌→冷却→接种→发酵→后发酵→成品。

3. 操作要点

（1）红豆的预处理。将红豆用沸水煮烂，然后放入胶体磨中磨细，磨时红豆和水按 1 : 5 的比例混合，磨细磨匀，过 120 ～ 160 目筛，滤去粗渣，得到豆浆。

（2）乳糖混合。牛乳的用量为豆浆用量的 2 倍。于鲜乳中加入白砂糖（8%），充分搅拌均匀，过 120 ～ 160 目筛，滤去杂质。

（3）稳定剂。按比例（0.05%）称取琼脂，用温水化开，加入到鲜乳中。

（4）均质。把豆浆和加入稳定剂的鲜乳混合后过均质机，均质压力为 20 ～ 25 MPa，使产品获得更加微细的颗粒，具有更好的口感和稳定性。

（5）杀菌。杀菌温度为 80 ～ 90 ℃，保持 30 min。

（6）冷却。杀菌完毕后迅速冷却至 42 ～ 45 ℃。

（7）接种。选用 1 : 1 驯化好的保加利亚乳杆菌和嗜热链球菌混合菌种，按 3% 的量接入。

（8）发酵。将酸乳装瓶，于培养箱中在 42 ℃下发酵 4 h。

（9）后发酵。在 0 ～ 4 ℃下冷藏 15 ～ 17 h。

十一、红豆双歧杆菌发酵保健饮料

1. 原料

红豆、米曲霉、α - 淀粉酶、葡萄糖淀粉酶、半胱氨酸、白砂糖、玉米浸出液、双歧杆菌、乳酸菌、稳定剂、苹果酸、水。

2. 工艺流程

红豆→浸泡→灭酶→去皮磨浆→液化→糖化→灭菌（加双歧杆菌干粉剂→驯化→母发酵剂→工作发酵剂）→接种双歧杆菌→单独发酵→接种普通乳酸菌（嗜热链球菌∶保加利亚杆菌 =1∶1）→混合发酵→冷却→调配→均质＋灌装→冷藏。

3. 操作要点

（1）原料的洗涤与浸泡。要求选用无虫蛀、无霉变、色深红光亮、颗粒均匀的红豆，用清水反复冲洗数次，加适量水浸泡 6 h。

（2）灭酶、去皮磨浆。去除浸泡水，加水并在 90 ℃以上的条件下加热 15～20 min 进行灭酶，以免影响以后的液化、糖化工序。将灭酶后的红豆用磨浆机磨浆，过滤弃去豆皮等杂质。

（3）液化、糖化。将红豆豆浆加水调浆至质量分数为 30%，pH 调为 6.5（α- 淀粉酶不耐酸），温度调为 55 ℃，加入米曲霉 α- 淀粉酶（12 U/g），保温 1 h，进行液化。pH 调为 4.5，温度调为 60 ℃，加入葡萄糖淀粉酶（200 U/g），保温 24 h，进行糖化。测定还原糖当量值，糖化后可达 95 以上。

（4）灭菌。为促进双歧杆菌的生长，在糖化后的红豆豆浆中加入还原剂半胱氨酸（0.05%）和生长促进剂玉米浸出液（0.25%）。在 121 ℃下灭菌 15 min，然后冷却至 40 ℃。

（5）接种双歧杆菌，单独发酵。由于双歧杆菌发酵时的产酸速度较慢，故先单独发酵。将已驯化的双歧杆菌（源自婴儿体内）接种在调配后的红豆豆浆中，接种量为 5%，温度为 42 ℃，发酵时间为 4 h。

（6）接种普通乳酸菌，混合发酵。向发酵罐中投入普通乳酸菌种（嗜热链球菌∶保加利亚乳杆菌 =1∶1）3%，在 41～43 ℃下，与双歧杆菌共同混合发酵 2～3 h。当酸度大于 80 °T 时，停止发酵。

（7）冷却、调配。发酵结束后，冷却至 20 ℃，加入已杀菌过滤的蔗糖溶液（蔗糖添加量为 5%）和稳定剂（稳定剂 CMC 和 PGA 的用量分别为 0.15%），加水调浆至 20%～30%，用苹果酸调酸至 pH 为 3.9～4.2。

（8）均质。将调配后的发酵红豆饮料预热到 53 ℃，由均质机均质，均质压力为 25 MPa。

（9）灌装、冷藏。均质结束后灌装，并在 4 ℃下冷藏。

十二、红豆毛薯乳酸豆乳

1. 原料

红豆、毛薯、白砂糖、硼酸钠、维生素 C、乳粉、稳定剂、发酵剂、水。

2. 工艺流程

（1）红豆→选粒→清洗→浸泡→加水煮沸→恒温浸提→过滤→红豆汁→冷藏备用。

（2）毛薯→清洗、除须根→去皮→护色（护色剂）→加水煮沸→保温熟化→打浆→粗滤→毛薯汁→冷藏备用。

（3）红豆汁、毛薯汁→调配（糖、乳粉）→均质→装瓶→灭菌→乳酸发酵（加入乳酸菌）→后发酵→灭菌→成品。

3. 操作要点

（1）红豆汁制备。选择豆粒饱满、完整的红豆，加水浸泡约 5 h，至豆粒皮胀、肉变软后加 10 倍的水煮沸，在 95 ℃下恒温浸提。试验证明，热煮浸提 2 h 后，可溶性固形物的增长速度缓慢，故红豆在 95 ℃下浸提 2 h 最为合适，质量最好。

（2）毛薯汁制备。毛薯去皮后易褐变，故需进行护色处理。将毛薯除皮、切片，投入至 0.5% 的硼酸钠、0.1% 的维生素 C 溶液中浸泡 10 min，然后捞出用清水漂洗，加 10 倍的水煮沸，在 95 ℃下保温熟化煮汁，当时间为 90 min 时，汁液的可溶性固形物增长速度缓慢，故 90 min 后可达最佳效果。

（3）原料汁的调配。按毛薯汁 15 mL、红豆汁 30 mL、脱脂奶粉 5% 配料比例，再添加适量的糖（9.5% 的白砂糖）、稳定剂（0.2% 的 CMC-Na、0.1% 的海藻酸钠）进行热溶，充分混合均匀，混合液的 pH 为 6.8。

（4）杀菌、均质。料液经过 85 ℃下 10 ～ 15 min 的热杀菌处理，经胶体磨磨浆后送入均质机，在 70 ℃、25 ～ 30 MPa 的条件下均质。

（5）乳酸菌培养。母发酵剂、生产发酵剂按照常规方法制备即可。

（6）冷却、接种、发酵。将均质处理后的料液冷却至 40 ℃，接入乳酸发酵剂 5%（保加利亚乳杆菌与嗜热链球菌的质量比为 1∶1），发酵温度为

43 ℃，发酵时间以 10 h 最为合适。当 pH 为 3.8 ~ 4.2 时，即进行冷却，以终止发酵，然后移入 4 ℃的冰柜中发酵 4 h。此时产品的香气较浓，酸度适宜，风味较好。

（7）杀菌。发酵结束后，酸乳已成熟，经 70 ℃、15 ~ 20 min 的杀菌处理，冷却后即为成品。储藏期为 2 个月，产品宜在低温下储藏。

第四节　其他红豆制品加工

一、小豆羊羹

小豆羊羹是一种传统名优休闲食品，其用料虽很简单，但十分考究，而且制作精细，产品绵软可口，富有营养，是一种能够很好补充儿童所需铁质的食品。

1. 主要设备

不锈钢夹层蒸锅、卧式钢磨、不锈钢带搅拌熬糖锅、离心甩干机、饮料泵、通风柜、模具、漏斗、台秤等。

2. 原料配方

红豆 26 kg，琼脂 1.5 kg，白砂糖 55 kg，饴糖 18 kg，苯甲酸钠或其他防腐剂 100 g，食用碱少量。

3. 工艺流程

红豆→煮豆→制豆沙→熬制→注模→冷凝成型→包装→产品。

4. 操作要点

（1）琼脂溶化。在制作羊羹的头一天，将琼脂切成小块，加入 20 倍量的水中浸泡 10 h，然后适当加热，但温度最好控制在 90 ~ 95 ℃，温度过高就会破坏琼脂的凝结性。

（2）煮豆。将红豆洗净、除去杂物后，放入锅内水煮片刻后加碱，煮沸 10 min，倾去碱水，并加入清水洗净红豆，重新加水后用汽浴锅再煮约 2 h，煮至开花且豆无硬心时，即可取出。也可用铁锅在煤火上煮至豆开口时，改用小火焖煮。

（3）制豆沙。用离心泵将煮烂的红豆和水一同送入钢磨，使红豆经过钢磨时被磨碎，豆皮并不破碎，只是将豆沙挤出。在水桶中进行细筛使豆沙与皮分离，即钢磨出口处用细筛接住皮，豆沙随水流入水桶中，然后用泵抽入离心机中，甩至可攥成团且松手又能自动散开时即成。一般 100 kg 红豆可挤出 18 kg 豆沙。采用土法加工，可将煮烂的豆放在 20 目钢丝筛中，用力擦揉，将豆沙抹压筛下，装进布袋中压去水分。

（4）熬制。加少量水将糖化开，然后加入化开的琼脂，当琼脂和糖溶液的温度达到 120 ℃时，加入豆沙及少量水溶解的苯甲酸钠，搅拌均匀（如果豆沙是大批量生产，配方中的红豆 26 kg 改为豆沙 41 kg）。当熬到温度达到 105 ℃时，便可离火注模，温度切不可超过 106 ℃，否则还没注完模，糖液便已凝固。用汽浴锅煮，气压为 300 ～ 410 kPa，约 45 min。采用土法加工，可用铁锅明火煮，边搅拌边加热，煮至用铲子蘸取糖液，使糖从铲边流下，呈不断开的黏连状，立即出锅。

（5）注模、冷凝成型、包装。出锅后，将熬好的浆液用漏斗注入衬有锡箔纸的模具中，待冷却后自然成型。充分冷却凝固后即可脱模，进行包装，模具可用镀锡薄钢板按一定规格制作。

二、栗子羊羹

（一）方法一

1. 原料配方

白砂糖 1 kg，琼脂 250 g，红豆 2.5 kg，栗子 1 ～ 2 kg，苯甲酸钠 12 g。

2. 工艺流程

红豆→除杂→洗净→煮豆→制豆沙、熬制、注模→冷凝→包装→成品。

3. 操作要点

（1）溶化琼脂。在开始制作羊羹之前，要将束状的琼脂切成小块，在 20 倍的水中浸泡。须使水分充分渗进琼脂里，否则，即使煮沸的时间很久，琼脂也难以完全溶化。一般需提前 10 h 浸泡。加水量也很重要，加水过多会浪费时间且影响质量，过少则琼脂不能充分溶化。浸过一段时间后可适当加热，但温度最好控制在 90 ～ 95 ℃，过高则会破坏琼脂的作用。对于质量较好的琼脂，一般占配方总干固物的 1.5% ～ 2%，即可凝冻；质量较差的，则需增加用量。

（2）制豆沙。将红豆洗净煮烂后放在 20 目铜丝筛中，用力擦揉，滤沙去皮，制成酱状，再装进布袋中压去水分后，即为净沙。

（3）制栗子粉。将栗子用水洗净后去掉杂质，煮熟、捞出、控水，放席上晾晒或烘房烘干。将干燥后的熟栗子筛除杂质、破碎，用风车吹去栗子皮，用碾子或粉碎机碾成粉末，过 120 目细筛，即制得栗子粉。

（4）熬制。将溶化、过滤好的纯琼脂，加白砂糖混合熬制，然后依次加豆沙、栗子粉及防腐剂苯甲酸钠熬成栗粉糖浆。防腐剂在使用时先用水溶解，再倒进锅内搅拌均匀。熬制中，温度不得超过 96 ℃，温度过高，糖液容易发黏，凝结力差，这是因为琼脂受热后会遭到破坏。糖液含水量为 20% ～ 22% 时，应终止加热。整个熬制过程中要注意不断用木棒搅拌，以防止豆沙沉底，进而产生焦化现象。

（5）注模、冷凝。出锅时，将熬好的浆用漏斗注进衬有铝箔纸的模具中，冷却成型。

（6）包装。待充分冷却凝固后即可脱模，进行包装。

（二）方法二

1. 原料配方

红豆 100 kg，栗子 7 kg，蔗糖、海藻胶各适量。

2. 操作要点

（1）红豆经过精选，除去砂粒等杂质，洗干净。栗子剥去外壳、内皮，然后捣碎，研磨成栗泥。

（2）将洗干净后的红豆放入凉水锅中，旺火煮一段时间，使红豆"开花"，把豆皮捞出，使之成为豆沙。这时，改为文火，然后反复搅拌，并放入相当于红豆总量 7% 的栗泥，待形成黏粥状后，立即投入适量海藻胶和蔗糖，仍不断搅拌，使之成为胶状液体。

（3）用勺趁热将熬制好的胶状液体，逐一灌在衬有锡箔纸的铝质方容器中，进行自然冷却，然后倒出，栗子羊羹即制成。

三、茶叶红豆羊羹

1. 原料配方

白砂糖 5 kg，红豆沙 52 kg，饴糖 18 kg，琼脂 1.6 kg，红茶粉 2 kg，防腐剂 0.1 kg。

2. 工艺流程

琼脂→熬制→过滤→滤液
               ↓

白砂糖→熬制→过滤→滤液→混合→熬制→出锅→注模→冷却→包装→成品。
                      ↑
              豆沙

3. 操作要点

（1）熬糖。称取砂糖和饴糖放入锅内，加少许水加热溶解后，过滤去除杂质。

（2）熬琼脂。琼脂放入温水中，待其充分吸水后，加热使其溶化，过滤去除杂质。

（3）熬制。将上面的糖和琼脂的滤液收集合并，继续加热熬制，待达到一定浓度后，加入豆沙、茶粉等搅拌均匀，再加热一定时间，最后待浓度合适时进行注模成型。

（4）包装。冷却后包装后即为成品。

四、红果羊羹

红果羊羹味道酸甜可口，呈红褐色，有光泽，营养丰富，是受人们喜欢的小食品。

1. 原料配方

白砂糖 1 kg，琼脂 0.25 kg，红豆 2.5 kg，红果（山楂）3 kg，苯甲酸钠 12 g。

2. 工艺流程

红豆→除杂→洗净→煮豆→制豆沙→制羊羹→注模→冷凝→包装→成品。

3. 操作要点

（1）制红果酱。将红果（山楂）用水洗净，倒入锅内加水煮。加水量以刚没过红果为宜，煮至红果出现裂痕（时间约为 10 ～ 15 min）时即可出锅，再用打浆机或手工揉搓，使果泥部分脱下。过笋去皮核，制成红果酱。

（2）制豆沙。将红豆洗净煮烂后放在 20 目铜丝筛中擦揉，滤沙去皮，装入布袋中压去水分后即为豆沙。

（3）制羊羹。在熬糖时，将琼脂、水及白砂糖、豆沙等混合，熬到 105 ℃时再加入红果酱，搅拌均匀后即注模凝固。红果酱要在出锅前加入。因为琼脂溶液容易受到酸的破坏，砂糖在酸的作用下容易转化分解成还原糖。以上两种因素都会使产品吸潮或软化。

（4）包装。待充分冷却凝固后即可脱模，进行包装。

五、金橘羊羹

1. 原料配方

红豆 10 kg，琼脂 0.2 kg，饴糖 4.0 kg，柠檬酸 0.05 kg，白砂糖 8 kg，金橘皮 0.3 kg。

2. 工艺流程

白砂糖、饴糖、水→溶糖（加豆沙、金橘皮、琼脂）→熬糖→加酸调和→注模→冷凝成型→包装→成品。

3. 操作要点

（1）煮豆。将红豆洗净、除去杂物后，放锅内水煮片刻后加少量食用碱，煮沸 10 min，倾去碱水，并加入清水洗净红豆，重新加水后用汽浴锅煮烂，倒入 20 目铜丝筛中，用力擦搓，滤沙去皮，制成酱状，再用布袋压去水分，即为净沙。也可用铁锅在煤火上煮至豆开口时，改用小火焖煮。

（2）制豆沙。将煮烂的红豆和水一同送入钢磨，使红豆经过钢磨时被磨碎，豆皮并不破碎，只是将豆沙挤出。用细筛使豆沙与皮分离，即钢磨出口处用细筛接住皮，豆沙随水流入水桶中；然后倒入离心机中，甩至可攥成团且松手又能自动开散时即成。一般情况下，100 kg 红豆可挤出 18 kg 豆沙。采用土法加工，可将煮烂的豆放在 20 目钢丝筛中，用力擦揉，将豆沙抹压筛下，装进布袋中压去水分。

（3）金橘皮细化。先将金橘皮放入温水中浸泡 15 ~ 30 min，取出洗净后于绞肉机内绞成细末。

（4）熬糖。锅中加少量水，先将糖溶解，然后加入溶解的琼脂，当温度为 104 ~ 105 ℃时，将豆沙和金橘皮一起倒入熬糖锅，并不断搅拌。采用土法加工，可用铁锅明火煮，边搅拌边加热，煮至用铲子蘸取糖液，使糖从铲边流下，呈不断的黏连状，立即出锅。

（5）加酸调和。用水溶解柠檬酸制成溶液，倒入浆液中调整适当的甜酸度。

（6）注模。将调和好的浆液用漏斗注入衬有锡箔纸的模具中，自然成型。充分冷却凝固后即可脱模，进行包装，模具可用镀锡薄钢板按一定规格制作。

（7）包装。用铝箔类包装材料，采用真空包装。

4. 注意事项

（1）注模温度控制在 70 ~ 80 ℃，脱模温度控制在 30 ℃。

（2）羹的还原糖控制在 3% ~ 5% 为宜，糖过低则易返沙，过高则易溶化。

六、盐水红豆罐头

1. 原料配方

红豆 10 kg，食盐、柠檬酸适量。

2. 工艺流程

选料→浸泡→筛选→预煮→分选→装罐→排气、密封→杀菌、冷却→成品。

3. 操作要点

（1）选料。用孔径 4 mm 的筛，去除小粒豆和杂质，并选出虫蛀、杂色、干瘪、破裂等不合格的豆。

（2）浸泡。用清水浸泡 24 ~ 48 h（中间换水数次，浸泡时间随气候、品种而不同，防止气温高而变质），使红豆充分吸水膨胀，但不发芽或破裂。

（3）筛选。用孔径 5.5 ~ 6.0 mm 的筛，筛除小粒豆和未浸透的豆，选除不合格的豆。

（4）预煮。在加入 0.15% 柠檬酸液、90 ~ 95 ℃的水中煮约 20 min，以煮透为准（每次换水，豆与液之比约为 1∶1），捞出沥水。

（5）分选。色泽正常，粒形饱满、完整；无僵豆、干瘪豆、杂色豆、破瓣豆；同罐中豆的粒形、大小、色泽大致均匀。

（6）装罐。每罐净重 170 g，红豆 160 g，汤汁 10 g。汤汁中含有食盐。

（7）排气、密封。90 ℃，6 ～ 8 min。

（8）杀菌、冷却。杀菌公式为 10 min—60 min—10 min/112 ℃。

七、甜红豆软罐头

1. 原料配方

红豆 2.5 kg，白砂糖 1 kg，三聚磷酸盐适量。

2. 工艺流程

原料选择→选豆→洗豆→预煮→冷水洗涤→再煮→冷水洗涤→加糖煮制→真空浸糖机浸泡→分装→真空封口→杀菌→冷却→检查→成品。

3. 操作要点

（1）原料选择。选择直径 4.5 ～ 6.0 mm、色泽暗红、无病虫害的红豆为原料。

（2）选豆。经选豆机除去杂质及不合格豆、沙子、石子。

（3）洗豆。在洗豆机中洗去尘土及杂质。

（4）预煮。预煮的目的在于除去豆皮的苦涩味，在预煮水中加入 0.1% 的碳酸钠，红豆在沸水中预煮 6 ～ 7 min，立即倒出利用冷水洗涤 2 次。

（5）再煮。为了保持红豆颗粒完整，口感软糯而无豆皮感，必须进行再煮。再煮时需于沸水中加入 0.2% 的三聚磷酸盐，红豆在沸水中煮至豆中间裂开一条小缝，立即倒出并用冷水洗涤 2 次。

（6）加糖煮制。加入 35% 的精制白砂糖，升温熬制白砂糖完全溶化后起锅。

（7）真空浸糖机浸泡。采用真空度为 0.087 MPa 的真空浸糖机浸泡，可使糖液更快地渗入豆心。

（8）装袋、真空封口。采用耐高温蒸煮袋作为包装袋，装袋时只加煮好的甜红豆，不加汤汁。用真空封口机进行封口，真空度为 0.09 MPa。供应冰淇淋厂的甜红豆 3.0 kg/ 包，供应超市的甜红豆 250 g/ 包。

（9）杀菌、冷却。杀菌方式：3 kg 装采用 121 ℃、45 min；250 g 装采用 121 ℃、25 min，以 0.2 MPa 反压冷却出锅。

（10）冷却。杀菌后将产品取出放入冷水槽内冷却至室温。

八、红豆蓉罐头

1. 原料配方

红豆 58 kg，白砂糖、桂花各 35 kg，饴糖 7 kg。

2. 工艺流程

红豆→拣选→清洗→浸泡→预煮→洗沙→去皮→脱水→压榨→加糖→浓缩→加饴糖、桂花→装罐→封口→杀菌→装箱→入库→保温→包装。

3. 操作要点

（1）拣选。除去虫蛀豆、霉烂豆、泥沙、杂质等。

（2）浸泡。按豆与水 1：1.5 的比例，在水缸内浸泡 24 h。每隔 2 h 换 1 次水，以免豆子发酵。

（3）预煮。豆与水按 1：1.5 的比例加入，煮沸后继续保持微沸，煮到豆皮开花、豆子完全软烂为止。煮豆时应不断上下翻动，以免底部和锅边的豆子焦煳。

（4）绞碎。豆子煮烂后，用绞碎机或打浆机绞碎或打碎，以便于洗沙。

（5）洗沙、去皮。将豆浆液体用粗筛去皮，再用细筛或纱布过滤除去残渣。

（6）脱（水）压榨。将豆沙和水的混合液倒入细布袋内，榨去水分，使豆沙的含水量为 60% 左右，进行浓缩。

（7）浓缩。首先在双层锅内倒入适量糖水，加入豆沙，不断搅拌；豆沙浓度达到 60% 时，加入饴糖和桂花，浓度达到 65% 时出锅，豆蓉温度在 100 ℃左右。

（8）装罐。采用涂料铁罐装罐。先在罐盖上打印代号，再用蒸汽或沸水消毒 2 ～ 3 min，倒置备用。出锅的豆蓉温度在 90 ℃左右时，立即装罐。

（9）封口。封口结构要达到 3 个 50% 的要求，即接缝盖钩完整率 50%、叠接率 50%、紧密度 50%。机头真空度应控制在 13 ～ 20 kPa。

（10）杀菌。封口后立即杀菌，间隔时间最好不超过 1 h。杀菌后将产品迅速冷却到 40 ℃以下，常温（20 ～ 25 ℃）下保温 5 ～ 7 d，质量检验合格后装箱。

九、红豆沙

（一）传统红豆沙

传统红豆沙的制作工序是红豆→分选→浸泡→蒸煮→去皮→炒沙→产品。工序繁多，加工时间长，而且难以形成工业化生产。下面介绍的新工艺将红豆直接用粉碎机粉碎、胶体磨微粒化，无须去皮，加快了其糊化时间；同时节省了原料，降低了成本，又保留了红豆的可食性纤维，有利于健康，制作的豆沙口感更加细腻。

1. 原料

红豆、面粉、白糖、猪油、乳化剂（单甘酯）、苯甲酸钠。

2. 工艺流程

红豆→粉碎→蒸煮→均质→熬制（加面粉、白糖、猪油、乳化剂等）→成品。

3. 操作要点

（1）粉碎。将红豆直接用粉碎机粉碎，然后过 40 目筛。

（2）蒸煮。红豆粉与水按 1∶2 的比例调成糊状，在 121 ℃下蒸煮 25 min 或在 100 ℃下蒸煮 40 min。

（3）均质。蒸煮后的半成品，用 4 倍量的水调成稀薄状，再用胶体磨磨细。

（4）熬制。用少量的水将面粉调成糊，混入豆泥中，搅拌均匀；炒锅烧热，倒入猪油、白糖，等其溶化后，将混有面粉的豆泥倒入，搅拌均匀，熬至固形物为 75% 时即可。白糖、猪油、面粉与红豆的质量比为 1.1∶0.5∶0.2∶1。

此外，添加单甘酯以防止白糖结晶和油水分离，并增加细腻感，添加量为猪油质量的 1/15；添加苯甲酸钠以延长保存期，添加量为 0.3 g/kg。

（二）红豆沙

1. 原料配方

红豆 20 kg，砂糖 22 kg，食用油 7.5 kg。

2. 工艺流程

红豆→漂洗→过滤、去皮→炒沙（加砂糖、食用油）→回锅→成品。

3. 操作要点

（1）洗豆。将红豆用水浸泡 3～4 h，使豆粒吸水膨胀，去掉泥沙、灰土等，并淘洗干净。

（2）煮豆。50 kg 豆约用水 125 kg，先用大火，待煮开后再用文火，煮到豆皮脱开、用手捏豆成粉末状，即可将火熄灭。

（3）磨豆。选用石磨或砂轮磨磨豆子。磨出的豆泥若不需要去皮，可用布袋将豆沙装好榨出水分，然后进行炒沙；若需要去皮，用筛子滤出细皮渣，并用布袋压榨出水分，然后进行炒沙。

（4）炒沙。炒沙时先在锅内放入 1 kg 食用油，再将豆沙倒入，用一般火力，并不断用铁铲从锅底翻起，以防止炒焦。炒至半干后，将砂糖投入，继续用文火翻炒，直至砂糖溶化；再将 5 kg 食油分 2～3 次投入，继续翻炒，炒至不粘手，说明豆沙已炒好。若用于夹心面包或蛋糕芯，此种豆沙即可用；若用于绿豆糕和酥皮点心的馅料，则还需进行回沙处理。

（5）回沙。将炒好的豆沙取出，在案板上摊开冷却，然后装入容器。隔 1～2 d 后，把豆沙再次放入锅中加热。一般要重复上述操作 2～3 次，每次都需事先在锅内加一些食油，用文火加热，并不断翻炒。这样糖和油可以充分渗透到豆沙的颗粒内，使豆沙组织变得更加细腻，耐储性增强。

十、蜜渍红豆

1. 原料配方

红豆 50 kg，水 200 kg，软化剂 0.25 kg，果葡糖浆 100 kg。

2. 工艺流程

红豆→挑选→清洗→烧煮→浸泡→烧煮（加豆类软化剂）→沥干→糖渍→过滤→成品。

3. 操作要点

先将 50 kg 已清洗的红豆倒入 300 L 夹层蒸汽锅内，加入 200 kg 左右的水，烧开 2 ～ 3 min 后关闭蒸汽，自然浸泡 50 min，将豆类软化剂（干豆质量的 0.5%）加入浸泡的红豆中，烧开后保温 3 ～ 5 min，将水沥干。再将 100 kg 果葡糖浆倒入沥干水的豆中，烧开后关闭蒸汽，自然浸泡 120 min。最后经过过滤、冷却、包装即可得到红色、有半透明感、有蜂蜜口感、豆香浓郁的蜜渍红豆。

十一、红豆月饼

1. 原料配方

（1）馅料。玫瑰花、冬瓜糖、瓜仁各 250 g，豆沙 5900 g。

（2）皮料。面粉 125 g，猪肉 700 g，饴糖 300 g。

2. 工艺流程

制馅→制皮→包馅成型→烘烤→冷却→包装。

3. 操作要点

（1）制馅。将红豆放入锅内加水煮烂，去皮，制成沙，再与其他馅料混合调制成馅料，将馅料分成约 100 g 大小的小馅料，备用。

（2）制皮。取配方中面粉的一半和油、饴糖调制成酥面，将剩下的一半面粉加少许沸水调制成熟面团，将两面团混合调制成皮料，分成 25 ～ 30 g 的小面团。

（3）包馅、入模。将皮料包上馅料，搓圆，压入模具成形，制成扁平鼓形。

（4）烘烤。将制好的月饼坯放入预先刷过油的烤盘内，再往月饼外层刷一层蛋清液。入炉烘烤，炉温控制在 250 ～ 280 ℃，大约 15 min 即可。

（5）冷却、包装。烤熟出炉，出盘，自然冷却后包装。

十二、酥甜红豆

1. 原料

红豆、白砂糖、水。

2. 工艺流程

红豆→分级、挑选→清洗→浸泡→煮制→浸糖→控干→摆盘→冻结→冷冻干燥→包装→成品。

3. 操作要点

（1）原料红豆的选择。选择当年的新豆，豆皮紫红色、发亮，新鲜度好，豆粒大小均匀。

（2）分级、挑选。采用 2 mm×2 mm 眼孔的筛网过筛，除去极小豆粒及细小的砂土。筛上品在光线明亮的条件下进行挑选，挑出线、绳、豆壳、砂粒等异物及特大豆粒和异种粒。

（3）清洗。将挑选好的红豆原料用流动水搅拌清洗多次，直至水质清澈、无泥土混浊感。

（4）浸泡。将洗好的原料红豆放入不锈钢水槽中加水浸泡，水与豆之比至少为 5∶1，以豆能充分吸水为准，水温不宜低于 10 ℃，浸泡时间为 24 h 以上。捞出、控水。

（5）煮制。每次称出 20 kg 左右浸泡好的红豆，倒入蒸汽夹层锅中，加水至高出豆面 10 cm 左右，打开蒸汽加热，至水沸腾后将蒸汽阀拧小，保持锅内水温在 90 ℃以上但不明显沸腾，煮制 1 h 左右，多次从锅中取出豆粒，用手指搓捻，手感粉状无硬块为好，并且应无豆皮破裂状况。加自来水稍微冷却、控水。

（6）糖液配制。按不同甜度要求计算糖、水用量。将白砂糖加入规定量的水中，加热溶解，至糖液沸腾并彻底溶化，停止加热，用绢布将糖液过滤备用。一般情况如下。

高甜度——糖液浓度为 60%～70%。

中甜度——糖液浓度为 30%～50%。

低甜度——糖液浓度为 20%～30%。

（7）浸糖、控干。将煮制好的红豆完全浸入配制好的糖液中，保持3～5 min。捞出、控干。

（8）摆盘。将上述处理好的红豆摆入冷冻干燥机所用的铝盘上，每盘重量要一致，摊摆厚度要均匀。

（9）冻结。将摆盘的红豆送入低温冷冻库内预备冻结。

（10）冷冻、干燥。将冻结好的物料进入冷冻干燥机内进行干燥，直至水分含量为 4% 以下。

（11）包装。先将干燥好的产品除去碎末及形态不完整粒，进一步去除可能混入的异物，然后按要求计量、包装，最后入库存放。

十三、红豆馅

1. 原料

红豆、水、白砂糖。

2. 工艺流程

红豆→选豆→清洗→煮制→研磨打浆→炒沙（白砂糖→熬制→过滤）→灌装、真空封口→高温高压杀菌→验袋、装箱→检验、入库。

3. 操作要点

（1）选豆。红豆由进料斗进入去杂机和磁架机、吹石机，去除豆中的土块、砖块、小石头、杂叶、豆皮、豆梗等杂质，筛去尘土，检后的红豆应达到卫生要求。

（2）清洗。选好的红豆进清洗机，用清水洗掉附着于豆表面的尘土、树叶及干瘪豆、带虫眼豆等不合格豆，使其达到洁净的程度。

（3）煮制。将洗净的红豆倒入可倾式夹层锅，并加入红豆质量 3 ～ 4 倍的软化水，打开蒸汽阀门加热煮制。

（4）磨浆。将煮好的豆稍微冷却后，用胶体磨进行磨碎，磨后的豆馅应达到要求的细腻程度。

（5）烘炒。将白砂糖加入化糖锅，然后加入适量的软化水，加热熬制，经双联过滤器加入可倾式夹层锅，再加入已磨制好的豆馅，进行烘炒，达到要求的水分后出锅。

（6）装袋、真空封口。烘炒好的豆馅降温至 40 ℃左右，进入全自动真空包装机，装袋真空封口。将破袋、封口不严、真空度达不到要求的袋剔除，重新加工。

（7）高温高压杀菌。密封好的袋装入杀菌篮，进入杀菌锅杀菌，杀菌条件是 0.2 MPa、120 ℃、40 min。

（8）检验。杀菌后的塑料袋要擦拭干净、装箱、打包、检验、入库。

十四、红豆米酒

1. 原料

糯米、红豆、酒曲、白砂糖、柠檬酸适量。

2. 工艺流程

糯米→浸泡→蒸饭→淋冷→混合拌匀→拌曲→糖化发酵→成熟出汁（加红豆蒸煮→出锅冷却→打浆）→成品。

3. 操作要点

（1）糯米的处理。糯米经筛选淘洗干净后浸泡，保持 25 ℃水温浸泡 18～20 h。捞出洗净沥干，放在底部有透气孔的托盘上，用蒸汽蒸至米粒饱满、颗粒分开、手捏觉得柔软有弹性且不粘手时，立即取出用无菌冷水冲凉至 37 ℃左右。

（2）红豆处理。选择颜色暗红、有光泽的优质红豆，洗净后加水浸泡，浸泡 12～16 h。将浸泡好的红豆与自来水按 1∶8 的比例放入锅中加热蒸煮 20 min。取出红豆汁以待调配。

（3）拌酒曲。米饭蒸煮好后冷却到 28～32 ℃，加水拌曲，酒曲加入量为 0.5%～1.5%。

（4）红豆添加。在糯米糖化发酵 36～38 h 后，窝内有酒液时，加入红豆汁，调配出成品。

（5）发酵管理。前期进行糖化，品温控制在 28～32 ℃，36～48 h 后会出现酒液，酒液达到饭堆高度的 4/5 时，可扒开后搅拌，以促进酵母繁殖。品温控制在 22～26 ℃，发酵 48～72 h，即可结束。

（6）调配。主要用红豆汁调色，用柠檬酸调酸度，用白砂糖调糖度。最后经过精滤装瓶密封。红豆汁添加量为 10%，柠檬酸添加量为 0.25%，白砂糖添加量为 4%。

（7）杀菌。75 ℃下杀菌 15～20 min。

十五、红豆皮色素

色素是食品添加剂的重要组成部分。随着食用色素安全性试验技术逐步完善，发现了许多合成色素对人体有害。近年来，各国限制合成色素在食品工业中的应用，我国也公布了禁止在儿童食品中使用合成色素的法规。因此，由天然植物中提取无毒可食用色素，已经成为当前色素开发研究的热点。我们可以由红豆皮中提取色素，制成色素浸膏和粉末，其制作设备简单，制成后可应用于酒类、饮料、食品、药片糖衣等。

1. 原料

红豆、溶剂（乙醇）。

2. 工艺与设备

（1）清理。由于红豆在采收、运输过程中常常带有部分杂质，必须予以去除，可选用筛选、风选、磁选、水选等方法。

（2）脱皮。由于提取色素的原料为红豆皮，所以要经过脱皮阶段，使红豆皮与红豆仁脱离。把红豆先用 115 ℃蒸汽进行短时间处理，使豆皮胀起来，再放入卧式干燥器，用热空气干燥，常温空气干燥，然后脱皮。脱皮可采用圆盘剥壳机、刀板剥壳机、离心剥壳机、轧辊剥壳机等。

（3）粉碎萃取。红豆皮经浸泡后，可提高固形物的分散度，通过粉碎机粉碎，在搅拌状态下，于 75 ～ 80 ℃下加水和溶剂（乙醇）萃取。浸出萃取分 2 次，第一次加水量为红豆皮重量的 50 倍，萃取时间为 1 h；第二次加水量为红豆皮重量的 15 倍，萃取时间为 30 min。

（4）两次萃取所得浸出液经液固分离、压滤后浸液放在减压蒸馏装置或其他蒸馏装置中蒸发浓缩，制成浸膏保存，冷凝回收溶剂（至无溶剂馏出为止）。如果量大，浸膏经蒸发干燥研磨可制成色素粉末。

第六章　杂豆食品加工

第一节　蚕豆食品加工

一、蚕豆概述

蚕豆（*Vicia faba* L.）又称胡豆、佛豆、罗汉豆等。蚕豆原产于亚洲西南部和北非，是世界上最古老的栽培作物之一，已有 4000 多年的栽培历史，也是世界五大食用豆类作物之一。中国是种植蚕豆面积最大的国家，蚕豆种植面积和产量均居世界前列，主要产地遍及四川、湖南、湖北、江苏、浙江、广东、青海、陕西、山东、山西等地，其中青海、甘肃和云南等是蚕豆主要种植地区。

蚕豆籽粒营养丰富，蛋白质含量约占 30%，是豆类中仅次于大豆的一种植物蛋白资源。蚕豆种子不仅蛋白质含量高，而且蛋白质中氨基酸种类齐全，人体 8 种必需氨基酸中，除色氨酸和蛋氨酸含量稍低外，其余 6 种含量都较高，尤其是赖氨酸含量丰富，所以蚕豆被认为是植物蛋白质的重要来源。研究数据表明，蚕豆淀粉含量占 48%～62%，脂肪约占 0.8%，膳食纤维约占 3.1%，是一种高蛋白、富淀粉、低脂肪的作物。同时，蚕豆还含有丰富的维生素和钙、锌、锰、磷等微量元素，蚕豆中维生素含量均超过大米和小麦，微量元素中钙、磷、铁含量显著高于其他禾谷类作物。此外，蚕豆中也含有原花青素、黄酮类等生理活性物质，具有抗氧化、抑制病原微生物及抗炎等多种作用，蚕豆及其系列食品深受消费者的喜爱。

蚕豆营养丰富，食用方法多样，既可作主食，又可作副食。根据加工方法和食用要求，加工产品可分为酿造类（如酱油、甜酱、豆瓣酱等）、炸炒类（如盐炒蚕豆、油炸兰花豆、五香豆、怪味豆等）和淀粉类（如粉丝、粉皮和凉粉等）。

二、蚕豆食品加工

（一）蚕豆酱油

1. 原料配比

蚕豆 130 kg，面粉 35～40 kg。

2. 工艺流程

蚕豆→清洗→浸泡→沥干→蒸熟→冷却→拌和→制曲→成曲→下缸→混合→晒露发酵→翻醅→成熟酱醅→抽取母油→晒露浓缩→加色→过滤→灭菌→澄清→过滤→包装→灭菌→成品。

3. 操作要点

（1）原料处理及制曲。蚕豆洗净后，加水浸泡 4～6 h，以豆粒两指一捏易成两瓣为适度，然后沥干水，加压蒸煮，120～150 MPa 下 30 min 左右即可蒸熟透。蒸熟出锅凉至 80 ℃左右，加入面粉拌匀，冷却至 40 ℃左右装竹匾，中间薄，周围稍厚约 3 cm。放入曲室利用自然微生物制曲，室温保持在 25～28 ℃，经 24 h 左右温度逐渐上升，待品温升到 37 ℃左右时，开门散热换气，同时翻曲一次，促使曲霉菌均匀繁殖，一般翻曲 1～2 次，制曲时间一般为 66～72 h。

（2）制醅发酵。将曲料装入缸内压实，加入 18～20°Bé 的盐水，加水量为 225～230 kg，次日立即把表面干曲掀压入下层。酱醅日晒夜露发酵，经一定时间的晒露后，酱醅表面呈红褐色，即可翻酱一次，再经过三伏天的烈日暴晒，酱醅呈现滋润的黑褐色，并有酱香味，即可进行抽油。发酵时间一般为 6 个月以上，经夏天者也需要 3 个月以上。

（3）抽取母油。成熟酱醅的缸内加入适量盐水后，插入细竹编好的竹筒，浸出酱油渗入筒内，从筒内取出母油。

（4）浓缩、加色、过滤。抽出的母油再经较长时间晒露取上清液，加酱色 10%，用平布过滤，再加热杀菌即得成品。

4. 产品特点

（1）色泽。棕褐色、有光泽。

（2）香气。酱香醇厚，无不良气味。

（3）滋味。味道鲜美，无酸、苦、涩等异味。

（4）体态。汁浓、不混浊、无沉淀。

（二）蚕豆酱

1. 原料要求

蚕豆瓣：水分 13% ～ 14%。

面粉：标准粉。

食盐：精制盐。

水：饮用水。

（1）制曲工艺流程

蚕豆→蚕豆瓣→蒸熟→出锅拌面粉→接种→厚层通风培养→蚕豆曲。

（2）制曲原料处理

①干豆瓣浸泡。将脱壳干豆瓣按颗粒大小分别倒入浸泡容器，用不同水量浸泡，使豆瓣充分吸收水分泡涨，一般重量增加 1.8 ～ 2 倍，体积涨大 2 ～ 2.5 倍，断面无白色硬心，即为适度。浸泡时间长短随水温而异，如 10 ℃左右需 2 h，20 ℃左右需 1.5 h，30 ℃左右仅需 1 h。

②蒸豆瓣。将浸泡好的湿豆瓣沥干，放入锅内蒸至面层冒气，维持 5 ～ 10 min，停火焖 10 ～ 15 min 后出锅。

③面粉处理。面粉放锅内用文火炒，边炒边翻拌，炒至黄褐色，带香味、发香气而不焦黑为度。

（3）制曲操作

制曲原料配比为：豆肉 100 kg 拌焙炒面粉 2.5 kg。

制作方法基本上与酱油曲相同，但由于豆肉颗粒较大，制曲时间也需适当延长，一般通风制曲时间为 48 h 左右。

种曲用量为 0.15% ～ 0.30%，种曲用面粉拌和使豆酱中不含麸皮，种曲最好分离孢子后使用。

2. 制酱

（1）制酱工艺流程

蚕豆曲→入发酵容器→自然升温→加第一次盐水→酱醅保温发酵→加第二次盐水及盐→翻酱→成品。

（2）配合比例

蚕豆曲 100 kg，15°Bé 盐水 140 kg；固态低盐发酵成熟后，再补加细盐 8 kg，水 10 L。

（3）制酱操作

将蚕豆曲送入搅拌池，按比例加盐水拌匀后入发酵池中，稍予压实，面层加封后再制盐一层，并将盖盖好，品温即能达到 45 ℃左右，以后维持此温度发酵。发酵 10 d 后酱醅成熟，按每 100 kg 蚕豆曲补加细盐 8 kg 及水 10 L，压缩空气或移至露天后熟 7 d 左右，酱香气更为浓厚，风味也更佳。

3. 产品特点

（1）色泽。红褐色、有光泽。

（2）香气。具有酱香及酯香，无其他不良气味。

（3）滋味。有鲜味，咸淡适口，有蚕豆酱独特的滋味，无苦味、焦糊味、酸味及其他异味。

（4）体态。黏稠适度，无霉变、无杂。

（三）蚕豆瓣辣酱

1. 制曲

脱壳的干蚕豆瓣加水浸泡 1 ～ 2 h，具体时间根据水温而定。以豆瓣含水量为 42% ～ 44%、豆瓣折断无白色硬心为宜。按干豆瓣量接入沪酿 3.042 米曲霉种曲 0.3% ～ 0.5%，拌匀装匾或盘，入室发酵，调整温度至室温，持续 30 ～ 40 h，待白色菌丝长满且品温上升至 37 ～ 38 ℃时翻第一次曲，品温控制在 38 ℃以下，一般 4 ～ 5 d，待有黄绿色孢子时出曲。

2. 晒露自然发酵

将成熟豆瓣曲先盛入发酵池中，按每 70 kg 豆瓣曲加 22°Bé 盐水 100 kg，拌和均匀，使其自然晒露发酵，发酵期每 1 ～ 2 d 翻酱一次。待发酵至七八成熟，酱体呈红褐色或棕褐色时，将该酱体分装于瓦缸，继续进行晒露发酵；后发酵阶段每月翻酱 1～2 次，促其后熟。经过 8～10 个月，待其氨基酸态氮达 0.75% 以上时，即成原汁豆瓣。

3. 辅料加工

（1）辣椒酱。选用鲜红嫩辣椒，除去蒂柄，淘洗干净，沥干，切碎。按 100 kg 鲜椒加盐 17 kg，拌均匀，装坛进行腌制，约 3 个月后，即成辣椒酱，用时取出，加适量盐水或甜米酒汁混合，用钢磨磨细成辣椒酱。

（2）红油。按菜油 100 kg，加鲜红干辣椒 10 kg，共同熬煮、提炼至断生味，辣椒成焦煳状时，取出辣椒，即成色红味辣的红油。

4. 配制

按下列配方调制成各种豆瓣（质量百分比）。

元红豆瓣：以原汁豆瓣 100 计，加辣椒酱 100，混合搅匀而成。

香油豆瓣：以原汁豆瓣 100 计，加香油 4，辣椒酱 16，芝麻酱 6，麻油 0.6，甜酱 2，白糖 1，香料粉 0.2，混合搅拌均匀而成。

红油豆瓣：以原汁豆瓣 100 计，加红油 10，辣椒酱 30，芝麻酱 12，糖 2.4，香料粉 0.3，甜酒酿 5。

金钩豆瓣：以原汁豆瓣为 100 计，加金钩 5，辣椒酱 30，芝麻酱 12，麻油 4，香油 8，白糖 2.4，香料粉 0.3，甜酒酿适量。

火腿豆瓣：不加金钩外，其余均与金钩豆瓣同，但加肉干 10。

5. 包装

用纸罐、陶瓷坛、塑料盒等 500 g 装。将新配制的各种豆瓣酱封坛后熟半个月包装出厂，风味更好。

6. 产品特点

（1）色泽。鲜红、有光泽。

（2）气味。醇香，无其他不良气味。

（3）滋味。香辣味，无酸、苦及其他异味。

（4）体态。瓣子酥软，不翻泡，无酸败霉变、杂质。

（四）蚕豆酸豆奶

蚕豆酸乳和乳酸菌饮料是蚕豆原料经乳酸菌发酵而制成的。前者类似于"酸牛奶"，后者是通过加酶处理后，淀粉被水解为葡萄糖，然后经发酵、离心、过滤等工艺制成。它们酸甜爽口，营养丰富，气味芳香。这两种饮料都具有乳酸饮料的固有特点。

1. 原料

蚕豆、绵白糖、脱脂奶粉（菌体培养用）、琼脂、精盐、柠檬酸、橘子（或苹果、菠萝）香精、糖化酶、淀粉酶、碳酸钾或碳酸氢钠（用于泡豆）。

2. 菌种

保加利亚乳杆菌、嗜热乳酸链球菌。

3. 主要设备

离心机、杀菌锅、搅拌器、恒温培养箱、低温贮存箱、恒温干燥箱、高速组织捣碎机。

4. 生产工艺流程

（1）蚕豆酸乳

蚕豆→浸泡→脱皮→清洗→蚕豆热处理→磨浆→过滤→调浆→灭菌→分装→冷却→接菌→发酵→速冻后熟→成品。

（2）乳酸菌饮料

蚕豆→浸泡→脱皮→清洗→蚕豆热处理→磨浆→过滤→调浆→灭菌→加酶→恒温水浴→灭酶→分装→冷却→接菌→发酵→离心→过滤→分装→成品。

5. 操作要点

（1）蚕豆处理。在 50 ～ 60 ℃稀碱溶液中浸泡 2 ～ 3 h（如用水浸泡需 5 ～ 6 h），脱皮后，用 85 ℃的热水浸泡 20 ～ 30 min，水的用量为蚕豆的 2 ～ 2.5 倍，用以钝化蚕豆中的脂肪氧化酶，消除豆腥臭味。

（2）调浆。控制相对密度在 1.015 左右，加蔗糖 7%、氯化钠 0.1%、琼脂 0.2%。稳定剂除琼脂外，还可选用羧甲基纤维素、果胶、明胶、海藻酸钠等。

（3）接菌、发酵培养基的处理。处理好的豆浆，可加入少量的脱脂奶粉液作发酵时的诱发剂，奶粉液浓度 10%，占豆浆用量的 15% ～ 20%。混合均匀后，加热灭菌即成发酵基质。从牛奶培养基中纯培养的乳酸菌经过不同比例梯度的蚕豆奶液的纯化，使菌种适应豆奶的加工条件，发酵一段时间凝固后，才可用作生产种母。

（4）接种量及发酵条件。接种量为 3% ～ 5%，混合使用嗜热乳酸链球菌和保加利亚乳杆菌可使产品风味更加优良，且有自然香味。两者的比例为 1∶1，发酵温度控制在 40 ～ 41 ℃，4 ～ 8 h 后即可成熟。此时发酵液 pH 降至 4.3 ～ 4.5，酸度为 0.8% ～ 1.0%，从外观上看，呈均匀细密的凝乳状。

（5）速冻后熟。在 10 ℃以下保存 4 h。

（6）发酵时间。对于乳酸菌饮料，可适当延长发酵时间，使其出现更多的上清液。

（7）灭菌。浆液灭菌温度要保持在 90 ℃左右，不要太高，否则蛋白质会变性；杀菌时间不超过 20 min，否则会没有豆香味。

（8）酶水解。用酶水解时，α- 淀粉酶的条件是 60 ℃、1 ～ 2 h，糖化酶的是 50 ～ 55 ℃，3 ～ 5 h。先在各自酶水解温度下浸泡 30 min，取其滤液，配成 1/1000 的酶液，加入量为 5%，即以每瓶 200 mL 计算，加入 10 mL 酶液，两种酶液各加入 5 mL。两种酶混合起来使用的效果好。

6. 成品质量指标

（1）感官指标。表面光洁，色泽乳白，组织状态良好，无上清液，无豆腥味，酸甜适中，口感细腻，富有弹性，香气宜人。

（2）理化指标。凝固形（不加酶）：蛋白质 3.16%、可滴定酸 0.63%、还原糖 0.02%、总糖 27.03%、水分 89%、灰分 6.82%。

液体形（加酶）：蛋白质 1.47%、可滴定酸 0.71%、还原糖 0.02%、总糖 27.03%、水分 89.8%、灰分 6.77%。

风味物质：双乙酰、3- 羟基丁酮、乙醇、乙酸乙酯等各适量。

（五）蚕豆蛋白、淀粉

1. 原料配方

蚕豆 25 kg，0.03 mol/L 氢氧化钠水溶液（pH 为 8.5）6.1 kg。

2. 生产工艺流程

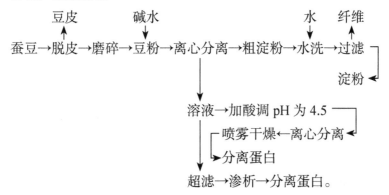

3. 操作要点

（1）制粗淀粉。将脱皮蚕豆用螺旋磨磨成细粉，加入氢氧化钠水溶液，调成浆状物（固液质量比为 1：4），离心分离，得固体粗淀粉。

（2）分离蛋白。上层清液通过调整 pH 或超滤、渗析等操作得到分离蛋白。

（3）成品制取。将粗淀粉调成浆状，采用多层逆流旋液分离器不断水洗、过滤，得纯净淀粉。在旋液分离器进料室内装有孔径为 75 μm 的过滤筛。

（六）蚕豆粉丝

1. 生产工艺流程

（1）淀粉提取工艺

泡豆→淘洗→磨豆→过筛→调浆→撇浆水→过细筛→吊湿淀粉。

（2）粉丝生产工艺

配粉→打糊→和面→揉面→压制粉丝→凉粉→泡粉→晒粉→成品。

2. 操作要点

（1）蚕豆淀粉提取

①泡豆。称取一定量蚕豆，用洁净水浸泡，水量为豆重的 2 倍。泡豆时间随着季节不同而异，夏短冬长。泡豆适度的标志是：蚕豆吸足水后比干豆增重 1 倍；或用手指挤捏蚕豆，豆皮能顺利脱下，折断豆瓣，断面应不见哑白色（干豆瓣色）。

②淘洗。去掉蚕豆中夹带的泥沙及其他杂物，并清洗干净，捞出的蚕豆夏天必须在 1 h 内上磨。

③磨豆。先用粉碎机粉碎，再用钢磨细磨，磨浆愈细出粉率愈高。磨豆的用水量应以磨口流出的豆浆液不发热为度。磨豆时适当添加少量食用油，用以消泡。磨豆时一定要注意豆浆液不发热（不超过 30 ℃），温度太高将使淀粉部分糊化，淀粉收得率将降低。

④豆浆液过振动筛（50 ～ 80 目）。将磨好的浆料，用泵打上振动筛粗滤，除去豆渣，振动筛上用冷却水喷淋，使豆渣中的淀粉完全洗出。但是用水量不能过大，用水过多将增加后处理（沉降淀粉）的工作量，也增加生产成本。

⑤调浆。用泵将振动筛的浆液打入大缸内，加入一定量的黄粉液（亦称油粉，为淀粉沉降层上面的浅黄色浓稠的胶状渣液）、中浆水（亦称甜浆）、小浆水（亦称三盆浆）和大浆水（亦称酸浆水或老浆水），充分搅拌，直至 pH 为 5.2 左右。判断调浆是否合适，可用一白色小玻璃瓶取出搅拌均匀的料液观察。静置后，应迅速出现 3 层，底层为白色的淀粉层，中层为浅黄色的浮渣层，上层为含蛋白质的浑浊液。分层的时间愈短，各层的界线愈分明，则调浆也更合适。

⑥撇浆水。将调好酸度的大缸浆液静置 20 min 后，撇出（或从缸边侧孔排出）上层浆水至酸浆缸内（为大浆，亦称酸浆）留用，撇出 2/3 缸浆水后或继续加入新鲜浆料再调浆，或进一步小心撇出淀粉层上的浮渣液弃去，混有淀粉的浮渣液则收集在一空收集缸内，以回收其中的淀粉。

⑦过细筛（150 ～ 180 目）。用木棒将大缸内淀粉层撬起并搅匀，取出过细筛，粉水漏入一小缸内（与大缸比较而言），过筛时用水冲洗渣粒，使淀粉完全洗出，残渣弃去。向小缸内再加入一定量洁净清水（由淀粉多寡决定），用木棒充分搅拌粉水，静置 1 ～ 2 h（夏天 1 h；冬天 2 h）后，将上层清澄的浆水（中浆，亦称甜浆）撇至中浆缸内备用，下层浑浊的浆液弃去。若夹有淀粉，则放入大浆淀粉收集缸内一起回收淀粉，再加入一定量洁净的清水，用木棒充分搅拌粉水，静置 5 h 以上（夏天宜短些，冬天宜长些）。

⑧吊湿淀粉（亦称潮粉）。淀粉水静置后将上层清液（小浆，亦称三盆浆）撇至小浆缸内备用，将淀粉层上的黄粉液小心撇出后放入黄粉缸内备用。再

用清水洗净淀粉层上的黄粉，这时缸内留下洁白坚实的淀粉沉降层。若遇淀粉层不坚实，则洒入 1 ～ 2 瓢清水，再将缸轻轻摇动，静置 1 ～ 2 h，淀粉即变得坚实。将小缸内的淀粉取出，放入白细布吊起。滤去残留水分，至不滴水时称重。取出粉团转移到晒粉台上晒粉。

（2）压制粉丝

①配粉。称取晒 1 d 的湿淀粉，搓碎，加入需要量的玉米淀粉，充分混匀。

②打糊。称取需要量的湿淀粉，搓碎，放入糊盆，糊盆应保温（冬季用沸水保温，夏季用温水保温，春、秋季用 70 ℃左右的热水保温），加入一定量的温水，充分搅拌至不存在粉粒为止。冲入计量沸水，用竹棍迅速搅拌，使淀粉完全糊化，并且稀稠均匀。用手指沾一些粉糊向空中甩出，能拉成极细的丝，粉糊则可用。

③和面。装好搅拌装置，向粉糊内加入混匀的淀粉，边搅拌边加入淀粉，加完混合淀粉后继续搅拌，直至不存在白色的生粉粒（用 2.5 kg 晒 1 d 的湿淀粉打糊的话，加温水 2 kg，冲入沸水 9 kg 左右，可和入混合淀粉 50 kg 左右）。

④揉面。停止机械搅拌，改用人工揉面，由上向下不断翻揉，使粉体的黏韧性增强、硬性降低，一直揉至粉体细匀，表面有光泽。用双手摔起一团粉体，可从指缝柔滑地漏下，能拉成很细的线条，线条落在粉体表面仍保留条痕，3 ～ 4 s 后才消失，此时可开始压制粉丝，但仍需不停揉面。

⑤压制粉丝。先在灶上装好漏粉桶及挤压机械，漏粉桶底与锅中水面的距离可根据粉丝粗细要求及粉团质量来确定。漏粉时锅中水温应控制在 95 ～ 98 ℃。待粉丝转动大半圈开始浮起时，用筷子捞起拉出经过粉池（不断充入冷水），再入理粉池冷却、清理、成把、截断，用 1 m 左右长的竹竿穿起，放入漂洗池中漂洗。漂洗池内的漂洗液为清水加 20% 大浆水，夏天用中浆水。加入酸浆水漂洗的原理是利用浆水的酸性，一方面抑制其他微生物的繁殖，另一方面使粉丝内残余的色素溶去或不显色，从而使粉丝晒干后更晶亮、洁白。

⑥晾放粉丝。将漂洗后的粉丝提出来悬挂到木架上晾放。采用冷冻处理

更能增加粉丝的弹性。晾粉的时间约为 2 h，凉透为止。

⑦泡粉。待粉丝凉透后，移入清水中浸泡，要全部浸入水中，浸泡过夜第二天即可晒粉。若天气不好，冬季可连续浸 2～3 d，夏天浸 1 d 就要换清水。若设有烘房，则不受天气影响，可连续生产。

⑧晒粉。

a. 搓粉。将清水池中的粉丝移到浆水池中浸 1～2 h，浆水池中的浆水与漂洗池中浆水的组成一样。将黏结的粉丝轻轻搓散，再放入另一浆水池中漂洗一次，然后逐把移入手推车，送往晒场。

b. 晒粉与整理。将穿有粉丝的竹竿的两端挂在晒场铁丝绳索上，将粉丝理清，分散铺开，整理乱结，拉下断头，使粉条整齐挺直。晒粉期间要将竹竿转向，使粉丝干燥均匀。

c. 收粉及包扎。粉丝晒至八九成干后连竹竿一同取下，摊放在地面片刻，让其吸潮。待脆性消失后，用大竹箩筐运入库房进行捆扎，再用螺旋挤压机打包后称重。

（七）蚕豆魔芋粉条

1. 生产工艺流程

（1）魔芋精粉生产工艺

生魔芋→清洗、刮皮→切块→捣碎→过滤→酒精浸泡→捣碎→过滤→魔芋精粉→烘干→粉碎过筛→成品。

（2）魔芋蚕豆粉条生产工艺

生粉打糊→和面→揉面→压制粉条→凉粉→泡粉→晾晒→成品。

2. 操作要点

（1）清洗、刮皮。将新鲜魔芋浸在盛有水的大盆或桶中，去掉须根，用清水洗至无泥。生魔芋表面凹凸不平，不能用机械刮皮，只能手工刮皮。将清洗干净的魔芋用谷皮或尼龙刷擦去其表皮，用小刀挖掉凹进部位的表皮，再用清水洗净。

（2）切块、捣碎、过滤。用刀将洗净后的魔芋切成拳头大小的块，以便能够将其均匀捣碎，且减少机械震动与切割阻力；把亚硫酸钠配成 200 mg/kg

的溶液，魔芋块与亚硫酸钠溶液按 1∶5 的质量比投入捣碎机内捣碎 1 min；把捣碎后的魔芋浆迅速放入离心机内，靠离心机的高速运转甩掉水分，剩下的即为魔芋精粉。

（3）酒精浸泡。将脱水后的魔芋渣倒入 90% 的酒精中，搅拌均匀，生魔芋与酒精的质量比为 10∶0.3。酒精浸泡过的魔芋渣不会黏结。

（4）第二次捣碎、过滤。把经过酒精浸泡的魔芋浆倒入捣碎机中捣碎 15 min，然后注入离心机。

（5）烘干。用 120 目铁丝网做成盛放魔芋粉的支撑物，叠放在铁架上，每片支撑物上所放魔芋粉的厚度为 0.6 cm，放入烤炉，前 2 h 的温度控制在 50 ℃左右，以免温度过高而造成魔芋精粉变色，后 2 h 的温度可提高到 60 ～ 70 ℃，直至烘干。

（6）粉碎、烘干。虽经两道工序进行捣碎，但粒度还是不够均匀，因此要经过粉碎与过筛，使其粒度控制在 3 ～ 10 μm，成为合格的魔芋精粉，甘露聚糖含量在 50% 以上。

（7）打糊。把蚕豆干淀粉与魔芋精粉放入糊盆保温（冬季用沸水保温，夏季用温水保温，春、秋季用 70 ℃左右的热水保温），加入 55 ℃的温水，充分搅拌至不存在粉粒为止；再用滚开水快速冲入调好的稀糊中，并随即用竹棒搅匀，使淀粉完全糊化，变成半透明状。

（8）和面。按配方称取原料，充分混匀，明矾用清水化开，装好搅拌装置，把粉糊和明矾水同时掺入淀粉内，充分搅拌至不存在白色的生粉粒为止。

（9）揉面。停止机械搅拌，改用人工揉面，由上向下不断翻揉，粉体的黏韧性越来越强，硬性越来越低，揉至粉体细致均匀、表面有光泽为止。

（10）压制粉条。在灶上装好漏粉桶，漏粉桶底与锅中水面的距离可根据粉条粗细要求及粉团质量来确定。锅里盛上清水，用旺火烧开，并使锅中的水温始终保持在 95 ～ 98 ℃。待粉条转动大半圈开始浮起（成为熟粉条）时，随即用筷子捞起拉出经过粉池（不断充入冷水），捞入理粉池冷却，清理成把后截断，用竹竿穿起，放入漂洗池中漂洗。

（11）晾放粉条。粉条经过漂洗后，将其提出来悬挂到木架上晾放。如果采用冷冻处理，则更能增加粉条的弹性。晾粉的时间约为 2 h，凉透为止。

（12）泡粉。待粉条凉透后，移入清水池中浸泡过夜（冬季可连续浸泡 2～3 d，夏季浸泡 1 d 就要换清水），第二天即可晒粉。

（13）晒粉

①搓粉。将清水池中的粉条移到浆水池中浸 1～2 h，将黏结的粉条轻轻搓散，再轻轻放入另一浆水池中漂洗一次，然后逐把移入手推车，送往晒场。

②晒粉与整理。将穿有粉条的竹竿两端挂在晒场铁丝绳索上，将粉条理清分散铺开，整理乱结，挂上断头，使粉条整齐挺直。晒粉期间要将竹竿转向，使粉条干燥均匀。

③收粉及包扎。粉条晒至八九成干后连竹竿一同取下，摊放在地面片刻，让其吸潮，待脆性消失后，运入库房进行捆扎，打包即为成品。

3. 质量标准

（1）感官指标。外观纯白、晶亮，近乎半透明；在不过分干燥时，有一定的韧性，每一单条可承受一定拉力；滋味正常，无霉味、酸味及其他异味；有一定耐煮性，煮沸不断条、不溶化，久放不泥。

（2）理化指标。水分 ≤ 18%，砷（以 As 计）≤ 0.5 mg/kg，铅（以 Pb 计）≤ 1.0 mg/kg，黄曲霉毒素 B_1 ≤ 5 μg/kg。

（3）卫生指标。菌落总数 ≤ 1000 个 /g，大肠菌群 ≤ 30 个 /100 g，致病菌不得检出。

第二节　豇豆食品加工

一、豇豆概述

豇豆 [*Vigna unguiculata*（L.）Walp.]，俗称角豆、姜豆、带豆、挂豆角等，是我国六大食用豆类作物之一。豇豆广泛生长在亚热带、热带、温带地区，种植历史比较悠久，产量较大。在我国的江西、河南、广西、河北、山西、陕西、云南、四川、山东、湖北、安徽、贵州及台湾等地区都有豇豆的种植。按其荚果的长短分为三类，即长豇豆、普通豇豆和饭豇豆；按食用部位分食荚（软荚）和食豆粒（硬荚）两类；作为蔬菜栽培分为长豇豆和短豇豆。

我国种植的豇豆主要是食用籽粒的普通豇豆及蔬菜用的长豇豆。

豇豆籽粒营养丰富，蛋白质含量为 18% ～ 30%，淀粉为 40% ～ 60%，脂肪为 1% ～ 2%。豇豆籽粒蛋白质的氨基酸组成比较齐全，富含人体不可缺少的 8 种必需氨基酸，特别是赖氨酸（2%±）、色氨酸（0.2%±）和谷氨酸（5%±）的含量高。还含有丰富的矿物质，如钙、磷、铁等。维生素 A、维生素 B_1、维生素 B_2 的含量也比较高。

二、豇豆食品加工

（一）豇豆粉

淀粉是食品工业和其他多种工业的重要原料。豇豆淀粉含量为 40% ～ 60%，选用淀粉含量高的品种，利用豆制品生产前半部设备生产淀粉，既充分发挥了设备的能力，降低了淀粉的成本，又增加了经济效益。

1. 工艺流程

选料→浸泡→磨碎→过滤→沉淀→吊粉→成品。

2. 操作要点

（1）选料。选用经过挑选的豇豆籽粒。

（2）浸泡。宜进行两次浸泡。第一次按每 100 kg 豇豆用 150 kg 水浸泡。夏季用 60 ℃的温水，冬季用 100 ℃的开水。浸泡 4 h 后，豇豆已吸收了一定的水分，待浸泡水被豆吸干，再用清水冲去豆中的泥沙、杂质及除去没有泡开的死豆。洗净后，将豇豆放于水中，进行第二次浸泡。浸泡时间方面，夏季为 6 h，冬季为 18 h，泡至豇豆表皮呈横裂纹状即可。如果横裂纹太大，则表明浸泡时间过长；如果没有横裂纹，则表明浸泡时间不足。浸泡过头或不足都会影响产品的出品率和质量。

（3）磨碎。将浸泡后的豇豆用磨磨碎，一般采用两次磨制，第一次磨碎后进行分离，对分离出的渣子进行第二次磨碎，使豆类所含淀粉得到充分提取，一般第一次磨制时按 1∶14 的比例加水，第二次磨制时按 1∶6 的比例加水。

（4）过滤。过滤是指将磨好的豆糊中的淀粉与渣子分离。共进行三次分离，对每次分离后的豆渣再加热水稀释，进行再次分离，这样可以把淀粉乳充分提取干净，提高淀粉的出粉率。

（5）沉淀。把隔天已发酸的老浆掺和在浆水里，以加速淀粉沉淀，俗称"酸浆沉淀法"。酸浆在 pH 为 4.5 时就可应用。酸浆用量方面，夏季时是浆水的 7%，冬季时是浆水的 10%。淀粉浆水掺和酸浆后，15 min 左右就会产生沉淀，再将浮在浓浆上的清水撇净。

（6）吊粉。将沉淀在缸内的淀粉取出，因此时的淀粉含水量较高，尚需用 1 m×1 m 的白布把淀粉包于布中，系紧四周，用绳子将包布悬吊起来，用手或竹片在包布四周均匀拍打，使淀粉水分能较快排出。一般吊 8～10 h，包布内的淀粉就可使用。湿粉团每团质量一般不超过 30 kg，色泽洁白，有光泽，粉团坚实，不起孔；无黄黑杂质、无泥沙；含水量不超过 46.5%。每 100 kg 原料可制淀粉 50～60 kg。

（二）豇豆豆沙

豆沙是广泛使用的一种中式点心馅料。各个地区对豆沙质量的要求不同，如广式点心的豆沙其浓度比苏式点心的轻，此外，还有去皮豆沙和连皮豆沙之分。制豆沙的原料，可选用红豆和豇豆。豇豆豆沙制作技术如下。

1. 原料配方

豇豆 20 kg，砂糖 22 kg，食油 7.5 kg。

2. 工艺流程

豇豆→漂洗→煮豆→过滤、去皮→炒沙（砂糖、食油）→回沙（加食油）。

3. 操作要点

（1）洗豆。将豆用水浸泡 3～4 h，使豆粒吸水膨胀，淘掉泥沙、灰土等，并淘洗干净。

（2）煮豆。50 kg 豆约用 125 kg 的水，将豆放在锅中煮，先用大火，待煮开后再用文火，煮到豆皮脱开，用手捏豆成粉末状，即可将灶火熄灭。

（3）磨豆。可用机械磨或石磨磨豆。磨出的豆泥，若不需要去皮，用布袋将豆沙装好，压榨出水分，即可进行炒沙；若需要去皮，可用 40 目筛滤去细皮渣，滤净后，用布袋压榨出水分，即可进行炒沙。

（4）炒沙。豆沙在用布袋压榨出水后，其颗粒内还含有较多的水分，这些水分要进一步加热除去，因此需要进行炒沙。炒沙前一阶段的工作是除去这一部分水分，后一阶段的工作是将糖油与豆沙混合，使其渗透到豆沙颗粒内部去。炒沙时，先在锅内放入 1 kg 食油，再将豆沙倒入，用一般火力，不断用铁铲从锅底翻炒，以防止炒焦。待水分蒸发到一定程度后，将砂糖投入，继续用文火翻炒。炒至砂糖熔化，再将 2/3 的食油分 2～3 次投入，继续翻炒，炒至不粘手，说明豆沙已炒好。若用于面包、蛋糕芯，此种豆沙即可用，则可出锅，将豆沙放在案板上摊开冷却，然后装入容器待用。若用于做糕点及酥皮点心的馅料，还需进行回沙处理。

（5）回沙。回沙的目的是使豆沙进一步排除水分，使糖向豆沙的颗粒中进一步渗透均匀。所谓回沙就是将豆沙再次放入锅中加热的过程，一般做馅料的豆沙都要经过回沙处理。豆沙每隔 1～2 d 回沙一次，一般经过 2～3 次回沙，糖油充分渗透到豆沙的颗粒内，豆沙的组织会变得更加细腻，耐储性也增强，可保持数日不变质。回沙时应使用文火，并不断翻炒。

（三）长豇豆罐头

长豇豆罐头是将新鲜长豇豆预处理后，密封在容器中，通过杀菌措施消灭大部分微生物，保持密闭状态而长期保存的加工方法。它能保持新鲜豇豆的形态和风味，保存期长，可全年供应，适于远距离运输。

1. 工艺流程

原料挑选→清洗→切端、切段→盐水浸泡→预煮和漂洗→装罐→排气和密封→杀菌和冷却→成品。

2. 操作要点

（1）原料挑选。挑选色泽青绿、具有丰富肉质的鲜嫩长豇豆，剔除存在病虫害、皱皮、畸形、腐烂和机械伤等情况的豇豆，选取条形正直、长短均匀的豆荚条。

（2）清洗。用清水将豇豆表面的泥、沙、污物等清洗干净。

（3）切端、切段。手工或用切端机切去豆端的蒂柄和荚尖，切成 6～7 cm 的长条。

（4）盐水浸泡。将整理好的豆荚在 2.5%～3% 的盐水中浸泡 10～15 min，以驱除害虫。水与豆荚的比例为 2∶1，随时捞出浮在盐水上的小虫。

浸后用清水冲洗。

（5）预煮和漂洗。将浸盐后的豆荚在沸水中预煮 3 min，使豆荚稍萎缩。预煮捞出后立即用冷水漂洗冷透。

（6）装罐。按每罐豆荚重量不少于净重量的 60% 称重，将豆荚整齐地装入罐内，再灌注汤汁。汤汁为 3% 的食盐水，温度不应低于 75 ℃，水要浸没豆荚，以防豆荚变色。

（7）排气和密封。注入汤汁后，必须迅速加热排气并真空封罐。装罐后预封，在排气箱 90 ℃ 的条件下，排气 8 ~ 10 min，中心温度在 85 ℃ 左右时即可密封。

（8）杀菌和冷却。净含量为 425 g 和 567 g 的马口铁罐头，杀菌温度为 119 ℃，升温时间为 10 min，杀菌时间为 25 min，而后反压冷却至 38 ℃ 左右。经保温处理后，即可贴标签、包装入库。

（四）脱水豇豆

新鲜豇豆经过洗涤、烘干等加工制作，其含水量下降，但原有的色泽和营养成分基本保持不变，所制得的脱水豇豆易于储存和运输，能有效调节豇豆生产淡旺季。

1. 工艺流程

原料→整理→洗涤→预煮→冷却→沥水→摊盘→烘干→挑选→压块→装箱→检验→封箱→入库。

2. 操作要点

（1）原料整理。脱水前应严格选优去劣，要逐个挑选具有丰富肉质的青绿色或深红色长豇豆，剔除有病虫害、腐烂、干瘪的豆荚条，选取条形正直、长短均匀的豆荚条，以八成熟为宜，过熟或不熟的应挑出。

（2）洗涤。因为脱水豇豆在食用时只浸泡，不洗涤，直接烹饪，所以加工前必须洗涤干净，可用清水将豇豆表面的泥、沙、污物等冲洗干净，然后放在阴凉处晾干，不宜在阳光下暴晒。

（3）切削。对于洗干净的原料，在加工整理时，剪除豇豆两端及变质部分，切成 6 ~ 7 cm 的长条。切削时注意投料均匀、刀口锋利，以降低损耗，提高原料利用率。

（4）预煮。将豇豆条放沸水中预煮 3 min。

（5）冷却。对于预煮处理过的豇豆，应立即进行冷却，使其降至水温或室温。冷却的速度越快越好。一般采用冷水冲淋，冰水低温冷却的效果更好。

（6）沥水。冷却后，为缩短烘干时间，可用离心机甩水，也可用简易手工方法压沥。甩水或压沥时，用清水边冲边甩（沥），以进一步洗除豇豆表面的浆质和辛辣黏物，利于保持原有的色泽。

（7）摊盘。待水分沥尽后，将半成品摊在竹架或竹篾尼龙网烘盘上稍加晾晒，摊时抖开，厚薄均匀，剔除老皮、杂质及不合规格的豇豆等，以备装盘烘烤。

（8）烘干。这是制作过程中的一项关键技术。烘干一般在烘房内进行，烘房结构大致有两种。一种是用两层双隧道、顺逆流相结合的烘房，既节省场地，又符合空气对流原理；用锅炉蒸汽通过散热器进行加热，后面由轴流风机鼓风，顶上备有小型通风机排湿排潮；烘房内装有链带式推车器，带动烘车向前移动。另一种是简易烘房，采用逆流鼓风干燥的方法；用锅炉加热，烘道旁边装鼓风机，烘房顶上有小型通风机，备若干烘车即可，其他设备可以从简。烘干时将豇豆均匀地摊放在盘内，烘盘摊豆数量为 4 kg/m²，然后放到预先设好的烘架上，烘房温度是前烘房 85 ℃、后烘房 80 ℃，同时，要不断翻动，使其加快干燥，烘干时间为 6 h。

（9）成品挑选整理。这是确保产品质量的最后一道环节。要求豇豆色泽一致，青绿色（青豇）或深红色（紫豇），无暗条和焦烂条，条形正直，长短均匀。

（10）产品包装检验。经挑选整理，符合内外销要求的产品，无论压块或散装，均应迅速装入包装容器内，包装物品必须严密、坚固、清洁、完整。内包装要求无异味，无毒性，包装容器的大小要与产品的大小、重量相称。成品装箱后，按照内外销规定及成品挑选的要求，进行抽样检查，豇豆成品检验要求是含水率在9%以下，碎屑率在10%以下。合格后方可封箱内销或出口。

（五）酱八宝菜

酱八宝菜由 8 种蔬菜原料酱制加工而成，分为甜酱果料八宝菜、甜酱八宝菜和中酱八宝菜。三者的工艺流程和加工技术基本相同，主要区别在于原辅料配比和用酱量的差异。下面以甜酱八宝菜为例介绍其加工技术。

1. 工艺流程

选料→腌制→切分→脱盐→酱制→成品。

2. 操作要点

（1）选料。以苤蓝、黄瓜、藕、豇豆、甘蓝、银条、姜等蔬菜和花生米、甜面酱作为八宝菜的原辅料。

（2）腌制。蔬菜原料经挑选，削除不可食用部分。用清水漂洗后，分别加盐腌制，加盐量为所腌制蔬菜重量的 25% ～ 30%，腌制中适时倒罐，成熟后即封缸储存备用。

（3）切分。酱制前应将各种蔬菜盐腌的咸菜坯按规格要求切分成不同的形状。

①苤蓝花。将腌苤蓝切成厚 4 mm 的苤蓝片，而后再戳成花。

②甘蓝条。将腌甘蓝切成 25 mm 长、5 mm 宽、5 mm 厚的条形。

③黄瓜条。将腌黄瓜劈成 4 瓣，再斜切成 5 cm 长、1 cm 宽的柳叶形。

④藕片。将腌藕切成 4 mm 厚的小片。

⑤银条、豇豆。分别切成 2.5 cm 的小段。

⑥姜。切成 2 ～ 3 mm 的细丝。

⑦花生米。蒸熟去掉内皮。

（4）脱盐。将切分后的菜坯按苤蓝（苤蓝又名球茎甘蓝，俗名擘蓝、玉蔓青）60%、黄瓜 12.5%、藕片 7.5%、豇豆 7.5%、甘蓝 2.5%、银条 2.5%、姜丝 0.15%、花生米 7% 及其他辅料 0.35% 的配比混合在一起（此时先不放花生米），放入缸内用清水浸泡脱盐，并用耙搅匀。冬季压去 40% 的水分，夏季压去 60% 的水分，以使菜坯吸收较多的酱汁，防止败坏。

（5）酱制。每 100 kg 菜坯用酱 75 kg。先把酱倒入缸内，再把装袋压紧的菜松散一下，放入酱中。花生米单独酱制，待出售前再按配比混合。

3. 成品质量指标。酱菜褐色或棕褐色，有酱香味、咸甜适口，有鲜味，质地脆嫩，无异味，无杂质。

（六）辣油豇豆

辣油豇豆是一种滋味鲜美、风味独特、引人食欲、营养丰富、食用方便、深受广大消费者喜爱的佐餐佳品。

1. 工艺流程

原料→热烫→晒制→蒸制→再晒→煮制→泡制→灌卤→真空密封→杀菌冷却→保温检验→装箱入库→成品。

2. 操作要点

（1）原辅料选择

①原料。选用鲜嫩、色泽青绿、肉质肥厚、无虫害的豇豆为原料，摘除不可食部分。

②辅料。选用符合《食用盐》（GB/T 5461—2016）标准中一级精制盐规定的食盐。选用符合《白砂糖》（GB/T 317—2018）标准中一级品规定的白砂糖。用味精、麻油、红椒、稀甜油等作为香辛料，要求无霉变、无杂质。用苯甲酸钠和山梨酸钾作为添加剂。

（2）热烫。先把锅内的水煮沸，再将豇豆立即投入锅内，水要全部淹没豇豆，盖上锅盖，加大火力。锅水再次煮沸时，翻动1次，然后捞出豇豆，沥水。

（3）晒制。将热烫过的豇豆均匀铺在竹簠或晒场上，日晒3～4 h，豇豆由青绿色变成青白色，翻晒豇豆，以后每隔2～3 h再翻动1次，晚上把豇豆收回摊晾，不能堆放在一起。如此连续晒3 d，豇豆就能晒到八成干。

（4）蒸制。把晒干的豇豆装进蒸笼，压紧，用大火蒸，豇豆湿润发软时，立即出笼。

（5）再晒。蒸制后再摊放在竹簠或晒场，在阳光下晾晒，每隔2～3 h翻动1次，晒1～2 d，晒干后堆放在室内1～2 d，待回软。

（6）煮制。把回软过的豇豆投入已煮沸的水中，待锅水再次煮沸时，捞出豇豆，沥水。

（7）甜面酱浸泡。把沥干的豇豆放在缸中，加入40～50 ℃的甜面酱热卤（豇豆：甜面酱的质量比为 4 : 1），在甜面酱中加入 0.05% 的山梨酸钾和 0.05% 的苯甲酸钠，浸烫 5 ～ 6 h，一般约 2 h 搅拌 1 次。

（8）麻辣油制作。将 500 g 精炼植物油烧至七八成热，加入 25 g 干辣椒粉，再加入 15 g 花椒粉，加热到辣椒呈橙色为止，过滤，滤液即为麻辣油。

（9）糖卤配制。白糖 500 g，食盐 130 g，味精 4 g，稀甜油 600 g，开水 1066 g。水与白糖熬，熬至糖发青色，除去表面杂质。盐与水熬，除去杂质。稀甜油浇沸即可，味精最后加入。每批卤料 2300 g，重量不足时加开水，合并好后用 6 层纱布过滤，保持卤水澄清。糖卤不能碰生水，否则会引起发酵。

（10）包装。应选用气密性好、能耐 100 ℃ 高温且不分层的复合薄膜制成的包装袋，如尼龙 / 高密度聚乙烯袋。通过特制漏斗把豇豆装入袋内，灌注甜卤，在豇豆上面加麻辣油。应注意袋口不得黏附豆屑或汁液，否则会影响封口质量。

（11）真空密封。用真空包装机抽空密封，真空度为 0.09 ～ 0.1 MPa，热合带宽度应大于 10 mm，热合强度可通过热封时间与温度来调节，以达到最佳的封口效果。

（12）杀菌冷却。密封后的产品在 80 ～ 85 ℃ 的热水中加热杀菌 15 min 左右。杀菌结束后，将其迅速置于冰水中冷却到 30 ℃ 左右，捞出后擦干袋外表面的水渍。

（13）保温检验。在 30 ℃ 左右条件下保温 7 d，检验有无胖袋、漏袋现象，并抽样进行感官指标、理化指标和微生物指标鉴定。

（14）装箱入库。经检验合格后的产品可装箱入库。

3. 成品质量指标

（1）感官指标。色泽呈红棕色，有豇豆干特有的香气，香甜、微辣。真空封口，袋形紧缩，薄膜贴豆，眼观手摸无空气感，无胖袋现象。

（2）理化指标。含盐量 4% ～ 6%，砷 ≤ 0.5 mg/kg，铅 ≤ 0.1 mg/kg，锡 ≤ 200 mg/kg，铜 ≤ 5 mg/kg。食品添加剂按食品添加剂标准 GB 2760—2014 执行。

（3）微生物指标。无致病菌及微生物作用引起的腐败现象。大肠菌群

≤ 30 个 /100 g，致病菌（系指肠道病及致病性球菌）不得检出。

（七）豇豆泡菜

1. 原料配方。豇豆 1500 g，要求不发白、不变软，荚面种子未凸出。按与原料的质量比，加入干辣椒 2%，精盐 1%，白酒 1%，白糖 2%，花椒 0.15%，八角 0.15%，生姜 0.1%，清水适量。

2. 操作要点

（1）把坛子反复清洗 2 次后倒立沥干水分，豇豆清洗干净后放置一边沥水、晾干，生姜去皮后洗净沥水，八角、花椒快速冲洗后沥水，保证所有材料不能有一点油污。

（2）烧一锅清水放凉，将豇豆 5 根一把地捆起来。把盐均分成 2 份，先把其中一份倒进坛子，然后倒入白糖，放入生姜、花椒、八角等材料，接着倒入白酒，最后倒入半坛烧开放凉的清水。

（3）手洗干净后，先将捆好的豇豆一把把地轻轻放入坛子摆好，再放入干辣椒，铺好干辣椒后倒入另外一份盐，最后倒入烧开放凉的清水至八九分满。

（4）盖上封坛口的盖子，在坛沿上注入少许清水，罩上坛罩，将泡菜坛放入阴凉无阳光直射的地方，5 ～ 7 d 后即为成品。质量要求是色青黄、味香脆，久泡还会略带甜味。

3. 注意事项。做泡菜要求所有的容器、材料、捞泡菜的筷子等都不能沾油，不然一定会变质长白霉；加一点罐装泡椒的泡椒水，可快速发酵；坛沿上的水量变少的时候需要添补，保证坛沿上的水不会干。

第三节　黑豆食品加工

一、黑豆概述

黑豆是在我国广泛分布的优质杂粮作物，尤其以山西、河北、陕西栽培较多。黑豆的类型十分丰富，北方有一年一熟春种秋收的春性黑大豆，黄淮地区有麦收后播种的夏播黑大豆，长江以南有春种、夏种和秋种的黑大豆。黑豆中有籽粒大小不同的各种类型，籽粒大的江苏金坛黑蚕嘴豆百粒重达37.4 g，但大多数黑豆籽粒较小，俗称小黑豆。黑豆的籽粒多扁椭圆、扁圆、肾状、长椭圆形，圆粒较少。黑豆的子叶颜色绝大多数为黄色，少量为绿色或青色。黑皮青子叶黑豆往往被称为药黑豆，其营养、药用和商品价值均高，在东南亚和港澳市场上很受欢迎。

黑豆营养价值极高，蛋白质不仅含量高达 50%，而且质量好，氨基酸组成与动物蛋白类似，必需氨基酸占总氨基酸的 40% 以上；黑豆还含有 19 种脂肪酸，其不饱和脂肪酸含量达 80%，较易消化吸收，除能满足人体对脂肪的需要外，还有降低血中胆固醇的作用。黑豆基本不含胆固醇，只含植物固醇，植物固醇不被人体吸收利用，有抑制人体吸收胆固醇、降低胆固醇含量的作用。因此，常食黑豆能软化血管、滋润皮肤、延缓衰老，特别是对高血压、心脏病等患者有益。

黑豆中微量元素如锌、铜、镁、铝、硒、氟等的含量都很高，而这些微量元素对延缓人体衰老、降低血液黏稠度等非常重要。黑豆中粗纤维含量高达 4%，常食黑豆可以提供食物中的粗纤维，促进消化，防止便秘发生。

二、黑豆食品加工

（一）黑豆酱油

1. 原料配方

黑豆 50 kg，面粉 7.5 kg，曲种适量，食盐 5 kg，原料与盐水质量比为1∶1.8。

2. 工艺流程

选豆→浸泡→蒸煮→制曲→洗霉→发酵→淋油→暴晒→沉淀、灭菌→过滤→包装。

3. 操作要点

（1）浸泡、蒸煮。将挑选好的豆子用足够的水浸泡 3 h 后捞出，104 ℃下蒸 2 h。

（2）制曲。待蒸煮后的豆子冷却后，与面粉、曲种拌匀，置于竹匾或曲盒中，移入 29 ～ 30 ℃的室内制曲，8 ～ 10 h 后，料温升至 38 ℃左右，通风，料温保持在 33 ℃左右。经 16 ～ 18 h，待料上出现菌丝体并有曲香味时，将料翻搓一遍，摊 2 ～ 3 cm 厚，再过 8 d 后进行二次翻曲。室温保持在 26 ～ 28 ℃，料温不超过 40 ℃。经过 30 h 后，当曲面布满白色菌丝体时，继续培养 24 ～ 48 h，即得成曲。

（3）发酵。将洗霉后的曲料置于席上堆积发酵 6 ～ 7 h，当白色菌丝体长出、豆曲有香味时，将曲移入缸内，按料与盐水的质量比 1 : 1.8 搅拌均匀，缸口用纱布封口，经过 90 d 日晒夜露即发酵为成熟酱醪。

（4）淋油。在发酵后的缸内加入 80 ℃的热水，浸泡 3 d，待酱醅全部上漂，进行淋油；渣再加水浸泡 3 ～ 4 d。

（5）暴晒、灭菌。淋出的酱油经 10 ～ 15 d 的暴晒、沉淀、过滤，加温灭菌后灌装即为成品。

（二）酱油豆

1. 原料配方

黑豆 50 kg，面粉 40 kg，盐 15 kg，花椒 0.5 kg，姜 1.0 kg，水 6 kg。

2. 工艺流程

选豆→浸泡→蒸煮→炒面→拌豆→制曲→洗霉→初发酵→配料入缸→发酵→成品。

3. 操作要点

（1）选豆、浸泡、蒸煮。将挑选好的豆子用足够的水浸泡 3 h 后捞出，109 ℃下蒸 2 h。

（2）炒面、拌豆、制曲。将面粉炒熟后晾凉，蒸熟的豆在炒面中拌匀，摊 3 cm 厚，放在房间里，2 d 后，当豆粒上生出黄绿色菌丝时，放在日光下晒 3～4 d 以制曲。

（3）初发酵。当曲制好后，用清水洗霉，并在洗霉后的豆曲上喷少量凉开水，使其含水量为 45%，在竹席上堆积 6～7 h，待白色菌丝长出，有清香味后入缸。

（4）配料入缸、发酵。将盐、花椒、姜和 6 kg 水放入锅烧开，凉后倒入缸内搅拌均匀，纱布封口后置于室外暴晒，开始每天搅拌 1 次，一周后 3～4 d 搅拌 1 次，经 6～8 个月的发酵，酱变黑褐色，发出香气，味鲜甜，即为成品。

（三）凝固型黑豆酸乳

1. 原料配方

黑豆，NaCl 溶液，鲜牛乳，葡萄糖，白糖，环己基氨基磺酸钠，发酵剂，水。

2. 工艺流程

黑豆→筛选→浸泡→去皮→灭酶→磨浆→过滤→标准化→均质→灭菌→迅速冷却→接种→发酵→后发酵→成品。

3. 操作要点

用 4 倍量的 1.5%NaCl 溶液浸泡黑豆 12～16 h，去皮；用 80 ℃的水热烫 30 min 后，热磨浆；按豆水质量比 1：10 调配，然后过滤，加入 20% 鲜牛乳、1% 葡萄糖、5% 白糖、0.06% 环己基氨基磺酸钠，经 24～27 MPa 均质后，在 115 ℃下灭菌 5 min，接入 5% 驯化好的 2 种菌种（1：1），42 ℃下发酵 3～3.5 h，4 ℃下发酵 36 h，即得成品。

（四）黑豆蛋白肽果汁复合饮料

1. 原料

黑豆、碱性蛋白酶、酸溶液、碱溶液、白糖、水。

2. 工艺流程

黑豆→浸泡→磨浆分离豆渣→黑豆蛋白液→加热变性→ pH 调节→加酶恒

温水解→灭酶→离心分离去渣→蛋白肽混合液→脱苦处理→加果汁调配→均质→灌装→杀菌→冷却→成品。

3. 操作要点

（1）黑豆蛋白提取。将洗净的黑豆于 60 ℃的水中浸泡 4 ～ 6 h，至豆瓣无硬心时加 80 ～ 90 ℃的热水磨浆，离心过滤后的豆渣再次加水磨浆。合并浆液，1 kg 黑豆制得 12 L 豆浆。

（2）酶解。将黑豆浆在 95 ℃下加热 30 min，pH 调至 9.0，50 ℃恒温下加入碱性蛋白酶水解。

（3）灭酶。离心分离酶解完成后，黑豆蛋白水解液 pH 调至 4.2，升温至 80 ℃，保温 10 min，杀灭酶的活性。残渣同法再次酶解，合并两次上清液得到黑豆蛋白肽混合液。

（4）脱苦。加入 0.3% 的活性炭搅拌 30 min，得到有淡淡黑豆清香味的蛋白肽水解液。

（5）调配与杀菌。80% 蛋白肽水解液与 20% 澄清果汁混配，加入混合液总量 6% 的白糖。

（6）均质。装瓶 100%，水浴中杀菌 40 min。

（五）黑豆调质制品

黑豆虽然具有很好的医疗保健价值，但目前在利用上还存在一些不足之处：①黑豆的皮特别厚，外层有蜡质，苦涩味浓重，适口性不佳；②黑豆蛋白酶抑制剂含量高，影响消化和吸收；③普通方法加工后的黑豆食品，由于大豆寡糖的存在，人们食用后腹胀难受，不能多食，不能常用。因此，长期以来，黑豆除少量药用外，多用于制作饲料或制酱，宝贵的资源一直没有得到大量开发利用。近年来，随着生活水平的提高，人们的饮食向更加合理的膳食结构发展，为了使黑豆食品消费趋于日常化、膳食化和科学化，更加合理地利用黑豆资源，可以将黑豆进行改性技术处理，制成黑豆调质制品。

1. 原料

黑豆、麦饭石、干海带、水。

2. 工艺流程

黑豆→除杂→漂洗→干燥→浸泡液浸渍→干燥→浸泡液再次浸渍→黑豆

萌育→蒸豆→控温发酵→低温脱水→黑豆调质制品。

3. 操作要点

（1）浸泡液的制备。将麦饭石清洗后，水磨粉碎、浸提、离心，可制得富含麦饭石活性元素的浸泡液；将干海带浸泡 2 h 至充分吸水膨胀，洗净泥沙等杂质，加水进行机械破碎，离心后得到富含碘的浸泡液，并将以上两种浸泡液混合。

（2）浸渍。将黑豆浸渍在 5 倍豆量的浸泡液中，使黑豆的吸水率为 120% ～ 140%，干燥处理使黑豆含水率下降到 30% 后，再浸泡一次。

（3）黑豆萌育。在富集矿物元素水的情况下进行种子萌育处理，以芽刚刚突破豆皮为宜。

（4）蒸豆。将萌育后的黑豆常压下蒸 30 min，软化黑豆，便于发酵处理。

（5）控温发酵。在恒温培养箱中利用控温条件进行自然发酵。

（6）低温脱水。经过低温干燥，使黑豆调质品水分含量为 10% ～ 15%，即得成品。

（7）粉碎。调质黑豆制品经超微粉碎磨细，即制成调质黑豆粉。

（六）速溶黑豆玉米粉

1. 原料

黑豆、玉米、磷酸钠、蔗糖脂肪酸酯

2. 工艺流程

原料玉米的选择→去须→脱粒→磨浆

原料豆的选择→浸泡→破碎→磨浆→配料→过滤→预煮→真空浓缩→真空干燥→包装。

3. 操作要点

黑豆浆与甜玉米浆的最佳质量比为 100：30；采用 3.3% 磷酸钠和 1.65% 蔗糖脂肪酸酯能增加制品的溶解性；50 ℃下真空干燥，蛋白质变性少，产品的溶解性好。

（七）黑豆蛋白果冻

1. 原料

黑豆、NaOH溶液、碱性蛋白酶、柠檬酸、果冻粉、白糖、苹果汁、水。

2. 工艺流程

（1）预制蛋白肽混合液工艺流程

黑豆→浸泡→磨浆分离豆渣→黑豆蛋白液→加热变性→pH调节→加酶恒温水解→加酸灭酶→离心分离去渣→蛋白肽混合液。

（2）蛋白果冻工艺流程

果冻粉、水、白糖→混匀→溶胀→热沸→过滤→加蛋白肽混合液、果汁及少许香精调配→灭菌→装盒→压封→过热水槽→冷水槽→吹干→蛋白果冻。

3. 操作要点

（1）黑豆蛋白肽混合液制备。将黑豆粉碎至60～80目，加2倍量50～60℃的水，进行2次和3次磨浆，回收其中的蛋白质，合并浆液后，1 kg黑豆制得4 L黑豆乳。将黑豆乳于95℃下加热30 min，用1 mol/L NaOH溶液调节pH至9.0，于50℃恒温下加入270 g碱性蛋白酶进行水解。酶解后用柠檬酸水溶液调节黑豆蛋白水解液的pH至4.2，升温至80℃，保温10 min，离心过滤1 L黑豆乳得到2 L黑豆蛋白肽混合液。

（2）黑豆蛋白果冻制作。1 kg果冻粉与0.8 kg白糖混匀，加2 L水，经过搅拌、溶胀、煮沸、过滤后，加入1 L澄清苹果汁和8 L黑豆蛋白肽混合液及少许香精，调配均匀，90℃下灭菌10 min，倒入模盒中，压模封口后进行第二次灭菌，条件是90℃、40 min，冷却吹干后即得成品。

第四节　芸豆食品加工

一、芸豆概述

芸豆（*Phaseolus vulgaris* L.），生物学名叫多花菜豆，因花色多样而得名。芸豆属于豆科蝶形花亚科菜豆族菜豆属，是以籽粒为食用对象的普通菜豆，原产于南美洲，目前世界各国都有栽培，其播种面积仅次于大豆。我国是芸豆主要生产国之一，芸豆也是我国重要的出口农产品。目前我国芸豆年种植面积约为 60 万公顷，居世界第三位，仅次于印度和巴西；总产量超过 82 万吨，平均单产为 1350 ～ 1500 kg/hm²，比世界平均单产高 2 倍以上。芸豆在我国各省、市、自治区均有栽培，主产地是云南、四川、贵州、陕西、山西、甘肃、黑龙江、吉林、内蒙古等北方和西部地区。芸豆品种很多，形状各异，有筒圆形、腰形、椭圆形和扁豆形，颜色有红色、紫色、花色、白色等。我国种植面积较大的品种主要有小白芸豆、小黑芸豆、白腰子豆、红腰子豆、红花芸豆、红芸豆、大白芸豆等。

芸豆既是蔬菜，又是粮食，营养价值极高。其蛋白质含量为 20% ～ 30%，碳水化合物含量为 40% ～ 60%，脂肪含量为 1% ～ 3%，并含有丰富的 B 族维生素，也是钙、磷、铁、镁、钾、钠等元素的良好来源。经常食用芸豆具有温中下气、利肠胃、止呃逆、益肾补元、镇静等功效，对治疗虚寒呃逆、胃寒呕吐、跌打损伤、喘息咳嗽、腰痛、神经痛均有一定疗效。

二、芸豆食品加工

（一）芸豆罐头

1. 工艺流程

选料→切端→拣选→盐水浸泡→预煮→装罐→排气、封罐→杀菌、冷却→擦罐、入库。

2. 操作要点

（1）选料。采用新鲜或冷藏良好、乳熟期未受病虫危害的芸豆，剔除豆粒突出、霉烂、带有粗筋及红花的芸豆。

（2）切端。用手工或切端机切除芸豆两头蒂柄及尖细部分。

（3）拣选。对于切端后的豆荚，拣去老豆和切端不良、枯萎、畸形和有病虫害斑点的残次豆，并除去杂物。

（4）盐水浸泡。盐水浸泡处理可除去豆荚中的小虫，盐水浓度以 2% ～ 3% 为宜。浓度过低，幼虫不出来；浓度过高，虫会被腌死。浸泡时间为 15 ～ 20 min，盐水与豆荚比为 2：1。注意要随时捞出浮虫，约每 2 h 更换一次盐水。对浸盐水后的豆再用清水淋洗一次。

（5）预煮。用连续预煮机沸水预煮 3 ～ 4 min，预煮水要经常更换，保持清洁，煮后用冷水急速冷却。

（6）装罐。先配好盐水，盐水浓度为 2.3% ～ 2.4%，注入时温度应在75 ℃以上。

①罐号 7114，净重 425 g，芸豆 260 ～ 275 g，汤汁 150 ～ 165 g。

②罐号 8117，净重 567 g，芸豆 350 ～ 375 g，汤汁 192 ～ 217 g。

③罐号 9124，净重 850 g，芸豆 530 ～ 560 g，汤汁 290 ～ 330 g。

（7）排气、封罐。将装罐后的芸豆放入排气箱加热排气，罐中心温度为70 ～ 80 ℃。排气后立即在封罐机上封罐，也可以在真空封罐机上封罐，真空度为 40.0 ～ 46.7 kPa。

（8）杀菌、冷却。将封罐后的罐头放入杀菌锅内，杀菌温度为 119 ℃，杀菌时间为 25 min（9124 号罐需 30 min），然后立即反压冷却至 37 ℃左右。

（9）擦罐、入库。擦干罐身表面的水分，放入库房，检验合格就可以出厂。

3. 成品质量指标

（1）感官指标。色呈黄绿，盐水清晰；具有本品种菜豆罐头应有的风味，无异味；组织较柔嫩，豆粒无显著突起，食之无粗纤维感。

（2）理化指标。整装豆荚长度为 7 ～ 11 cm，段条装长度为 3.6 cm。固形物不低于净重的 60%，氯化钠含量为 0.8% ～ 1.5%。

（二）芸豆速冻加工

1. 生产工艺流程

原料选择→挑选和切端→浸盐水→烫漂→冷却→速冻→包装。

2. 操作要点

（1）原料选择。新鲜、饱满、质嫩、无老筋、豆荚直、横断面近圆形、成熟度一致、蛋白质含量丰富的芸豆。其豆荚无明显突出，长度在 7 cm 以上，宽度为 0.9 cm，条形均匀，每 500 g 原料的根数应为 160 根左右。

芸豆在乳熟期，其种子刚形成，豆荚鲜嫩，色泽青绿，糖分含量高，是速冻的最佳时期。随着成熟度的提高，种子长大，豆荚突出，糖分量下降，淀粉量增加，纤维量提高，用它加工出的速冻制品的组织粗老、品质低劣。因此，应选择在乳熟期采摘的豆荚进行速冻加工，过迟或过早都会影响品质。但这个时期芸豆的呼吸旺盛，会随时变粗变老，所以，从原料进厂到加工不宜超过 24 h。严格控制新鲜度及适宜的采摘期，是保证速冻制品质量的关键。

（2）挑选和切端。剔除皱皮、枯萎、霉烂、有病虫害及机械伤等不合格的原料，并切去豆荚两头的末梢，这称为剪两端。剪时要防止对直径小的切除过多，浪费原料，对直径大的剪得太少，影响质量。

（3）浸盐水。将豆荚置于 2% 的盐水中浸泡 30 min，以达到驱虫的目的。浓度太低，幼虫出不来；浓度太高，虫会被腌死。盐水与豆荚之比不低于 2∶1，每 2 h 更换一次盐水。若田间管理及防虫工作做得较好，也可省去盐水浸泡步骤。浸泡后的豆荚要用清水漂洗。

（4）烫漂。豆荚的烫漂温度为 90 ～ 100 ℃，烫漂的时间视豆荚的品种、成熟度而定，通常为 2 ～ 3 min。在烫漂中经常换水，可以防止速冻芸豆出现苦味。

（5）冷却。将烫漂的芸豆立即浸入冷水中冷却，冷却速度越快越好，冷却至豆荚中心温度低于 10 ℃。

（6）速冻。将冷透、沥干的豆荚均匀地放入速冻机内，冻结温度为 –30 ℃以下，至豆荚中心温度为 –18 ℃以下。

（7）包装。将符合质量的芸豆，按不同重量装入塑料袋内，封口后放入 –18 ℃以下的冷藏库中储藏。

（三）干粒芸豆罐头

所有类型的芸豆干籽粒豆都能成功地制成罐头，如各种小白芸豆和腰型白芸豆常常加上番茄酱或其他风味的酱汁，有时加上猪肉、熏肉或香肠等佐料，可加工制成多种风味的罐头。

1. 生产工艺流程

原料选择→浸泡→漂洗→去皮→检查→烘烤→装罐→加热→冷却→成品。

2. 操作要点

（1）原料选择。仔细挑选，并把干粒芸豆分等级，去掉所有不标准（粒形、粒色、粒子大小不等）的籽粒和其他杂质。

（2）浸泡。将选好的芸豆浸泡于水中直到变软膨胀。时间长短取决于种子的新旧、含水量、种皮厚度和水的硬度等。一般来说，含水量为 15% 的种子需要浸泡 10 h；含水量 12% 的浸泡 12 h；含水量 9% 的浸泡 14 h。水质硬度为 4 ~ 9 度时的浸泡效果好，陈旧干豆的浸泡时间更长。通常在硬水中加六偏磷酸钠可改善最终产品的口感，一般浸泡在无腐蚀的浅金属、玻璃或内壁为搪瓷的容器内，浸泡期间应换 1 ~ 2 次水，以减少变酸的可能性。

（3）漂洗。将浸泡过的豆放在筛子上漂洗，去掉一切可能出现的杂质。

（4）去皮。放在 82 ~ 93 ℃的热水中，15 min 左右即可去皮。

（5）检查。除去所有破粒、皱缩粒或其他有毛病的豆粒。

（6）烘烤。将准备好的豆子加入猪肉丁、熏肉丁或香肠丁等进行烘烤。烘烤后的豆子加入番茄酱，则带有一种风味。

（7）装罐。在烘烤温度为 77 ℃时填装较好。装罐后，因豆粒要吸收大量的酱汁，所以一定要在封口前装满。此时，可加入各种不同量的糖、盐和香料，有时还可加入淀粉和醋。

（8）加热。封口后立即对罐头进行热加工，时间为 45 ~ 70 min。

（9）冷却。利用冷水喷淋，将罐头充分冷却，经过冷却后即为成品。

第五节　扁豆食品加工

一、扁豆概述

扁豆（*Lablab purpureus*（L.）Sweet），别名为藕豆、白扁豆、沿篱豆、火镰扁豆、鹊豆、蛾眉豆、眉豆等，为豆科植物扁豆的干燥成熟种子，呈扁椭圆形或扁卵圆形，表面黄白色且光滑，以饱满、色白者为佳。扁豆原产于亚洲，以印度尼西亚、爪哇等地栽培较多，我国栽培扁豆的面积不大，但历史悠久。现在，除了高寒地区外，我国各地均有栽培，主产地为湖南、河南、安徽等。

扁豆中含蛋白质 22.7%、脂肪 1.8%、碳水化合物 57%，含有钙、磷、铁、锌等矿物质，还含胰蛋白酶抑制物、淀粉酶抑制物、氨基酸、生物碱及维生素 A、维生素 B、维生素 C 等成分。中医认为，扁豆性平，味甘，具有健脾和胃、消暑化湿、止渴等功效，可用于脾胃虚弱、反胃冷吐、食少久泻、暑湿呕吐、小儿疳积、赤白带下等症。

二、扁豆食品加工

（一）速冻扁豆

1. 速冻保藏原理

扁豆速冻后能长期保藏的原理是冻结低温抑制微生物和酶的活性。一些不耐低温的微生物受冻结低温的影响作用可能死亡。但冻结低温的主要作用是抑制各种微生物的代谢活动，一旦环境温度升高，大部分微生物仍可恢复活性，继续分解败坏蔬菜产品。低温冻结还能使催化蔬菜体内各种生化反应的酶的活性受到抑制，降低速冻菜内各种酶促反应的速度，从而延缓蔬菜色泽、风味、品质和营养的变化。

2. 操作要点

（1）选料。选用纤维少、含水量低、荚肉厚、种子发育慢、绿色或深绿色的矮生品种。要求荚大小适中、均匀、整齐一致、无病虫害、无机械伤、无腐烂变质，成熟度已达到速冻保藏要求。最好是采收不久的新鲜豆荚。

（2）整理。选好的豆荚要去掉两端和侧筋，横向切成丝或纵向切成片，便于迅速排热冻结和解冻后符合食用要求。

（3）清洗。除去豆荚表面黏附的灰尘、泥沙和大量的微生物。

（4）烫漂。为有效破坏酶的活性，防止速冻保藏过程中发生酶促褐变，在冻结前要用热水进行短时间的烫漂处理，即把清洗后的豆荚放入 100 ℃左右的热水中热烫 50 ~ 60 s，在热烫中要不断搅拌，保持快速均匀。热烫时可添加一定量的氯化钠或氯化钙，防止产品氧化变色。

（5）冷却。热烫后要迅速将豆荚捞出并放入 3 ~ 5 ℃的冷水中漂洗冷却，以减少热效应对原料品质和营养的破坏，使产品尽快冻结，也可采用冷水喷淋或冷风冷凉等方法进行冷却。

（6）速冻。豆荚在冻结前可捞入竹筐或塑料筐内沥去水分，也可采用振荡机或离心机等设备沥去水分，以免冻结过程中原料之间相互粘连或粘连在冻结设备上。将散体原料立即放入冻结盘或直接铺放在传送带上，送入冻结设备中进行冻结，一般要用–30 ℃的低温在短时间内进行迅速而均匀的冻结。

（7）包装、保存。冻结后的产品要用聚乙烯塑料薄膜进行小包装（500 g/袋），同时进行装箱，然后放入与冻结温度相接近的低温冷藏库中保存。保藏时要求温度低而稳定，适宜的保藏温度为 –21 ～ –18 ℃，一般安全储藏期为12 ～ 15 个月。

（8）解冻。速冻菜食用前要解冻，在其结晶冰融解并恢复鲜态后再烹调。解冻过程要快速，可放在冰箱、室温、冷水或温水中进行，也可直接放入开水中解冻，若用微波炉，其效果更好。蔬菜组织经冷冻作用在解冻后有较大变化，所以速冻菜一经解冻，应立即烹调，同时烹调时间宜短，切不可再行冻结保藏。

（二）白扁豆酸乳

1. 主要原辅料

白扁豆、鲜牛乳、蔗糖、嗜热链球菌和保加利亚乳杆菌混合菌种（1∶1）、中温 α- 淀粉酶、海藻酸丙二醇酯等。

2. 工艺流程

白扁豆→烘烤→打浆→液化→灭酶→过滤→混合（加鲜牛乳＋大部分蔗糖→溶解→过滤）→均质→杀菌→冷却→接种（加发酵剂）→灌装→发酵→冷藏→成品。

3. 操作要点

（1）白扁豆的预处理。白扁豆经筛选、清洗，置于 100 ℃烘箱中烘烤1.5 h，然后用温水浸泡至充分膨胀软化，脱皮后放入打浆机中打细，打浆时按照白扁豆与水之比为 1∶3 进行。将浆液 pH 调节为 6.0 ～ 6.2，加入中温α- 淀粉酶，升温至 70 ℃并保温，液化至碘液反应显棕色，灭酶，过滤，取滤液，制得白扁豆乳。

（2）稳定剂的处理。先将 0.2% 的海藻酸丙二醇酯与少量蔗糖混合，再用水化开。

（3）均质。将白扁豆乳、鲜牛乳和稳定剂混合液升温至 55 ℃左右，在 1 级 10 MPa、2 级 20 MPa 的压力下进行两段式均质处理。混合液中白扁豆乳与鲜牛乳之比为 2：10（体积比），蔗糖的最终添加量为 6%。

（4）杀菌。杀菌条件为水浴加热，90 ～ 95 ℃，15 min。

（5）冷却、接种、灌装。待温度降到 42 ～ 45 ℃时，按 4% 的接种量接入混合菌种，混合均匀，分装入酸乳瓶中，封口。

（6）发酵、冷藏。将灌装好的酸乳瓶置于 42 ℃恒温培养箱中发酵 4 h，取出后放于 0 ～ 5 ℃冰箱中冷藏 16 h，可制得优质白扁豆酸乳。

（7）工作发酵剂的制备

①菌种的活化。脱脂乳粉按 1：10 的比例用水充分溶解，装于大试管中，灭菌冷却至 35 ℃，无菌条件下接种，在 40 ℃恒温培养箱中培养 4 h，待培养基开始凝固，然后置于 4 ℃冰箱保存备用。反复传代 5 次。

②母发酵剂的制备。按上述方法处理脱脂乳，装入带塞三角瓶中，灭菌冷却后接入 4% 已经过活化好的菌种培养物，40 ℃下培养 3 h，凝固后置于 4 ℃冰箱保存备用。

③工作发酵剂的制备。将鲜牛乳与白扁豆乳混匀后装入带塞的 250 mL 三角瓶中，每瓶装 100 mL，95 ℃下灭菌 15 min，迅速冷却到 42 ～ 45 ℃，按 4% 的接种量加入母发酵剂，充分搅拌均匀，然后放入 42 ℃培养箱中培养 3 h。待乳凝固后取出，置于 4 ℃冰箱中保存备用。

第六节　刀豆食品加工

一、刀豆概述

刀豆属于子叶出土类豆科作物，分为蔓生刀豆和直立刀豆。蔓生刀豆起源于亚洲热带，在整个亚洲、西印度群岛、非洲和南美洲有一定栽培规模，澳大利亚的热带地区也已引种。我国长江流域及其以南各省有零星栽培。直立刀豆原产于墨西哥南部、秘鲁、巴西以及西印度群岛。在印度、印度尼西亚、坦桑尼亚、肯尼亚、夏威夷等地均有栽培；在非洲东部热带海拔1800 m处也有栽培，但多数国家都是零星种植，我国南方一些省份也有栽培。

蔓生刀豆蛋白质含量比普通菜豆丰富。据分析，每100 g干种子含蛋白质27.1 g，脂肪0.69 g，碳水化合物53.8 g，纤维11.6 g。嫩刀豆粒的组成是水分88.6%，蛋白质2.7%，脂肪0.2%，矿物质0.6%，碳水化合物6.4%，纤维1.5%。

二、刀豆食品加工

（一）速冻青刀豆

青刀豆是我国出口速冻豆类蔬菜主要品种之一，远销日本等一些国家，深受消费者欢迎。现将速冻保鲜技术介绍如下。

1. 原料要求

青刀豆必须选用春季生产的白花品种。原料要鲜嫩饱满，豆条呈青绿色而圆直，豆条表面无明显豆仁隆起状，长7～12 cm，径宽0.7～0.9 cm，形态良好，无病斑、无虫蛀，无严重的畸形和损伤。凡老化的、萎缩的及伤烂的豆条不得使用。豆荚螟幼虫易蛀入豆条内潜居进行危害，要仔细检查原料并剔除发生虫害的豆条。

2. 操作要点

（1）原料分级。将选好的原料按豆条横径大小分为两个级别：中号豆（M级），径度8～9 mm；小号豆（S级），径度7～8 mm。选好豆条，用切端机或手工切除青刀豆两端梗蒂和顶尖部分，切除口径不宜过大，对于不适于加工整条青刀豆的原料，可切成3～5 cm作为加工豆段来使用。

（2）浸盐水。经切除两端的青刀豆，要立即投入流动清水池中洗净表面尘土、泥沙等杂质，随即移入2%～3%的食盐水池中冷浸30 min，以防止豆条切面氧化褐变，并有驱虫作用（可将豆条虫蛀小孔内的幼虫赶出，浮游于水面后予以清除），然后捞起，在流动清水中漂洗一次准备热烫。

（3）热烫。热烫又称烫漂，是速冻青刀豆加工中的一道重要工序。热烫可钝化青刀豆中氧化酶的活性，防止豆条在冻结、冷藏过程中发生黄变和出现异味，保持青刀豆的良好品质，同时可减少豆条表面的微生物和农药残留，此外还可使绿色的豆条色泽变得更加鲜艳。可采用螺旋式连续热烫机，对于加工数量不大的厂家，可采用不锈钢层锅或由不锈钢板制成的热烫槽，槽的大小应根据生产能力来确定。

热烫前槽中放进八成水，然后打开气阀门加热，待水沸开后，接着将装在篮筐（塑料的或竹编的）内的原料一并浸入沸开水中，以 96 ～ 98 ℃的温度热烫 1.5 ～ 2.0 min，并随时注意将篮筐内的原料上下翻动，使受热均匀，以熟透嚼之无生腥味为准。

热烫用水必须保持清洁卫生并经常更换新水。在热烫过程中，当热水受青刀豆中的有机酸影响变为酸性时，可用 2% 碳酸钠进行调节，使热烫用水保持弱碱性，否则青刀豆在酸性水的影响下，叶绿素会受到破坏，成为脱镁叶绿素，使青刀豆在冻结、冷藏中逐渐失去绿色而变为黄褐色，冻品因而失去商品价值。

（4）冷却。青刀豆在热烫后要及时冷却，冷却介质温度要低，速度要快，方可保持青刀豆鲜艳的绿色，且在较长期保存中不变色。对于热烫后的青刀豆，先经冷水喷淋降温，再浸入 5 ℃以下的冷却水池中，继续冷却透心，使青刀豆中心温度在短时间内迅速降至 10 ℃以下，才能达到冷却的目的。最好采用卫生冰水（块），其冷却效果更佳，青刀豆色泽显得更加鲜艳、翠绿。

（5）拣选。冷却后的青刀豆经传送带进入振动筛或移入拣选台，除去黄色的、破裂的及不合规格的劣质品，同时沥尽水分后随即移入速冻机进行冻结。

3. 速冻原理与工艺

（1）速冻原理。青刀豆的速冻通常采用流态式冻结机。该机是一种先进的单体快速冻结设备，它是在一个隔热保温箱体内安装上筛网状输送机和冷风机，原料放置在水平筛网上，在高速低温气流的带动下，原料层产生"悬浮"现象，原料呈流体状不断蠕动前进并被冻结。由于强冷气流从筛孔底下向上吹，物体被托浮起来，彼此分离，单体原料周围被冷风包裹，原料单体被冻结。冷源从制冷机房供液管进入速冻机箱内的蒸发器，液氨与原料层散发的热进行交换，使保温箱（冻结间）的温度保持在 −40 ～ −35 ℃。青刀豆必须采用单体快速冻结法，才能有效防止慢冻造成细胞间水分产生较大冰晶体而引起豆荚爆裂，同时可减少解冻后细胞液汁的流失，保持其原有的色、香、味、营养成分及良好的组织形态。

（2）速冻工艺。投产前先用高压水枪对速冻机各部位冲洗消毒，随后开机，将冻结间先行预冷到 −25 ℃以下，再将处理过的青刀豆由提升输送带送入振动筛床，原料在振散后进入冻结间输送网带，高速冷气流从网筛格隙间由下向上将豆条吹起进行单体快速冻结，冻结温度为 −25 ～ −20 ℃，冻结时间为 8 min 左右（冻结温度不宜过低，过低会引起豆荚断条），直至豆荚中心温度低于 −18 ℃。冻结完毕，冻豆荚由冻结间出料口滑槽连续不断地排出机外，落到皮带输送机上，送入低温包装车间，立即装袋、称重，并通过金属检测器检查、封口，装箱入库冻藏。这样不停机地连续生产，通常每隔 7 h 需停机用冷却水进行一次除霜。

4. 包装与冻藏

（1）包装。包装车间必须保持 −5 ℃的低温环境。包装工人、用具、制服等要保持清洁卫生，定期消毒，非工作人员不得随意进入包装车间，谨防传带污染物。内包装材料必须是无毒性、耐低温、透气性低、无异味的聚乙烯薄膜袋。外包装用双瓦楞纸箱，表面涂防潮油层，保持防潮性能良好，内衬一层清洁蜡纸。每箱净重 10 kg（20 袋，每袋 500 g），上下两层排列整齐。箱外用胶纸带封口，刷明标记，进大冷库冻藏。

（2）冻藏。速冻青刀豆必须存放于冻菜专用冷藏库内。冷藏温度为 −25 ～ −20 ℃，温度波动范围为 ±1 ℃，相对湿度为 95% ～ 100%，波动范围在 5% 以内，冷藏温度要保持稳定，少变动。冷藏温度与冻结青刀豆温度要基本保持一致。如果冷藏库温度经常大幅变动，青刀豆细胞中原来快速冻结所形成的微小冰晶体结构会遭到破坏，慢慢又形成大的冰晶体，冻品就会失去原来快速冻结的优点，从而造成冻品品质下降。因此速冻青刀豆在冻藏时的冷库管理中，不仅要注意存放时间的长短，更要注意冻藏温度高低的变化，以确保速冻青刀豆在冻藏一年内的品质不变劣。

（二）青刀豆罐头

1. 工艺流程

原料选择→切端→浸盐水→预煮→装罐→排气→密封→杀菌→冷却→成品。

2. 操作要点

（1）原料。选用色泽深绿、肉质肥厚、脆嫩无筋的新鲜圆形青刀豆，剔除有虫蛀、伤斑、畸形等不合格的豆。

（2）切端。将刀豆用水洗净，再切除两端蒂柄及尖细部分。

（3）浸盐水。将刀豆放入浓度为 2.5% 的食盐水中，浸泡 10～15 min，以驱除刀豆中的小虫。浸泡盐水与刀豆的比例为 2∶1。随时捞出浮在盐水面上的虫。用盐水浸泡过的刀豆要用清水冲洗 1～2 遍。

（4）预煮。将刀豆投进温度为 100 ℃的沸水中预煮 3～5 min。刀豆与水之比为 2∶1。预煮水可使用 4～5 次。预煮后的刀豆要及时用冷水冷透。

（5）装罐。要求刀豆硬度适宜，色青绿。条装长度为 7～11 cm，段装长度为 3～6 cm，同一罐中刀豆的大小、色泽必须一致。装罐后，再注入浓度为 2.3%～2.4% 的盐水。

（6）排气、密封、杀菌。排气密封时，要求罐中心温度为 75 ℃。

（三）糖刀豆

1. 原料配方

鲜刀豆 50 kg，白砂糖 85 kg，明矾 100 g，精盐 200 g，柠檬酸 100 g，食用红色素 10 g。

2. 工艺流程

选料→烫漂→酸漂→编花→晒坯→浸卤→糖渍→晒制→成品。

3. 操作要点

（1）选料、去筋。选择成熟度适宜的刀豆，拣去老豆、畸形豆、病虫害豆，清除杂物。将刀豆用清水洗净后，手工切去两端蒂柄并撕去老筋。

（2）烫漂。清水煮沸，投入刀豆，烫漂完成后随即捞入冷水内漂洗。

（3）酸漂。将刀豆捞出后再转入米汤或淘米水中进行酸漂。

（4）编花。刀豆经酸漂后即可编成蝴蝶、螃蟹、小鸟、菊花等各种花样，编完成形后，需用冷水洗净晒坯。

（5）晒坯。将刀豆坯摊放在竹席上晾晒。晒时要注意时刻翻动，随时喷洒清水，要求晒白不晒干，晒至刀豆坯发白即可收回。

（6）浸卤。每 50 kg 鲜刀豆需用明矾 100 g、精盐 200 g、柠檬酸 100 g、食用红色素 10 g，调配成卤水，将刀豆投入卤水中浸渍 12 h。

（7）糖渍。将刀豆坯捞出，沥干卤汁，入缸加入白砂糖 35 kg 进行糖渍，约需 2 d，在此期间每天需上下翻动 1 次，动作要轻，以免坯型受损。

（8）晒制。将刀豆坯盛入酱坛中，放入玻璃房晒台上晾晒，晒至手捏糖液牵丝时即为成品，成品色泽鲜艳，甜酸爽脆。

（四）闽西刀豆酱

闽西刀豆酱是以刀豆、生姜为主要原料，利用以米曲霉为主的微生物，经发酵而制成的。该酱富含可吸收的植物性蛋白，不但营养丰富，而且容易消化和吸收。它具有特殊的色（棕黑色）、香（酱香与姜香）、味（咸辣味）、体（黏稠、松软），是一种受人欢迎、价廉物美的酱制品。

1. 工艺流程

刀豆→采收选料→剥壳去皮→高温蒸煮一浸水漂洗→沥干翻晒→重复浸水→二次蒸煮→捣成豆泥→接种发酵→添加姜泥→加盐晒酱→成品。

2. 操作要点

夏末秋初，正是刀豆收获季节，将成熟的刀豆采收后，择优选取符合制酱标准的刀豆，将其剥壳去皮，置于洗净的容器中，用清水反复浸泡，24 h后将水倒掉，连续进行 3 次。待豆吸饱水后，将其置于蒸笼中或锅中蒸煮。特别需要注意的是，在煮刀豆时，应将锅盖自始至终打开，以使刀豆中的有毒物质（氢氰酸）完全挥发掉。每次的蒸煮时间为 2～3 h。将刀豆沥干置于簸箕中，在烈日下翻晒。晒干后，再浸水漂洗与蒸煮，直到刀豆完全软化透心。将刀豆捣成豆泥，加入冷开水，使豆泥含水量为 40%～50%（手捏豆泥，指缝间有水渗出但不滴水为适）。接入菌种，充分拌匀，置于消毒后的发酵容器中，将豆泥表面扒平，稍微压实，在容器上盖一块干净的白纱布。在常温下发酵，使其品温自然上升至 36 ℃，连续发酵 5～7 d，控制发酵温度，使其品温不得高于 42 ℃。发酵后的豆泥黏稠、松软，有特殊的刀豆酱香。以 5 : 1 的比例加入新鲜生姜制成的姜泥，以（3 ～ 4）: 1 的比例加入精盐，三者充分拌匀后搁置 2 ～ 3 d，使其调味与抑制发酵。将刀豆酱置于烈日下晒干，储存于罐中，久储备食。

3. 注意事项

（1）在发酵全过程中，根据米曲霉的生理特性，制酱时一定要缩短米曲霉孢子的萌发时间，促使米曲霉迅速生长繁殖，使其他杂菌难以占优势，避免在发酵过程中产生霉味与异味，故一般接种量应不低于总量的 0.3%。

（2）添加水要适量。因为这与米曲霉分泌的酶有很大关系。在适量的含水量下，酶的活力强，蛋白质利用率高，营养就丰富。反之，将使可供人体吸收的植物性蛋白锐减。另外，所添加的水一定要使用冷开水，以保持卫生，防止杂菌污染。

（3）要严格控制发酵的品温，尽量不使刀豆品温超过 40 ℃。温度是否过高，除环境因素外，还与刀豆酱在容器中的多少、容器口的宽窄有关。

（4）蒸煮及浸泡漂洗过程应认真严格。主要是除去刀豆中的有毒成分，否则食后将引起头昏，甚至中毒。

（5）在制酱过程中，要对容器严格消毒，保持发酵全过程的环境卫生，防止油类污渍，以免影响发酵安全进行。

（五）出口盐渍刀豆

1. 工艺流程

原料→浸洗→第一次入池腌制→转池→第二次腌制→出池切两端→清洗→分级→过秤→装箱→成品→检验→出厂。

2. 操作要点

（1）原辅料

①原料。采用新鲜脆嫩的刀豆，要求品质良好，表面无机械伤，无病斑和虫蛀，无折断，内部无筋，无明显的籽，长 10 ～ 15 cm，宽 2.3 ～ 3.5 cm，才能作为腌制的原料。

②辅料。食盐必须符合《食品安全国家标准　食用盐》（GB 2721—2015）标准中的规定；水必须符合《生活饮用水卫生标准》（GB 5749—

2022）的规定。

（2）原料。挑选时将表面有病斑及虫蛀的、粗老的和不符合要求的原料剔除。

（3）清洗。将原料放入盛有微碱性水（pH 为 7.4～8.3）的罐中进行浸洗，注意不要损伤表面或折断。

（4）腌制方法。在洗净、消毒的盐渍池中，内衬一层厚 22 μm 以上的无毒塑料袋或塑料薄膜，操作人员必须穿长筒套鞋。要求长筒套鞋在洗净和消毒后才能入池。将事先用微碱性水（pH 为 7.4～8.3）清洗数次的刀豆一把一把（几片合成的称为把）地向同一方向摆放整齐，直到摆完最后一层。盖上竹垫后压上重石。向池子里灌入 11～12°Bé 的盐水，盐水的深度以高出池内刀豆 20 cm 为宜。腌制 5 d 后要进行翻池（即转入另外的池），进行第二次腌制。第二次腌制的方法同第一次，只是最后向池内灌入盐水的浓度为 21～22°Bé，腌制 50～60 d 即可出池，进行切两端、清洗整理、分级、过秤装箱。

（5）装箱要求。外用竹箱规格为长 42 cm，宽 32 cm，高 33 cm。要求竹箱外观整洁美观，坚固耐压，无霉变和虫蛀现象。木盖厚度不得小于 1.5 cm。编合块数不得超过 4 块。加工材料要使用老楠竹，箱外必须用合成防腐光油掺和清漆刷制。箱内应光滑无刺，内衬软塑料桶。

（6）装箱操作。把出池的刀豆置于不锈钢或硬塑工作台上，挑出带有病斑或虫蛀的刀豆，将正品刀豆切两端，清洗、沥干水后装箱。要求按同一方向摆放整齐，不得交叉，最后向箱内灌入 22～23°Bé 的新配澄清过滤的盐水，盐水高出箱内刀豆 4 cm 为宜，盖上外盖后打包。

3. 注意事项

池内或装箱后的刀豆必须用盐水淹没，不能让刀豆露出水面，防止产品表面氧化变色；刀豆出池或装箱要求工序衔接紧凑，避免刀豆在空气或阳光中暴露过久而变色。

第七节　鹰嘴豆食品加工

一、鹰嘴豆概述

鹰嘴豆又名鸡豆、鸡头豆、鸡豌豆和桃豆等，是豆科蝶形花亚科鹰嘴豆属，属于一年生草或多年生攀缘草本，种子、嫩荚、嫩苗均可供食用。目前，鹰嘴豆是世界上栽培面积较大的食用豆类作物之一。鹰嘴豆耐干旱和贫瘠，在亚洲西部和中东地区这种常年干旱的地区广泛种植，是当地居民的重要食用蔬菜之一。目前，我国鹰嘴豆的主要生产地区分布在西北地区，特别是在新疆地区，有 2500 多年的种植历史，其种植面积占我国总种植面积的 80% 左右，资源丰富。

鹰嘴豆被人们称为"营养之花、豆中之王"，是六大营养素齐全的一类豆科植物，富含多种植物蛋白和氨基酸、维生素、粗纤维及钙、镁、铁等成分。其中蛋白质含量在 28% 以上，碳水化合物为 61%，脂肪为 5%，纤维为 4%～6%。鹰嘴豆含有 10 多种氨基酸，其中人体必需的 8 种氨基酸全部具备，而且含量是燕麦的 2 倍以上，其蛋白质的消化率也高于黄豆、豌豆等其他豆类。

鹰嘴豆是一种有多种用途的食用豆类作物。食用鹰嘴豆的营养价值较高，其淀粉具有板栗风味，可同小麦一起磨成混合粉食用。鹰嘴豆豆粉加上奶粉制成豆乳粉，容易吸收和消化，是婴儿和老年人的食用佳品。用鹰嘴豆豆粉加油和各种调味品，可做各种点心。鹰嘴豆的籽粒还可以做豆沙、煮豆、炒豆或油炸豆。

鹰嘴豆的青嫩豆粒、嫩叶均可做蔬菜。嫩籽粒主要制作罐头食品。种子发芽后，抗坏血酸、烟酸、铁、胆碱、维生素 E、泛酸、肌醇等的含量均增加，是一种营养丰富的蔬菜。

二、鹰嘴豆食品加工

（一）风味鹰嘴豆软罐头

1. 工艺流程
原料筛选→加氢氧化钠→浸泡→搓剥外皮→加柠檬酸中和→清水冲洗→

加入调料→高压锅压制→出锅沥水→加番茄酱搅拌→真空包装→杀菌→成品检验。

2. 操作要点

（1）原料筛选。选择色泽金黄、颗粒饱满、无虫蛀、无霉变、成熟度较高的籽粒，并除去原料中的沙子等杂质（以 300 g 样品为例）。

（2）浸泡。水与豆子的比例是 3:1，加入 25% 的氢氧化钠，可软化和疏松细胞组织，使豆皮易脱落，将其放入水浴锅中恒温浸泡，浸泡至原来鹰嘴豆重量的 1.6 ~ 1.9 倍，表皮光滑，无皱皮，豆瓣内表面基本成平面，用手指易掐断，断面以浸透无硬心为宜。鹰嘴豆处理最佳工艺参数：初始浸泡水温为 24 ℃，浸泡水温为 34 ℃，浸泡时间为 6 h，蒸煮时间为 12 min。

（3）搓剥外皮。用手搓去豆子的外皮，尽量保证豆子不破损。

（4）加柠檬酸中和。加柠檬酸中和泡完豆子后剩余的氢氧化钠。

（5）清水冲洗。用流动水将豆子冲洗 4 ~ 5 次。洗净残留酸碱，保证产品质量。

（6）加入调料。调味料最佳配方：食盐 25 g，味精 1 g，蔗糖 5 g，胡椒粉 2 g，番茄酱 100 g，其风味独特，色泽鲜艳，香味浓郁，酸甜爽口。

（7）高压锅压制。将浸泡好的豆子倒入锅中，加入 1000 mL 的水，当高压锅上汽后开始计时，时间为 12 min。

（8）出锅沥水。沥水 3 ~ 4 次可使煮制后的豆子利口，颜色金黄，籽粒饱满，不易失水。

（9）加番茄酱搅拌。向出锅后的豆子中加入番茄酱 100 g，搅拌均匀。

（10）真空包装。包装袋材料采用 PVA 涂敷复合膜。要求真空度为 0.08 ~ 0.09 MPa，抽空时间为 10 ~ 20 s，热封时间为 3 ~ 5 s。抽空彻底，封口平整，紧实。

（11）杀菌。常压高温杀菌 25 min，水冷温度至 38 ℃。

3. 成品质量指标

（1）感官指标。蒸煮袋密封完好，无泄漏、胀袋现象，蒸煮袋外表无污染和破损。内容物具有鹰嘴豆的香味，其口感纯正，回味悠长，成品出品率大约为 160%。

（2）理化指标。总砷、铅、铜、锡含量符合《食品安全国家标准　食品中总砷及无机砷的测定》（GB 5009.11—2014）、《食品安全国家标准　食品中铅的测定》（GB 5009.12—2023）、《食品安全国家标准　食品中铜的测定》（GB 5009.13—2017）、《食品安全国家标准　食品中锡的测定》（GB 5009.16—2023）中的相关规定。

（3）微生物检验。经微生物检验，产品未出现胀袋现象，未检出腐败微生物和致病菌，菌落总数＜ 45 个 /mL，大肠菌群＜ 3 个 /mL，产品符合软罐头食品商业无菌要求。

（二）鹰嘴豆混合乳

1. 工艺流程

鹰嘴豆→清洗→浸泡→磨浆→过滤→均质→纯豆乳→巴氏杀菌→鹰嘴豆乳→接种→发酵→成品。

2. 操作要点

（1）选豆。选取成熟、新鲜的鹰嘴豆，去除霉变、虫蛀、变色、变味的鹰嘴豆粒，以及夹杂的沙石和异物等。

（2）浸泡。将选好的鹰嘴豆在温度为 90 ℃的热水中浸泡 4 ～ 6 h，使其充分吸水膨胀。

（3）磨浆。采用磨浆机对泡好的豆进行磨浆，豆水比为 1 : 8。

（4）过滤。采用 180 ～ 200 目过滤网对豆乳进行过滤，使豆乳与豆渣充分分离。

（5）均质。均质前，将过滤后的豆乳在温度为 60 ℃的水浴中进行 20 ～ 30 min 的热烫，以进一步钝化脂肪氧化酶，然后在 18 ～ 25 MPa 的压力下进行均质处理。

（6）杀菌。均质处理后的鹰嘴豆豆乳须在温度为 65 ～ 70 ℃的水浴中进行 20 ～ 30 min 的杀菌处理，备用。

（7）接种。将牛乳与豆乳进行混合，具体混合比为 1 : 2，然后接入已经培养好的发酵菌种（保加利亚乳杆菌和嗜热链球菌），接种量为 3%，发酵温度为 39 ℃，发酵时间为 24 h。

（三）鹰嘴豆乳饮料

1. 工艺流程

鹰嘴豆→热烫→浸泡→打浆→过滤→磨浆→豆乳调配（乳化剂、稳定剂、赋香剂、蔗糖等溶解）→混合→均质→装瓶—脱气→杀菌→冷却→成品。

2. 操作要点

（1）热烫。用 100 ℃ 左右的热水，对挑选好的鹰嘴豆进行热烫处理 1～2 min 以灭酶，同时加入 D- 抗坏血酸钠进行护色。

（2）浸泡。将鹰嘴豆和水按 1∶4 的比例加入 0.3% 左右的 $NaHCO_3$ 溶液中浸泡 14～16 h，使组织充分软化，利于打浆。

（3）打浆。用打浆机对浸泡好的鹰嘴豆进行打浆，料和水比为 1∶7。

（4）调配。将乳化剂、稳定剂、赋香剂、蔗糖等按配比进行溶解，并混合均匀，置于锅中与豆浆一起搅拌至均匀，其浆液温度为 80～100 ℃。调配的最佳比例为：豆浆的添加量为 40%，柠檬酸为 0.10%，蔗糖为 9%，羧甲基纤维素 0.2%，黄原胶 0.15%，其余为水。为保证鹰嘴豆乳饮料的稳定性，先将糖、水、稳定剂溶液充分混合，再加混有络合剂的原豆浆，最后调酸制备的饮料其稳定性最佳，调配温度为 34 ℃ 左右，调配时的搅拌速在 25 r/s 最为适宜。

（5）均质、装瓶。将混合均匀的饮料在 65 ℃ 下均质 2 次，然后进行灌装。

（6）脱气。为避免豆乳发生氧化褐色和风味变化的情况，进而影响饮料的品质，须进行脱气。

（7）杀菌。在 75～85 ℃ 下进行巴氏杀菌，杀菌时间一般为 25 min。

3. 成品质量指标

（1）感官指标。色泽：乳黄色或乳白色；组织状态：均匀一致，口感细腻爽滑，久置无沉淀分层现象；滋味与气味：有豆乳香味，无豆腥味，甜酸适口，无异味和杂质。

（2）理化指标。可溶性固形物占比为 9.8%，蛋白质含量为 3.6%，pH 为 4.6。

（四）鹰嘴豆植物蛋白饮料

1. 工艺流程

原料→清理→浸泡→漂洗→去皮→预煮→磨浆→过滤→酶处理→调配（加

各种辅料）→均质→真空脱臭→灌装、封口→杀菌→冷却→成品。

2. 操作要点

（1）选料。选择新鲜、颗粒饱满、无虫蛀、无霉变、成熟度较高的籽仁。

（2）脱皮。将含水量较高的鹰嘴豆置于已通入 105 ～ 110 ℃热空气的干燥机中干燥，当水分含量在 9.5% ～ 10.5% 时，取出冷却后脱皮。

（3）浸泡。用 0.25% 碳酸氢钠浸泡 12 h。

（4）漂洗。用清水将原料清洗，漂去外皮，清洗 3 ～ 5 次。

（5）磨浆。将浸泡好的鹰嘴豆沥去水，加入鹰嘴豆 5 倍量的沸水进行磨浆，并在高于 80 ℃的条件下保温 10 ～ 15 min。送入胶体磨进行细磨，使其组织内的蛋白质及油脂充分析出，以提高原料利用率。

（6）过滤。浆液经 200 目筛网进行过滤，得到滤液。

（7）酶处理。将滤液的 pH 调至 6.5，避开蛋白质的等电点（DH 4.0 ～ 5.5），待温度为 60 ～ 70 ℃时，加入淀粉酶制剂酶解 20 min，煮沸灭酶。

（8）调配。将各种辅料加入后混合均匀，最佳配方（占酶处理液体积）为：白砂糖 5%，蛋白糖 0.04%，柠檬酸 0.2%，脱脂乳粉 1.0%，黄原胶 0.15%，羧甲基纤维素钠 0.20%。

（9）均质。进行 2 次均质，使各种营养成分均匀化。最佳稳定条件为均质压力 25 MPa、均质温度 65 ℃。

（10）真空脱臭。采用 0.08 MPa 真空脱气。

（11）灌装、封口、杀菌、冷却。将灌装封盖后的饮料进行高温杀菌，温度为 121 ℃，恒温 15 min。分时段冷却。

3. 产品特点

产品具有鹰嘴豆饮料特有的香气与滋味，口感柔和、爽滑，组织状态均匀，呈乳浊状，稳定性好。

第七章　豆基植物蛋白肉加工

第一节　大豆蛋白的结构特征与功能特性

一、大豆蛋白的结构特征

大豆中含有约 40% 的蛋白质（SPs）、20% 的油、25% 的水化合物和 5% 的粗纤维，富含多种生物营养素，如异黄酮、矿物质、卵磷脂和植物甾醇。SPs 是具有多种潜在生物功能作用的高级植物蛋白，在食品工业中的需求日益增长。SPs 根据溶解度可分为盐溶性球蛋白和水溶性白蛋白。根据离心沉降速度，SPs 可进一步分为 4 个主要组分：2S、7S、11S 和 15S。清蛋白主要存在于 2S 组分中，球蛋白主要存在于 7S、11S 和 15S 组分中。其中 7S 和 11S 含量占总含量的 80% 以上。β-伴大豆球蛋白和大豆球蛋白的含量、组成和结构对 SPs 的营养价值和功能特性至关重要。在一定的条件下，大豆球蛋白六聚体会发生分子结构转换并分解成 β-伴大豆球蛋白三聚体。此外，SPs 具有亲水性和疏水性，可以吸附在油水界面上，起到乳化剂的作用，维持相应体系的稳定性。当 SPs 经过一定的热处理、酸诱导和酶处理后，会发生蛋白的聚集和交联，这是豆腐形成的基础。β-伴大豆球蛋白（7S）是一种三聚体糖蛋白，含有 5% 的碳水化合物，约占大豆蛋白质总含量的 34%。β-伴大豆球蛋白分子量一般为 150～180 kDa，主要由 α′（～76 kDa）、α（～72 kDa）和 β（～53 kDa）3 种亚基组成。在结构上，不同类型的亚基高度同源，没有二硫键，并通过疏水和静电相互作用连接在一起。α 亚基与 α′ 亚基氨基酸组成高度相似，序列相似性达 90.4%，α 亚基与 β 亚基氨基酸组成相似性达 76.6%。α 亚基又称 Gly m Bd 60 k，具有最强的应变原性，可被大豆敏感患者的血清识别。在这些亚基中，离子强度和 pH 的变化会产生复杂的缔合 – 解离现象。

这 3 个亚基可以不同的方式随机聚合成多种异质三聚体，其中 6 种可能的可逆组合为 ααα、ααα'、αα'β、ααβ、αββ 和 α'ββ，这使得 7S 蛋白具有较好的四级构象灵活性。然而，由于 N 端延伸区和 N- 聚糖在亚基上的存在，β- 伴大豆球蛋白的结晶非常困难，因此三维结构不能很好地建立。

大豆球蛋白（11S 球蛋白）是一种六聚体蛋白，分子量为 320 ～ 360 kDa。它约占大豆蛋白质含量的 42%，是大豆中的主要蛋白质。甘氨酸由 5 个不同的亚基组成，每个亚基由一个酸性多肽（A，～ 35 kDa）和一个碱性多肽（B，～ 20 kDa）组成，通过一个二硫键连接。目前已发现 6 个酸性多肽（A1a、A1b 和 A2 ～ A5）和 5 个碱性多肽（B1a、B1b 和 B2 ～ B4）与 5 个主要亚基（A1aB1b、A1bB2、A2B1a、A3B4 和 A5A4B3）结合。通过氢键和静电相互作用，AB 亚基结合成 2 个六边形环，形成中空圆柱体结构。大豆球蛋白具有复杂的四级结构，由 2 层相互叠加的三聚体组成。因此其晶体结构较难获得。目前只报道了大豆球蛋白 A3B4 同型六聚物在 X 线衍射下的晶体结构。研究发现，在不同的 pH 和离子强度下，大豆球蛋白可解聚成 2S 或 7S 形态。大豆球蛋白也是一种主要的大豆过敏原，其酸性多肽在过敏反应中起关键作用。与 β- 伴大豆球蛋白相比，天然形态的大豆球蛋白结构紧凑，二硫键稳定，这使其具有更高的凝胶强度，同时降低了乳化和发泡能力。

二、大豆蛋白的功能特性

蛋白质常作为食物组分或食品添加剂应用于食品工业中。在食品中，功能特性是影响蛋白在制备、加工、储存和食用过程中的重要因素，特别是溶解度、凝胶性、发泡性、乳化性及持水和持油能力。

（一）溶解度

蛋白质在食品和饮料中的适用性和应用是由其溶解度决定的，这是其基本的功能特征。此外，溶解度在蛋白质的其他功能特性中也发挥关键作用，如发泡性和乳化性。蛋白质的溶解度指的是它在水中的溶解能力，受到分子量和蛋白质中存在的极性和非极性氨基酸的强烈影响。在溶液中，蛋白质的亲水基团与溶剂相互作用，从而决定了它的溶解度的高低。天然大豆蛋白折叠结构中的疏水和非极性部分位于核心内，亲水部分位于表面。在溶液中，当离子与溶剂的相互作用大于其他可能导致蛋白质聚集和沉淀的分子间作用力时，蛋白呈现溶解状态。研究发现影响蛋白质溶解性的因素有很多，既有内部因素也有外部因素，内部因素有蛋白质的分子结构、疏水性、亲水性及带电性等，外部因素有 pH、离子强度、离子对的类型、温度及与食品其他成分的相互作用等。同时，蛋白质的加工过程或蛋白质的改性对蛋白质的溶解性有影响，蛋白质的氨基酸组成也会影响其溶解性。

　　一般来说，通过调节 pH 可以改变蛋白质在酸性或碱性溶剂中的溶解度。蛋白质由于在等电点处没有净电荷而表现出水不溶性。在溶剂中，蛋白质携带净正电荷或负电荷，表面带电的氨基酸与溶剂的离子基相互作用，促使蛋白质分散或溶解。根据蛋白结构可推测中性条件下 β-大豆伴球蛋白 N 末端所连多糖会使其在水中的溶解度增大。在蛋白质提取过程中，温度和高 pH 等提取条件可能导致蛋白质发生变性，从而降低其溶解度。一些新型的加工技术常用来辅助改善蛋白的溶解度。比如，通过微波辅助、酶辅助或超声辅助提取蛋白来提高其溶解度。超声处理和超声辅助碱提取对其溶解度有正向影响。超声和酸处理大豆蛋白的溶解度随着处理时间的增加而急剧增加，处理 10 min 后，其溶解度增加了 156%。SPI、7S 球蛋白和 11S 球蛋白的溶解度随 pH 的变化曲线均呈现为 U 型，7S 球蛋白和 SPI 均在 pH 4.5 左右溶解度最低，11S 球蛋白在 pH 5.0 处达到溶解度最低点，表明 11S 球蛋白和 7S 球蛋白的等电点约为 4.5 和 5.0。此外，随着分散液中盐浓度的增大，3 种蛋白的溶解度对 pH 的敏感性都降低，这与 NaCl 的离子效应有关。在等电点（pH 4～5）内，较高浓度的 Na^+ 和 Cl^- 与蛋白质表面带电基团相互作用，可在晶体 – 溶液界面形成双电层，从而增加等电点处大豆蛋白质的表观溶解度。在等电点外，高浓度的离子会中和蛋白质表面的异种电荷，并因此降低了调节溶液的 pH 时引起的净电荷增益。

　　大豆蛋白的溶解性还会受到热聚集行为的影响。一些研究者提出了 Lumry-Eyring 成核聚集模型，该模型中蛋白聚集由多个阶段组成，依次包括构象变化、成核前、不可逆的聚集体成核、聚合程度增大和聚集体自缔合。当聚集发生时，对于 β-大豆伴球蛋白，一旦疏水残基被覆盖并形成聚集体，表面的多糖和亲水基团就会提供排斥力来抑制其他蛋白单体接近；但大豆球蛋白的碱性多肽中存在较多疏水氨基酸，因此展开后会暴露出更多活性位点。虽然部分活性位点在聚集过程中被覆盖，但聚集体表面仍存在疏水残基，导致活性位点持续聚集；在两种蛋白共存时，覆盖在球蛋白聚集体表面的不再是疏水残基，而是β-大豆伴球蛋白的亲水基团，从而终止了聚集行为。此外，这种蛋白质之间的热聚集行为还与浓度有关。增加蛋白浓度会减小蛋白间距，有效促进聚集。

（二）凝胶性

蛋白凝胶化一般指液体或溶胶交联增大至一定程度时转化为凝胶，从而形成三维网络结构的过程。凝胶是由连续相（通常为液体）和连续介质（通常为固体）结合而成的半固体态。凝胶网络结构的形成一般认为是蛋白质 – 蛋白质、蛋白质 – 水和蛋白相邻多肽链之间吸引力和排斥力达到的一种平衡状态。凝胶化是蛋白质的关键特性，为食品体系提供了独特的功能，如增稠、保水及稳定性。在凝胶化过程中，蛋白质通过物理或化学方法形成一个无定形的三维蛋白质网络。一般物理凝胶可以通过加热和高压来完成，化学凝胶可以通过离子诱导、尿素诱导、酸诱导和酶技术来完成。大豆蛋白热诱导凝胶的基本形成过程如下：大豆蛋白分散在水中，先以卷曲紧密的形式构成溶胶，随着温度升高，蛋白逐渐变性去折叠，邻近分子间先形成聚集体，同时高温使分子运动加剧，蛋白与蛋白间疏水相互作用更频繁，达到平衡后形成具有一定网络结构的凝胶，部分游离水被截留在凝胶网络之中。在该形成过程中，共价相互作用二硫键起主导作用，同时也存在氢键、静电斥力等非共价相互作用。其中 11S 和 7S 球蛋白在 35 mmol/L 磷酸盐缓冲液中（pH 7.6），100 ℃下形成凝胶的临界蛋白含量分别为 2.5% 和 7.5%。11S 球蛋白热凝胶主要通过二硫键和静电相互作用形成，7S 球蛋白热凝胶则通过氢键形成。故 pH 和温度同样可通过影响蛋白质聚集体的方式影响凝胶的结构和性质。一些加工技术，如高压处理，可以引起蛋白质构象改变，从而导致聚集、变性和凝胶化。而在尿素诱导凝胶中，蛋白质和氢键的疏水相互作用被破坏是凝胶形成的关键。一般来说，传统方法提取的蛋白质是未展开的，需要较高的浓度才能使其凝胶化。然而，通过超声波、高压或酶辅助方法提取的蛋白质在低浓度条件下即可实现凝胶化，这些提取方法展开了部分蛋白质结构，增加了表面疏水性，促进了凝胶过程中蛋白质之间的相互作用。

（三）发泡性

泡沫被定义为一种胶体体系，其中空气分散在液体介质中。蛋白质由亲水分子和疏水分子组成，因此可以作为表面活性剂使用。搅拌通过促使蛋白质在气液界面处通气并展开，亲水端和疏水端朝向水相和气相，降低了界面张力，并可维持气泡的界面稳定性。冰淇淋和鲜奶油就是高度起泡产品的代表。蛋白质的发泡能力对产品的质地有潜在的影响，通过降低产品的密度，给人一种良好的口感。蛋白质在液－气界面吸收、结构变化和重排的能力决定了蛋白质的发泡能力和稳定性的高低。大豆蛋白分子由于具有典型的两亲结构，因而在分散液中表现出较强的界面活性，具有一定程度的降低界面张力，促进界面膜的形成，使蛋白质容易会合，内部基链打开、伸展、改变结构，部分肽链间相互作用，形成二维保护网络，使界面膜加强，促进了泡沫的形成与稳定。不同蛋白质的发泡特性差别较大，蛋白质溶解性和表面疏水性、浓度、pH、离子强度、分子结构及发泡过程等因素都会影响蛋白质溶液的发泡性。总之，凡是影响大豆蛋白内在结构及其聚集状态的因素，必然影响其起泡性。物理和化学改性包括氨基酸共价连接、硫醇化、酰化、磷酸化、胍基化或用酸、碱、盐部分水解均可以用以改进大豆蛋白的起泡性。一般蛋白质结构紧凑，难以伸展时，在界面处的稳定性低，会限制其发泡潜力。

（四）乳化性

乳剂是由两种不混溶液体形成的分散液或悬浮液，其中一种液体以球形形式分散到另一种液体连续相中。从热力学的角度来说，乳剂是弱稳定的。当油上升到顶部时，乳化和聚结加速了乳液的不稳定性。两亲性的表面活性剂通过降低自然吸引力强度来降低物质的表面张力。蛋白质具有两亲性和成膜能力，故可作为乳化剂使用，通过在油水界面处吸附，降低界面张力，形成乳液体系。一旦蛋白质进入油水界面，它将展开并将其疏水部分朝向油，亲水部分朝向水。因此，蛋白质通过形成一层过分散的液滴膜，降低界面张力，促进乳液的形成。

蛋白质可以使连续相更黏稠，减缓分散相的移动，从而增加乳液的稳定性。蛋白质在水相中的物理化学性质和溶解度是影响其乳化量和稳定性的关键因素。高溶解度有助于蛋白质更好地扩散到水／油界面，而可溶性较低的蛋白质可能会沉淀并影响乳液的稳定性。决定蛋白质在食品中应用的最重要的特性之一是它们稳定乳液体系的能力，比如面糊、奶油、汤和蛋黄酱等。来自各种植物和动物的蛋白质被用作乳化剂。大豆蛋白是植物蛋白中常用于食品的乳化剂。大豆蛋白分子中同时含有亲水和亲油的两亲结构，大豆蛋白分子是由多种 L - 型氨基酸组成的大分子，沿着蛋白质大分子主链，分布着 $-NH_3$、$-COO-$、$-CONH$ 等亲水基团，也分布着许多疏水基团，如 $-（CH_2）N-$、$-C_6H_5-$。当这些基团聚集于油水界面时，其表面张力降低，促进形成油 – 水乳化液。形成乳化液后，乳化的油滴被聚集在其表面的蛋白质所稳定，形成一个保护层，这个保护层可以防止油滴聚集和乳化状态遭到破坏。影响蛋白质乳化性的因素有很多，如蛋白质变性程度、可溶性蛋白浓度、温度、pH、离子强度、乳化方式、蛋白质组分、油脂品种、糖的存在及小分子表面活性剂的存在等。植物蛋白的超声处理对其乳化性能有显著影响。例如，超声处理可促使蛋白结构伸展，从而提高了大豆分离蛋白在超声功率为 400 W 时的乳化性能。碱性条件下，由于 $-OH$ 的作用，$-COO$ 增多，增加了分子间的静电斥力，使离散双电层加厚，溶液界面膜增厚，同时也有利于胶束的形成，因而提高乳化性。研究发现 7S 蛋白疏水性较大，分子量较小，形成的乳状液比 11S 蛋白更加稳定，而且 7S 含量较高的大豆蛋白乳化性与疏水性相一致。

（五）持水性（WHC）

蛋白质与水的相互作用有多种描述方式，包括水合作用、持水性、结合水能力、水吸收和水吸附能力。WHC 是指在一定条件下蛋白质能保留多少水分，是各种蛋白质应用中的一个重要因素。蛋白质与水的相互作用可能以不同的方式发生。存在于蛋白质侧链上的亲水性基团通过氢键与水分子相互作用。同样，蛋白质中极性基团的存在也是蛋白质具有 WHC 的原因。沿着蛋白的肽链骨架，含有许多极性基团。由于这些极性基团同水分子之间的吸引力，蛋白质分子在与水分子接触时，很容易发生水化作用，即蛋白质分子通过直接吸附及松散结合，被水分子层层包围起来。蛋白质分子的形态并不规则，极性基团在表面的分布也很难均一，因此蛋白质分子表面的水化膜也是不均匀的，在极性基团较集中的表面吸附着较多水分子，反之吸附的水分子少。蛋白质的 WHC 取决于多种因素，如蛋白质的组成和构象、蛋白质浓度、pH 和离子强度等。此外，WHC 可能随着不同的预处理条件而变化，如微波、超声波和水解。例如，微波处理后，大豆分离蛋白的 WHC 由 71.93% 提高到85.84%。在不同 pH（2～10）下，除了等电点（pH 4）处蛋白的 WHC 较低，其他条件下的 WHC 值均高于未处理蛋白。

（六）持油性（OHC）

蛋白质的 OHC 与脂肪/油的物理结合有关，是肉类和糖果等行业的重要功能特性。蛋白质通过吸收和保留脂肪/油及与脂质相互作用，在食物配方中起着至关重要的作用。蛋白质的热含量受几个因素的影响，包括它的来源、加工条件、添加剂的组成、温度、粒子大小、电荷分布和氨基酸之间的相互作用。在植物蛋白中，如向日葵蛋白，OHC 含量高可能是由于许多非极性侧链可以与脂肪和油的烃链结合。

第二节　豌豆蛋白的结构特征与功能特性

豌豆蛋白的功能特性包括溶解性、持水力和持油力、乳化性、胶凝性。这些特性将决定豌豆蛋白在食品系统中制备、加工、储存和食用过程中的行为和性能，从而影响食品的质地、稳定性和感官特性。

一、溶解性

蛋白质的溶解度是蛋白质其他功能特性的先决条件，在食品应用中起着至关重要的作用。高溶解度蛋白质有助于生产饮料、婴幼儿奶粉、仿乳等需要瞬间溶解、无残留的食品，而低溶解度蛋白质在食品生产中的应用潜力非常有限。豌豆蛋白的溶解度分布受豌豆基因型、蛋白提取方法、蛋白组分、pH、离子强度等因素的影响，因为这些条件的不同会导致蛋白构象和表面性质的改变，进而影响蛋白的溶解度。一般来说，豌豆蛋白分离物的制备采用碱浸提/等电沉淀法（AE/IP法），在pH 4.5（等电点）附近的水中溶解性最小。它的溶解度随着pH向更酸性或更碱性的条件移动而显著增加，并在pH溶解度剖面上表现出典型的"U形"。与天然豌豆蛋白分离物相比，商业豌豆分离蛋白的溶解度较低可能是由于在喷雾干燥过程中高温引起的变性和聚集。豌豆蛋白分离物通常比SPI具有更低的溶解度。AE/IP获得的蛋白质，豌豆蛋白分离物的溶解度（pH 7.0）最低，为61.4%，而蚕豆、鹰嘴豆和小扁豆分离蛋白的溶解度高于90%，SPI的溶解度最高，为96.5%。豌豆蛋白分离物与鹰嘴豆和小扁豆蛋白在pH为2.0～8.0时具有相似的溶解度。虽然提取方法相同（如AE/IP法），但从不同基因型或品种获得的豌豆蛋白分离物的溶解度分布存在显著差异，这归因于贮藏蛋白含量和组成的差异。此外，豌豆蛋白可以通过不同的提取方法得到，如沉淀法（酸沉法和热酸沉法、AE/IP法、胶束沉淀法）、超滤法（UF）和盐萃取法（SE）。提取方法不同程度地影响了豌豆蛋白的溶解度，这由提取过程中对蛋白质种类的选择不同所致。

二、持水力和持油力

蛋白质的持水力和持油力与食品的质地、口感和风味保留有关。例如，高持水力的蛋白质有助于减少包装烘焙食品的水分流失，保持烘焙食品的新鲜和湿润口感，高持油力的蛋白质有助于改善某些食品的口感和风味保留。因此，充分了解影响持水力和持油力的因素对保持产品质量和满足消费者的接受度至关重要。借助AE/IP法获得的豌豆蛋白分离物的持水力和持油力分别为2.7 g/g和2.8 g/g，低于SPI。商业SPI的持水力（SPIc；5.168 g/g）几乎是豌豆蛋白分离物c（3.389 g/g）的1.5倍，但它们的热含量相似，约为1.2 g/g。不同的提取方法对豌豆蛋白分离物的持水力和持油力有显著的影响。

然而，不同品种间豌豆蛋白分离物的持水力和持油力没有显著差异。因此，我们可以根据不同的提取方法来定制豌豆蛋白分离物的持水力和持油力，从而扩大豌豆蛋白分离物在食品工业中的应用。

三、乳化性质

蛋白质的乳化特性在其作为食品配料的应用中起着重要的作用。例如，具有优良乳化特性的蛋白质可用于制备稳定的食品，包括牛奶、奶油、蛋黄酱、冰淇淋、黄油等。目前，乳化能力（EC）、乳化活性（EA）、乳化稳定性（ES）、乳化活性指数（EAI）、乳化稳定性指数（ESI）、分层稳定性（CS）是评价蛋白质乳化性能的常用质量指标。此外，蛋白质的 EA 有时也可以通过测定乳状液均质后或贮存过程中的液滴大小或液滴大小分布来评估。对于豌豆蛋白的乳化性能，我们发现不同的研究人员使用不同的指标和单位来描述乳化性能，这使得这些结果很难进行比较。总之，豌豆蛋白的乳化性能在很大程度上取决于其提取方法。超滤法获得的豌豆蛋白分离物比其他方法获得的豌豆蛋白分离物具有更高的 EAI 和 ES。AE/IP 法制备的豌豆蛋白分离物比 SE 法制备的豌豆蛋白分离物表现出更好的 EAI 和 ESI。萃取工艺对乳化性能的影响较小。超滤和 AE/IP 得到的豌豆蛋白沉淀具有相似的 EAI 和 ESI。盐萃取的豌豆蛋白分离物具有更好的 EC，而胶束沉淀法得到的豌豆蛋白分离物根据 EC 试验没有表现出特征的乳化行为，且无论萃取方式如何，所有豌豆蛋白分离物都具有相似的 ES。即使采用相同的提取方法（如 AE/IP 法），不同品种或基因型提取的豌豆蛋白分离物具有显著不同的乳化特性。豌豆蛋白分离物比 SPI 具有更低的 EAI 和 ESI。此外，不同的蛋白质组分对豌豆蛋白分离物的乳化性能也有显著影响。除上述因素外，一些环境条件如离子强度、pH、蛋白质浓度等都会不同程度地影响豌豆蛋白分离物的乳化性能。在 pH 偏离等电点（pI）时，豌豆蛋白分离物表现出更好的乳化性能。在酸性条件下（pH 为 2.4 或 3.0），吸附的豌豆蛋白分离物能在界面上形成更多的黏弹性界面膜，形成的乳状液比 pH 为 7.0 时的乳状液更稳定。

提取方法影响着豌豆蛋白分离物的发泡性能，如 AE/IP 法制备的豌豆蛋白沉淀的发泡性能优于超滤法制备的豌豆蛋白沉淀，但萃取方法对其发泡性能影响不显著。pH、蛋白浓度、NaCl 含量等因素也对豌豆蛋白分离物的发泡性能产生影响。其中，pH 显著影响豌豆蛋白分离物的发泡性能，豌豆蛋白分离物的发泡性能在 pI 附近最低。但只有在一定条件下，蛋白质浓度和 NaCl 含量才会显著影响豌豆蛋白分离物的发泡性能。在低蛋白浓度情况下，蛋白质浓度和 NaCl 含量的增加对豌豆蛋白分离物的发泡性能有显著影响。

四、胶凝性能

凝胶化是蛋白质的一种非常重要的性质，它在许多食品的感官和质地特性中起着重要的作用。据报道，球状蛋白形成胶凝是一个复杂的过程，通常包括变性、聚集和网络形成等几个步骤。一般情况下，蛋白质凝胶可分为热诱导凝胶和冷凝固凝胶：①蛋白质加热超过其变性温度（蛋白质浓度高于其最小凝胶浓度 [LGC]），导致蛋白质部分展开，并暴露其相互作用位点，导致分子间相互作用，最终导致蛋白质聚集形成一个空间凝胶网络，形成的凝胶称为热诱导凝胶；②冷凝凝胶需要对蛋白质进行一定的预热处理，即在 pH 远离 pI 且无盐离子的情况下，将低浓度的蛋白悬浮液加热制备可溶性蛋白聚集体，然后冷却，加入盐、酸化剂或酶进行冷凝凝胶。允许它组装成网络结构。对于豌豆蛋白凝胶，热诱导凝胶是最主要的凝胶，而只有少数冷凝固凝胶的报道。为了更好地可视化豌豆蛋白的成胶性能，需要对其流变学特性进行表征。

品种、蛋白含量、提取方法及 pH、蛋白浓度、离子强度、加热温度、加热和冷却速度等环境条件都会影响豌豆蛋白凝胶网络的形成。一般来说，豌豆蛋白分离物通常采用 AE/IP 法获得，其 LGC 为 14% ～ 17%（w/v），形成一种弱凝胶。通过不同的提取方法（如 UF 法和 SE 法）得到的豌豆蛋白分离物具有明显不同的胶凝性能。并且即使通过相同的提取方法获得豌豆蛋白分离物，但由于不同豌豆品种／品系的理化性和结构组成不同，其凝胶和流变性能也存在一定的差异。豌豆蛋白是一种混合蛋白，根据不同的分类方法可分为不同的组分，如 vicilin（7S）和 legumin（11S）组分，或水溶性、盐溶性、乙醇溶性和碱溶性组分。不同的蛋白质组分具有显著不同的胶凝性能。例如，碱溶组分的 LGC 为 10%（w/v），而乙醇溶组分没有 LGC。此外，一些环境因素，如 pH、蛋白质浓度、离子强度、加热温度、加热速度和冷却速度，也会影响豌豆蛋白分离物的胶凝性能。

豌豆蛋白及其水解物表现出各种有益作用，如抗氧化、降压和调节肠道微生物群，以及不同的功能特性，如溶解度、水结合作用、乳化和胶凝特性。然而，由于其较差的功能特性，豌豆蛋白在食品系统中的应用仍然受到限制。下面介绍促进豌豆蛋白功能特性的酶和物理修饰方法的研究进展。

最近的一项研究系统地评估了酶水解以改善豌豆分离蛋白的功能特性和感官特性，并减少潜在的过敏原。在不同的水解时间（15、30、60和120分钟），11种蛋白水解酶被应用于豌豆分离蛋白的修饰。结果发现，大多数酶都能促进豌豆分离蛋白的功能特性，尤其是在pH 4.5下的溶解度和发泡能力。酶解后其苦味发生明显变化，与酶解程度密切相关。另一方面，Pis s 1和Pis s 2的降解表明酶水解可能是减少主要豌豆过敏原的潜在方法。此外，采用超临界二氧化碳＋乙醇萃取法（SCD-EA）提高了豌豆分离蛋白的技术功能。研究发现，SCD-EA可以显著提高其溶解度、乳化性和发泡性，使其更适合食品应用。还开发了一种高效的超声辅助碱提取方法（UAAE），以获得高水平的豌豆分离蛋白，并对该方法对蛋白质功能特性和生物效应的影响进行了评估。超声处理可以影响豌豆分离蛋白的二级和三级结构，并显著提高相关功能特性，如溶解度、水/油结合能力、发泡/乳化能力和凝胶形成能力。超声处理还可以提高豌豆分离蛋白的体外抗氧化活性和血管紧张素转换酶抑制活性。

微流化是一种独特的高压均质技术，它可以改变大分子的结构，从而改善其物理化和功能特性。工业规模的微流化（Industrial-scale Micro-fluidization，ISM）被用于修饰豌豆蛋白。结果表明，ISM处理能有效提高其溶解度。事实上，豌豆蛋白溶解度的增强体现在浊度的增加、颗粒尺寸的减小、比表面积的增加及形态从厚块变为薄块。ISM处理可以通过破坏二硫键，促进大的不溶性蛋白质或聚集体转化为可溶颗粒。此外，微流化可用于根据豌豆球蛋白的初始变性状态来调节其乳化特性。综上所述，这些发现表明微流化处理可能是改善豌豆蛋白功能特性的潜在方法。

第三节　植物蛋白肉加工工艺

植物中的豆类、小麦（面粉）和稻谷都含有较多的植物蛋白（如大豆种子所含蛋白质的比例高达 40%），而各种肉类、奶制品、禽蛋中所含的蛋白质属于动物蛋白。植物蛋白是人类重要的营养源，对维持人类生存有着不可替代的重要作用。在世界人口迅速增长的情况下，各国都逐渐开始重视植物蛋白资源的利用，用各种植物蛋白开发出更多安全、营养的食品。

根据国家粮食生产水平和消费水平，我国人民的蛋白质供给水平较低，解决这一不足的办法之一，应当是以发展廉价经济的植物蛋白为主，同时适当发展动物蛋白。大力开发利用植物蛋白资源和发展植物蛋白工业，是符合我国国情的一种发展战略。此外，随着人们对动物相关疾病的关注和对健康的认知日益增加，人们逐渐开始注重植物蛋白食物的摄取。

一、植物蛋白加工的意义

蛋白质是生命活动的物质基础，对人体生理代谢起着重要的调节作用。在世界人口迅速增长的情况下，植物蛋白作为普遍而又优质的蛋白质资源，成为一种新的发展趋势，同时用各种植物蛋白开发出更多安全、营养的食品成为主要的市场前景，21 世纪称为植物蛋白世纪。人类对营养高品位和营养均衡合理结构的追求日益迫切，这主要体现在2个方面：一方面，发达国家的食品需求趋势正从单纯的动物蛋白向动植物蛋白科学合理搭配这种结构型调整和回归；另一方面，不发达国家和发展中国家正从温饱型向合理营养结构型发展。这两种发展趋势均要求植物蛋白工业给人们提供高品质的植物蛋白产品。

我国是世界上最大的发展中国家，人均蛋白质摄入量低于世界平均水平。我国人多地少，不能生产更多的粮食作饲料来发展养殖业，从而增加动物蛋白的供应量，只能通过发展植物蛋白的加工和利用，提高植物蛋白的利用率，来增加我国人民的蛋白质供应量，缓解人均蛋白质摄入量不足的矛盾。植物蛋白除物美价廉外，还具有多种生理功能，如对进行性肝硬化的营养支持作用、降低胆固醇含量、抗肿瘤、改善心血管疾病和肾脏病的症状等。另外，植物蛋白产品还具有其他优势。从营养学方面分析，植物蛋白不含胆固醇，不会导致现代"文明病"的发生。在氨基酸的组成上，大豆蛋白中的必需氨基酸接近人体所需的比例，仅含硫氨基酸含量略低；菜籽蛋白中的氨基酸组成优于大豆蛋白，几乎不存在限制性氨基酸，其蛋白质消化率也比较高，为95%～100%。从功能性质方面讲，植物蛋白具有溶解性、吸水性、吸油性、起泡性、乳化性、黏性及凝胶性等良好的加工特性，将植物蛋白作为食品添加剂按不同比例添加到肉制品、乳制品等食品中，不仅可以提高食品的营养价值，还可以改善食品本身的结构性能，有利于人体消化吸收，这为植物蛋白在食品工业中的应用奠定了基础。

目前植物蛋白在营养学方面存在以下 2 个主要的问题：一是优质植物蛋白资源的筛选；二是植物蛋白添加技术的研究。在未来的研究中，相关人员将主要致力于妥善处理如何获得更多优质植物蛋白资源的问题。同时，研制出更多的新型食品，促进食品工业的发展，将成为新的方向。

二、植物蛋白肉加工工艺

植物蛋白肉是以植物蛋白、脂肪为基础，结合功能性添加物并经过挤压设备重塑蛋白质的解离聚合行为形成类肉纤维结构，使其具有接近真实动物肉质构、口感和风味的新产品。由于能够有效解决肉类供应不足的问题，以及具有产品安全性高、生产方式绿色可持续的特点，植物蛋白肉制品部分替代动物肉制品已成为未来不可阻挡的趋势。

制备植物蛋白肉的技术主要包括低水分挤压技术和高水分挤压技术两大类。低水分挤压在含水量为 20%～40% 的条件下进行，所得拉丝蛋白具有或多或少的膨胀结构，在重新水化后具有类似肉类的质地；高水分挤压在含水量为 40%～80% 的条件下进行，蛋白质多肽经过剪切、重新排列后形成层流并在冷却单元中形成丝状结构。低水分挤压早在 20 世纪 80 年代就已实现工业化，产物有块状、粒状、条状等形式，已广泛用于肉制品、冷冻食品、方便食品、休闲食品等方面，代表食品有火腿肠、冷冻饺子 / 汤圆馅料、冷冻丸子、台式烤肠及辣条、豆干等。低水分挤压组织化植物蛋白的市场售价区间为 7000 ～ 22 000 元 / 吨，主要由其纤维结构决定，纤维结构越明显，价格越高。相对于低水分挤压组织蛋白，高水分挤压拉丝蛋白有更为明显的纤维结构，更接近肉的质地。此外，高水分挤压的生产较低水分挤压更节能、成本更低，并且高水分挤压拉丝蛋白具有即食性，正逐渐成为企业和消费者关注的热点。近年来，随着高水分挤压拉丝蛋白设备和制造技术的不断进步，该技术有逐步商业化的趋势。

由于低水分挤压拉丝蛋白产物的水分含量为 20% ～ 40%，经干燥后最终产品水分含量在 5% 以下，可长时间存放，因此以低水分挤压拉丝蛋白为原料生产植物基模拟肉的公司既可自行生产拉丝蛋白，也可采购商业化的拉丝蛋白。而高水分挤压的拉丝蛋白产物的水分含量为 40% ～ 80%，无法长期存放，所以以高水分挤压拉丝蛋白为原料生产植物基模拟肉的公司需要自行生产拉丝蛋白。基于所用原料拉丝蛋白的类型，植物基模拟肉包含基于低水分挤压拉丝蛋白的植物基蛋白肉（图 7-1）和基于高水分挤压拉丝蛋白的植物基蛋白肉（图 7-2）。

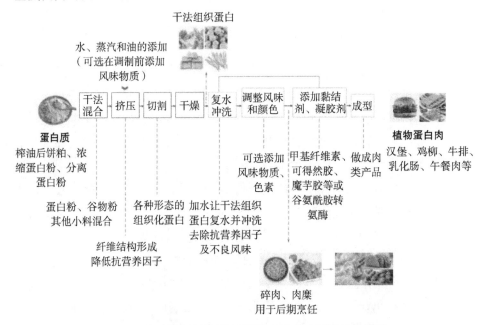

图 7-1　基于低水分挤压拉丝蛋白制备植物基模拟肉流程

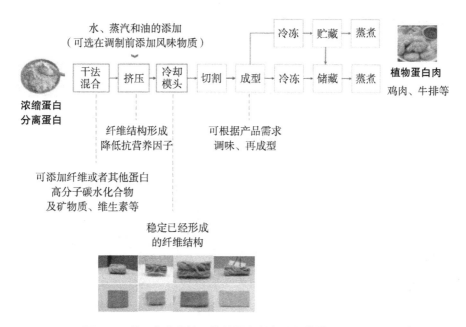

图 7-2　基于高水分挤压拉丝蛋白制备植物基模拟肉流程

豆类植物（如大豆、豌豆、扁豆）及谷物类（如小麦、大米、大麦和黑麦）是被用于植物基模拟肉生产的主要植物蛋白来源。其中，大豆是植物基模拟肉生产中最常用的植物蛋白原料，大豆的蛋白含量较高，富含必需氨基酸且大豆所含的大豆异黄酮等营养物质对维持人体健康有益，常食用大豆蛋白制品也可以降低胆固醇水平及罹患心血管疾病的风险。大豆蛋白主要包含大豆浓缩蛋白和大豆分离蛋白两种，在消除大豆蛋白的抗营养因素后，大豆蛋白的蛋白质消化率校正氨基酸得分可接近动物衍生产品（如肉类和蛋类）的得分，且从植物基模拟肉主要原料（拉丝蛋白）的生产角度来看，采用大豆浓缩蛋白作为原料进行挤压比采用大豆分离蛋白更容易。

（一）组织化大豆蛋白

所谓组织化蛋白，指加工成形后的蛋白质分子重新排列整齐，具有同方向组织结构，同时凝固后形成纤维状蛋白。组织化蛋白的生产过程如下：在脱脂大豆粉、大豆浓缩蛋白或大豆分离蛋白中，加入一定量的水分及添加物，搅拌使其混合均匀，强行加温、加压，使物料在水分、压力、热和机械剪切力的联合作用下成为蛋白质分子之间排列整齐且具有同方向的组织结构，再经发热膨化并凝固，形成具有孔洞的纤维状蛋白。组织化蛋白具有较高的营养价值，食用时具有与肉类相似的咀嚼感。含蛋白质的原料在组织化处理的过程中，破坏或抑制了油料粕中影响消化和吸收的有害成分，如胰蛋白酶抑制剂、尿素酶、皂苷和血细胞凝集素等，从而提高了蛋白质的消化吸收能力，改善了组织化蛋白的营养价值。

使植物蛋白组织化的方法有多种，如纺丝黏结法（用碱液拌和、酸溶解后延伸加热成形，呈纤维状产品）、挤压蒸煮法（加水、加热、膨化挤压成形，呈多孔粒状产品）、湿式加热法（用酸性液拌和、高温切断、加热固定，呈结构状产品）、冻结法（加水、加热、冷冻浓缩、冻结成形，呈海绵状产品）及胶化法（加水、加热、高浓度加热、加热成形）等，其中以挤压蒸煮法应用最为广泛。由于产品的组织化构造与加工中的热处理过程，组织化大豆蛋白产品有以下特点。

（1）蛋白质结构呈粒状，具有多孔性肉样组织，并有优良的持水性与咀嚼感。适用于各种形状的烹饪食品、罐头、灌肠、仿真营养肉、盒式营养食品等。

（2）短时高温、高水分与压力条件下的加工消除了大豆中所含的多种有害物质（胰蛋白酶抑制剂、尿素酶、血细胞凝集素等），提高了对蛋白质的吸收消化能力，经过湿热处理，大豆中淀粉的营养价值显著提高。这里应指出的是，虽然膨化蛋白质变性强烈，但产品的PDI（蛋白质分散度指数）在10%左右，必需氨基酸成分的破坏却很轻微（据测定仅损失5.5%～33%）。

（3）膨化时，由于出口处迅速减压喷爆，因此易去除大豆中的不良气味物质，降低大豆蛋白食用后因多糖作用而出现的产气性。

制作部分脱脂的大豆蛋白挤压产品的流程如图7-3所示。整粒大豆经清洗、粉碎和脱皮后，用高剪切力的挤压机在107℃下进行均质，以释放出油脂并使脂肪氧合酶失活，然后用螺杆压榨除去油脂。把压榨后的豆粕粉碎，并把其水分含量调至19%左右，再用同一台或另一台挤压机把它们制成细条状或块状。如果需要的话，可在组织化之前向混合料中添加焦糖或其他配料。最终产品是经组织化的大豆粉，油脂约 8%，水分约 7.2%。若要生产组织化大豆浓缩物，则在进行第二步挤压之前或之后除去可溶性碳水化合物。

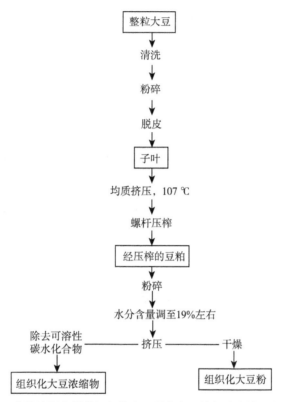

图 7-3 中等油脂含量的组织化大豆蛋白产品的低成本挤压加工工序

（二）腐竹的加工工艺

1. 工艺原理

腐竹是由热变性蛋白质分子依活性反应基团以次级键聚结成的蛋白质膜，其他成分在膜形成过程中被包埋在蛋白质网状结构之中。

豆浆是一种以大豆蛋白为主体的溶胶体，大豆蛋白以蛋白质分子集合体–胶粒的形式分散于豆浆之中。大豆脂肪以脂肪球的形式悬浮在豆浆里。豆浆煮沸后，蛋白质受热变性，蛋白质胶粒进一步聚集，并且疏水性相对升高，因此熟豆浆中的蛋白质胶粒有向豆浆表面运动的倾向。当煮熟的豆浆保持在较高的温度条件下时，一方面，豆浆表面的水分不断蒸发，表面蛋白质浓度相对增高；另一方面，蛋白质胶粒获得较高的内能，运动加剧，这使得蛋白质胶粒间的接触、碰撞机会增加，次级键容易形成，聚合度加大，以致形成蛋白质膜，随着时间的推移，薄膜越结越厚，到一定程度后揭起烘干即为腐竹。

2. 生产工艺

腐竹生产的一般工艺流程如下。

原料大豆→清洗→脱皮→浸泡→制浆→揭竹→烘干→包装→成品。

（1）制浆。生产腐竹用大豆最好在浸泡前破瓣脱皮，这样所得产品色泽光亮，有利于提高产品质量。腐竹生产的制浆过程与豆腐生产的制浆过程极为相似，包括磨浆、滤浆、煮浆，但对豆浆浓度有一定要求。豆浆浓度低，蛋白质含量少，蛋白质分子不易产生聚合反应，因而影响成膜速度，使能耗加大。但当固形物含量超过 6% 时，由于豆浆形成胶体速度过快，腐竹得率反而降低。一般豆浆固形物含量为 5.1% 时，腐竹得率最高。为了提高腐竹得率和成膜速度，通常在工业化生产中采用以下方法。

豆浆中分离大豆蛋白浓度为 1.5%～3.0% 时，腐竹得率最高。因此，往豆乳中少量添加分离大豆蛋白能有效提高腐竹得率。往豆浆中添加 0.1% 的磷脂对腐竹得率有明显改善，磷脂是大豆蛋白膜的表面活性剂，它能促使大豆蛋白膜胶态分子团的形成，是腐竹生产上十分有用的乳化剂。磷脂可以与分离大豆蛋白开放的多肽键进行反应，形成脂 – 蛋白质复合物或将分散的蛋白质吸附在大豆蛋白质薄膜上。脂类的乳化作用对腐竹薄膜的形成有促进作用，因此，在进行腐竹生产时，往豆乳中少量添加浓度为 0.02% 的红花油，能提高腐竹成皮速度。

（2）揭竹。将煮透的豆浆倒入锅内，用文火加热，使锅内温度保持在 85～95 ℃，同时不断向浆面吹风。豆浆在接触冷空气后，就会自然凝固成一层油质薄膜（约 0.5 mm），然后用小刀从中间轻轻划开，使浆皮分成两片，再用手或竹竿分别提取。浆皮在提取过程中遇空气后，便会顺流成条。每 3～5 min 形成一层浆皮后揭起，直至锅内豆浆揭干为止。揭竹工序中应注意的 3 个因素是温度、pH 和通风条件。

①温度。最初浆皮黄亮，口味醇香，品质较好，后续浆皮渐变为灰黄色。这是因为在长时间的加热保温过程中，豆浆中的糖类受热分解为还原糖，豆浆中的氨基酸特别是赖氨酸和苏氨酸与还原糖反应生成褐色的色素（即氨反应）。这不仅影响腐竹的色泽，而且会造成某些氨基酸损失，破坏蛋白质中氨基酸的配比，从而降低蛋白质的营养质量。通过控制温度来避免还原糖大量产生，可以避免或防止褐变反应的发生。

图 7-4 是不同温度下腐竹的成膜速度和 TUM（得到一定量的膜所需时间）的变化曲线。从图 7-4 可以看出，温度越高，成膜速度越快。但实践证明，将揭竹温度控制在 80 ℃左右，所形成腐竹的色泽最佳。若温度始终保持在 85 ℃以上，则腐竹的色泽将由淡黄色向褐色转变，且越来越深，越来越明显。

②pH。在加热揭竹过程中，豆浆的 pH 会因有机物的分解而逐渐下降，且温度越高，下降得越快。在一般情况下，豆浆的初始 pH 为 6.5 左右。如果豆浆的 pH 低于 6.2，豆浆便会出现黏稠状，表面结皮龟裂、不成片。试验表明，pH 为 9 时，腐竹的得率最高，但颜色较暗，pH 为 7 ～ 8 时较为适宜。

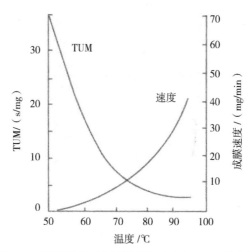

图 7-4　不同温度下腐竹的成膜速度和 TUM 的变化

③通风条件。加热揭竹车间要求空气流通，这样浆皮表面蒸发的水蒸气

易及时排除，有利于结成浆皮。如果通风不好，豆浆表面的水蒸气分压过高，不利于水分蒸发和浆皮的形成。因此，揭竹车间的通风换气是腐竹生产的必要条件之一。

（3）烘干。浆皮揭起后，搭在竹竿上沥尽豆浆，然后应及时烘干。腐竹烘干的方法有2种，即暖房烘干和机械烘干。目前国内生产厂家大部分采用暖房烘干，机械化连续烘干用得很少。将挂在竹竿上的浆皮送到干燥室，在35～45℃的温度条件下烘24 h，使其脱水干燥。要求干燥要均匀，特别是浆条搭接处或接触处的含水量不能太高。干燥后即成腐竹。成品腐竹含水量为8%～12%。

（三）即食五香豆干的加工

豆干是大豆经过制浆、掺膏粉、定卤、炸煮等工艺制成的一种传统风味食品。一般豆干的特点是外皮柔韧、内肉嫩滑、风味咸香爽口，久吃不厌，有"素火腿"的美誉，是佐酒下饭的最佳食品之一。

1. 工艺流程

大豆→浸泡→磨制→滤浆→煮浆→制浆→豆干→炸煮→卤煮→干燥→包装→高压灭菌→成品。

2. 操作要点

①炸煮。采用棕榈油或棕榈油与猪油的混合油进行炸制。为防止油在高温中变质及豆腐片浮出油面，可使用连续密闭式油炸设备。油的加热通过电热方式进行，油温控制在150～180℃，炸制时间约为2 min。

②卤煮。豆腐干滋味的形成是通过卤煮完成的，同时可添加各种香料、橘汁、牛奶等，以便生产出风味各异的豆腐干。卤煮时用电热敞口锅。将配好的料液倒入炸制过的豆腐干中，料液没过豆腐干，煮制到料液耗尽时倒锅重新加好料液，将原来上面的豆腐干没到下面，再煮1次出锅即可。

③干燥。将调味的豆腐干均匀地摊放在托盘中，放入烘箱，60℃下烘30 min。

④包装、杀菌。将烘干的豆干真空包装，121℃下高压杀菌20 min，冷却后即为成品。

3. 产品质量标准

①感官指标。棕红色，具有五香豆干特有的风味。

②理化指标。水分含量 ≤ 60%；铅（Pb）≤ 1 mg/kg；总砷（以 As 计）≤ 0.5 mg/kg。

③卫生指标。黄曲霉毒素 B_1 ≤ 5 μg/kg；菌落总数 ≤ 750 cfu/g；大肠杆菌 ≤ 40 MPN/100 g；致病菌不得检出。

（四）即食豆腐皮的加工

豆腐皮，又名腐衣、油皮、豆腐筋，色泽乳白或淡黄、半透明，是一种营养、健康、非发酵的干制豆制品。干燥的豆腐皮中含蛋白质 40% ～ 50%、脂肪 21% ～ 25%、碳水化合物 13%、灰分 2%、水分 9%。豆腐皮富含人体所需的 8 种氨基酸，且所含蛋白质的人体吸收率接近 100%，同时钙、铁、镁、锌等无机盐的含量也较高。此外，豆腐皮中还有糖、磷及硫胺素、核黄素、烟酸等人体必需的营养成分，不含胆固醇，有"素中之荤"的誉称。

1. 工艺流程

大豆→浸泡→磨制→滤浆→煮浆→制浆→豆皮→腌制→成型（切成小块）→预煮→沥水→油炸→调味与拌料→包装→杀菌→成品。

2. 操作要点

①原辅料的选择。原辅料的选用在食品加工中的影响非常大。豆腐皮要选择新鲜、无霉变、无异味、色泽好、厚薄一致的原料；辣椒粉要选色泽红、辣味浓的红干尖椒；花椒粉也要选质量好的；其他各种调味料要求质优，符合食品安全要求。

②腌制。腌制主要是为了达到使豆腐皮有合适的含盐量及预涨发的目的。一般用 8% 的食盐腌制。7 ～ 10 d 即可，腌制过程中要注意管护，防止豆腐皮暴露于空气中而腐败变质。

③成型。用成型机或手工将豆腐皮切成 1 cm × 3 cm 的豆腐皮小块条。

④预煮。预煮的时间是关键，时间太长，则豆腐皮会软烂，进而影响感官；时间太短，则不能脱除豆腐皮的豆腥味等不愉快的味道。采用沸水下料，大火力再次快速煮沸，约 90 s 即捞出沥水备用，忌小火焖煮。

⑤油炸。将事先熬炼好的植物油加热到 185 ℃左右，将预煮后沥干水分的豆腐皮坯放入油锅内，并不断搅动，以免受热不均，约经过 2 min，当豆腐皮在水分逐渐散发后上浮，并呈浅黄色或棕黄色时，用网瓢捞出沥油备用。

⑥调味与拌料。本产品以山椒味、麻辣味、香辣味等休闲风味为主。具体方法按工艺标准要求进行计量，配制盐、糖、辣椒等各种辅料，添加量可根据口味需要做适当调整。将豆腐皮投入到搅拌机里，再放上配制好的调味料，充分搅拌，混合均匀。

⑦包装。将拌和好调料的豆腐皮分装入 100 g 的小袋中，用真空机在 0.1 MPa 的条件下真空热合封口。要求包装封口平整、严密、结实，以防止密封不好而造成微生物的二次污染。

⑧杀菌。将真空包装好的豆腐皮于 115 ℃下杀菌处理 15 min，反压冷却至室温即可。

3. 产品质量标准

产品质量标准同即食五香豆干的质量标准。

第四节　植物蛋白肉质量控制与评价标准

植物蛋白肉由于原料来源广泛、加工工艺相对成熟，市售产品（如素火腿、素牛肉粒、素食汉堡等）具有一定的规模，现已成为食品行业开发的新热点。作为一种新型的健康食品，由于产品形式多样，消费者对优质植物蛋白肉的兴趣不断增强。但国内的植物蛋白肉相关产业刚起步，市场发展与技术研究水平相较于美国等国家尚处于起步阶段，且对植物蛋白肉的营养价值和食用安全性的认识不够全面。

一、植物蛋白肉的营养特性

传统肉制品具有较高含量的蛋白质、维生素和矿物质，而植物蛋白肉制品具有零胆固醇、零激素、零反式脂肪酸、零抗生素及富含人体必需氨基酸等优点，更符合人们对健康饮食的需求。同时植物蛋白肉也具有丰富的蛋白质，每100 g约含（22.37±7.23）g蛋白质，相当于成人每日推荐参考摄入量的35%～55%；脂肪含量为（6.12±5.28）g/100 g，多为不饱和脂肪且不含胆固醇，具有丰富的维生素及钾、锌、钠等矿物质元素（表7-1）。

表7-1　植物蛋白肉的主要成分及来源

主要成分	来源
植物性蛋白质	大豆、小麦、豌豆、羽扇豆、大米、马铃薯、微藻、海藻
脂质	富含饱和脂肪酸（椰子油与可可脂）、富含不饱和脂肪酸（葵花籽油、低芥酸菜籽油、芝麻油）
碳水化合物	天然淀粉、小麦面粉、纤维
调味料	氯化钠、酵母提取物、辣椒粉、糖、香料、草药
着色剂	番茄红素、甜菜汁提取物、豆血红蛋白
强化成分	生育酚、葡萄糖酸锌、盐酸硫胺素、抗坏血酸钠

二、植物蛋白肉的安全性

（一）物理因素

植物蛋白肉制作过程中出现的物理危害，包括加工设备、生产环境与操作人员的卫生状况等因素。

（二）化学因素

在种植大豆、小麦、豌豆等植物蛋白肉原料的过程中，为减少农业生产中的病虫害或增加农作物的产量，通常使用农药和化肥。若使用量超出限定标准，残留药物会通过渗透和吸收作用进入农作物，通过食物链进入人体，从而导致中毒并产生一系列神经症状，严重时可能会引起休克、抽搐甚至死亡。另外，植物生长所需的环境条件（如土壤、水质、空气等）若受到污染也会影响人的身体健康。

（三）生物性

植物蛋白肉加工在原料到食用的各个环节都有可能受到微生物的污染。植物蛋白肉制品中含有大量的水分及其他营养物质，这为微生物的生长和繁殖创造了条件。

三、植物蛋白肉的标准

对于新兴的植物蛋白肉产品，至今尚无统一的检测方法和国家标准发布。近两年，有针对"植物蛋白肉"产品的团体标准陆续出台。中国食品科学技术学会于 2020 年 12 月 25 日发布了《植物基肉制品》（T/CIFST 001—2020）团体标准，该标准主要对产品的类别名称和营养价值进行规定和指导。标准中要求：

（1）植物基肉制品中蛋白质、脂肪应来源于植物原料，不得添加动物来源的蛋白质和脂肪。终产品配方设计应以模仿的动物肉制品营养组成为基础，鼓励提升蛋白质品质，增加蛋白质含量，降低总脂肪及钠含量。

（2）可以使用食品添加剂（含营养强化剂）、微生物和微生物来源的配料，除水和食用盐外，其他非植物性配料的总添加量或投料量的质量分数不应超过产品总质量的 10%。

（3）在理化指标中明确提出，植物基畜禽肉制品（裹面类除外）蛋白质含量不低于 10 g/100 g，植物基畜禽肉制品（裹面类）和植物基水产制品蛋白质含量均不低于 8 g/100 g。

（4）植物基肉制品的生产原则是尽量模仿动物基肉制品中的营养成分，但是不能在其中额外添加动物来源的成分。产品可以采用"植物 ××""植物基 ××""植物蛋白 ××""植物制成的 ××"等来命名，要能清晰地反映出产品特性。

2021 年 8 月 11 日，全国城市工业品贸易中心联合会发布了《植物肉》（T/QGCML 153—2021）标准。

该标准规定了植物肉的术语和定义、技术要求、检验方法、检验规则及标志、包装、运输、贮存，适用于主要以大豆、豌豆、小麦等作物中提取的植物蛋白为原料生产制造的植物肉。该标准规定了植物肉产品的感官、理化、微生物和食品添加剂等指标，并规定产品名称应标为"植物肉"。

由于在我国目前的食品安全体系和生产许可目录中没有植物蛋白肉这一分类，其监管往往是企业根据自身的生产许可、产品情况和监管部门要求，借靠在类似食品的分类中。这一举措一定程度上解决了植物蛋白肉监管问题。目前，市场上流通的植物蛋白肉产品多数为植物基速冻植物蛋白肉产品，如植物基肉饼、植物基水饺、植物基肉丸等，多数执行《速冻调制食品》（SB/T 10379—2012）。

四、规范标准适用问题

植物基食品，尤其是以豆类为原料的食品，目前能够被我国现有的食品生产经营规制体系较为完整地涵盖。例如，豆基肉制品生产企业的生产品类属于我国《食品生产许可分类目录》项下的其他豆制品；允许使用的食品添加剂范围和限量应符合《食品安全国家标准　食品添加剂使用标准》（GB 2760—2014）中新型豆制品的相关规定；最终产品可依据《食品安全国家标准　豆制品》（GB 2712—2014）、《大豆蛋白制品》（SB/T 10649—2012）或《植物基肉制品》（T/CIFST 001—2020）执行质量安全规定。由此可见，若植物基食品能遵循我国现行的各项食品管理规制，其在我国基本不会面临过多的监管壁垒。

植物基食品在我国仍无明确的官方定义，与我国传统植物来源食品的区别也无法从所适用的食品标准中得以直接体现，从而导致终产品的标准适用存在一定的自由选择度。同时，现行食品分类和食品添加剂使用标准框架也在一定程度上限制了植物基食品品类的创新拓展。值得注意的是，部分行业组织率先进行了探索与实践，希望助力解决产品差异界定和产品标准缺失问题。在植物基肉制品领域，《植物基肉制品》（T/CIFST 001—2020）作为行业组织推出的团体标准，意在为产品差异界定提供规范支撑：适用该标准的植物基肉制品，需突出其加工技术的使用和风味调控特点。

五、植物基仿生肉标准的制定和修订建议

根据当前植物基仿生肉产品的标准现状及其存在的不足与问题，今后相关方面标准及其内容、指标、检验方法等的制定、修订等的建议如下。

（一）制定针对植物基仿生肉产品的国家标准或行业标准

现行有效的《植物基肉制品》（T/CIFST 001—2020）的团体标准，是我国第一次针对植物基肉制品提出制定的产品标准。随着植物基仿生肉产品的不断发展及市场的扩大，更需要提升为国家或行业的标准，并制定相关植物基仿生肉属性等其他多方面的标准。

（二）对植物基仿生肉产品定义、命名和分类，新的标准应更加具体、明确和统一

植物基仿生肉类型的产品虽然已经有较长的生产历史，但我国还没有形成完整统一的定义、命名与分类标准，对其主要生产技术也没有统一规定的要求。根据模仿的肉类品种，植物基仿生肉行业未来将开发出更多种类和系列的产品，植物基仿生肉的定义、命名、分类应该具体、明确和统一，才能充分发挥标准正面的作用。此外，结合产品的干湿存贮形态、蛋白生产原料、仿生肉风味口感等元素，对植物基仿生肉进行更精细化的分类，符合植物基仿生肉产品多样化发展的趋势，更能适应市场的需求，有利于仿生肉产业链的延伸。

（三）有关挤压生产技术、理化指标、食品添加剂使用等重要的内容，标准需要有更加具体统一的规定要求

企业采用不同的方法制造出来的植物基仿生肉制品，其质量和特性参差不齐。植物基仿生肉一般为中性，含有较多的蛋白质和水分，高温挤压蒸煮虽然有杀菌作用，但挤压的后处理、包装等环节，还是容易发生微生物侵扰等问题，对产品货架期的影响大。目前，植物基仿生肉的生产技术方法和挤压设备都比较成熟，已经成为行业主流，可以制定出更具规范和指导作用的挤压生产技术等方面的标准。同时，对于植物基仿生肉的微生物检验等需要

有更详细、明确的标准，以确保产品的食品安全问题。

为达到仿真肉的效果，生产中要添加各种食品添加剂，如甜菜汁/粉、大豆血红蛋白、红曲红等着色剂，还有调节肉制品口感风味的食盐、味精、咸味香精等食品调味剂。仿生肉制品的种类和花色品种越来越多，针对它们使用的食品添加剂的种类、用量和限量都需要进一步细化完善。当前有关建议的重点为规范食品添加剂和微生物指标。

（四）制定与仿生肉产品特点相关的评价要素及其检测方法等的新标准

植物基仿生肉从字面上理解，其主体成分应为或者完全为植物性成分，如豆类蛋白、谷物蛋白、植物多糖等；如果仅仅是仿生肉的制品，内脏器、鸡鸭肉及其下脚料等低廉的动物蛋白也可以作为制品的原料。因此，植物和动物蛋白源的成分及其检测方法标准的建立也是很有必要的。目前可以参考引进和采用更多新的检测方法与指标，如用实时荧光 PCR 法，或者新兴的新一代基因测序技术 NGS 进行植物成分的鉴定和测定，再根据积累的庞大的物种数据库信息，进行食品样本快速识别。新兴检测技术和设备的发展可以更好地辅助产品的检测，对划分、区别仿生肉制品的品质档次，防止不良厂商以次充好、以假乱真，促进行业的监管和良性发展具有积极的意义。

仿生肉产品的香味与滋味也可以考虑制定量化的鉴定和检测方法及标准。李学杰等结合质构分析，利用固相微萃取结合气相色谱嗅闻 – 质谱联用技术，对某种牛肉和市场上的某 3 种植物蛋白肉样品及样品中的挥发性组分进行鉴定，协助感官方面的评定。

新鲜动物肉口感鲜嫩多汁，具有丰富多层次的纤维结构，咀嚼起来有弹性和嚼劲，是其备受消费者喜爱的原因之一。植物仿生肉产品丰富多层次的纤维结构与合适的口感，对于其被广大消费者接受、市场规模的扩大与发展具有重要意义。仿生肉制品中的（蛋白）组分所形成的纤维的尺寸、形态及其取向等表征参数，可以量化体现仿生肉中蛋白组织化的程度，以及其质地是否达到所仿制的动物肉的质构情况，已经成为一类更能体现仿生肉特性的新指标。如何方便、快速又准确地评价组织化蛋白制品的纤维化结构，也是国内外相关领域研究者关注的焦点。

朱崇等专家在高水分挤压组织化植物蛋白品质调控及评价研究进展中，总结了 4 种肉类似物的评价方法：感官评定法、光谱法、质构仪法和微观结构分析法。Floor K.G. Schreuders 认为目前常见的一些机械方法也可以应用于肉和仿生肉的测定，如拉伸分析、Warner-Bratzler 试验和压缩技术，它们直接进行肉和仿生肉的质地属性的比较测定，从而提供仿生肉产品强度等信息。光谱学的方法则可提供有关肉或仿生肉产品的整体分解组成情况，以及分子间相互作用甚至蛋白质分子构象变化等重要信息。现存与植物基仿生肉相关的标准中除了感官评定和成分测定方法外，并没有专门用于评价和检测仿生肉质量特性的方法。因此，根据产品的特点，参考上述各种先进的检测方法，制定出相应的检验和评价标准，对提高植物基仿生肉的生产技术水平具有积极的推动作用。

（五）围绕植物基仿生肉产品这个中心，制定修订好标准并建立相关的标准体系

围绕制定修订好的植物基仿生肉产品标准，以此为核心，从产品产业链的角度出发，在（大豆、豌豆、花生等）原料、（多糖、食品添加剂等）辅料、生产、产品及其感官、理化项目指标等各方面建立并完善相关的标准群，使得植物基仿生肉产品形成系统化的标准体系，这将对规范整个仿生肉行业的生产，提高产品的质量都有极大的作用，也将为植物基仿生肉行业的技术进步和健康发展打下扎实的基础。

第八章　豆类加工副产物综合利用

第一节　豆类加工副产物分类

　　包括大豆、豌豆、豇豆等在内的可食用豆类作物具有悠久的驯化和栽培历史，豆类富含蛋白质、淀粉、膳食纤维、多种维生素等营养成分，是世界上多个地区人民饮食的重要组成部分。然而，相较于小麦、水稻等作物品种，豆类含有较多的植物凝集素、胰蛋白酶抑制剂、植酸等抗营养因子，自然状态下生物利用率低下，需要通过不同的加工方式进行处理以去除或减少抗营养因子，从而改善豆类的营养质量，特别是提升感官特性和风味品质，扩大应用范围。

　　中国不仅是大豆等重要豆类作物的驯化发源地，而且在千百年的农业实践中，发展了多种豆类加工方式，形成了"豆腐""豆浆""豆芽"等众多传统豆类衍生食品，大大避免了直接食用所引起的胀气、过敏等不良反应，提高了豆类的可食用性。而随着现代食品加工业的发展，浸泡、去皮、磨粉、煮制、烘烤、高压处理、微波加热、挤压膨化、微生物发酵和发芽等技术手段均被应用在豆类加工之中，特别是通过科学合理的工艺流程串联，在有效去除抗营养因子的同时，可实现对豆类中淀粉、蛋白质、脂肪、膳食纤维等不同营养物质的分类提取加工，获得蛋白粉、膳食纤维、瓜尔胶等深加工产品，有效提高了原料利用率和经济回报率。

　　然而，不管是豆腐、豆干加工等传统豆类加工方式，还是蛋白、异黄酮等的深加工提取生产，都不可避免地伴随有大量副产物的产生。根据原料种类、加工规模、生产工艺的不同，豆类加工副产物主要分为豆粕、豆渣、豆制品废水、粉丝及蛋白加工废液等多种类型。随着环保政策的日趋收紧和绿色发展理念的深入人心，豆类副产物的无害化处理与资源化利用日益成为关系行业健康发展的核心问题之一。

一、豆粕

豆粕是大豆油生产过程中产生的主要副产物，含有大豆中去除部分油脂后的其他主要成分，蛋白质含量特别丰富。现代食品加工中，豆油等植物油的生产主要分为浸出和压榨工艺，按照提取的方法不同，豆粕又可分为一浸豆粕和二浸豆粕。其中，以浸提法提取豆油后的副产品称为一浸豆粕，而先经压榨、再以浸提法提取油后所得的副产品称为二浸豆粕。豆粕含有丰富的蛋白质等营养成分，非常符合生猪、奶牛、鸡、鸭等主要畜禽对营养的需求，是广受欢迎的饲料来源，同时豆粕还用于生产食品、化妆品等，在现代加工和农牧业中具有广泛用途。

作为重要的战略性大宗资源，豆粕的市场与销售直接影响到一个国家畜牧业的发展水平。据统计，2020—2021 年度，全球豆粕产量接近 2.5 亿吨，其中，中国以 73 656 千吨豆粕产量位居全球第一，占比近 30%；其次为美国，以 45 872 千吨豆粕产量排名第二，占比 18.51%；第三名为巴西，产量为 36 240 千吨。同期，全球豆粕消费量超过 2.4 亿吨，中国以 72 678 千吨消费量排名第一，为排名第二的美国的 2 倍多，欧盟、巴西、墨西哥分列第三、第四、第五位。我国豆粕以进口大豆加工生产为主，能够满足国内各行业需求，2020—2021 年度仅进口豆粕 6 万吨，出口 38 万多吨。我国大连商品交易所（Dalian Commodity Exchange，DCE）、美国芝加哥期货交易所（农产品交易所，Chicago Board of Trade，CBOT）等国内外主要农产品交易所均有豆粕期货交易。

由于豆粕制品保留了大豆中植酸、植物凝集素等抗营养因子及大部分的醛、酮和胺类等挥发性化合物，具有大豆特有的豆腥味，一定程度上降低了品质风味。对于抗营养因子及豆腥味的去除，生产上主要采用物理、化学和生物学手段，其中生物酶解技术具有反应条件温和、污染少、能耗低等突出优点，是提高豆粕可利用性的重要手段。

二、豆渣

豆渣是豆腐、豆奶等传统副食品和豆蛋白、豆类淀粉等生产过程中的副产物，我国各类豆制品产销量十分巨大，每年豆渣的产生量可达数千万吨。豆渣中富含多种蛋白质、氨基酸、维生素，特别是膳食纤维含量特别丰富，以大豆渣为例，粗蛋白含量为18%～23%，膳食纤维含量超过55%，是食品、饲料原材料的潜在来源。然而由于豆渣一般含水量高，营养成分丰富，生产后又常常不能得到及时、卫生的处理，极易滋生有害微生物而导致短时间内迅速腐败变质，产生大量硫化氢、氨气、挥发性脂肪酸等恶臭有害物质，污染土壤、水体和大气，对自然和人居环境安全造成不良影响。

在现代豆制品加工工艺中，植酸、植物凝集素等抗营养因子和粗纤维等难消化物质被从主产品中极大去除，而残留富集在豆渣等副产物中，使其难以被直接作为食品、饲料原料。同时，含水率过高、碳氮比不合理、难消化物质含量高等问题也限制了豆渣作为肥料加工原材料的深加工方式。通过微生物发酵的方式逐步消减抗营养因子和难降解有机物，不但可以有效改善豆渣的适口性、营养性指标，而且可以通过有益微生物竞争生态位、酸化等方式大幅延长豆渣的存放时间，提高其耐贮性能和可加工性，便于后续进一步深加工高值化利用。

利用豆渣生产膳食纤维是当前的研究开发热点之一，李佳芳等在蛋糕加工中加入部分豆渣膳食纤维，发现豆渣添加量为8%时，成品蛋糕中膳食纤维含量较对照组提高287%，营养价值和市场潜力巨大。李伟伟等利用乳酸菌和黑曲霉对豆渣进行协同发酵，可以很好地降解其中的蛋白质、脂肪和不溶性膳食纤维（Insoluble Dietary Fiber，IDF）等大分子有机物，改变分子中的特征基团，提高可溶性膳食纤维（Soluble Dietary Fiber，SDF）得率，进而使得功能性发生改变，改善了豆渣的蓬松度和感官接受度。

三、豆制品废水

豆制品生产加工过程中，废水主要源自洗豆、泡豆、浆渣分离、过滤等不同工艺环节，各生产容器的洗涤、地面定期冲洗等也会产生废水。由于产品、工艺和环保措施等的不同，各类豆制品加工产生的废水差别较大。以常见的豆腐加工为例，每使用 1 t 大豆约产生 20 t 的生产废水，其中，约有 9 t 黄泔水、1 t 泡豆水、10 t 清洁废水。黄泔水 CODcr 高达 20 000 ～ 30 000 mg/L，泡豆水的 CODcr 约为 4000 ～ 8000 mg/L，其他废水的 CODcr 则相对较低。豆制品废水一般具有如下特点：

（1）一般豆制品的生产过程是间歇性的，导致排水时间比较集中，引起水质、水量不均衡，浓度波动大。

（2）豆制品废水是一种浓度相对较高的有机废水，蛋白质、脂肪、淀粉等有机物含量丰富，使其具有较好的生物降解性，也极易滋生有害菌而腐败变质。

（3）固形物含量一般较高，水面易产生浮渣，需要进行预处理。若处理不及时，容易结壳并形成局部厌氧环境而酸化、产生臭味，同时也影响后续处理。

基于豆制品废水的以上特点，其无害化处理一般可分为好氧处理工艺、厌氧处理工艺或两者相结合的处理办法。好氧工艺包括初沉、曝气、二沉、消毒等环节，在市政污水处理上广泛采用，具有运行稳定、去除率高、出水水质好等特点，但这类工艺更适合低浓度废水的处理，处理高浓度有机废水的效果并不稳定，且不经济；而以升流式厌氧污泥床反应器（UASB）等工艺为代表的厌氧处理工艺则具有负荷高、能耗小、产泥量少、土建投资省等特点，且能产出大量沼气，适宜处理高浓度有机废水。然而，厌氧处理工艺对CODcr 的去除率一般为 80% ～ 90%，并不符合我国对农田灌溉或达标排放的水质要求，实践中常常需要厌氧 – 好氧处理工艺串联运用，才能保证处理效果。

四、粉丝及蛋白加工废水

豌豆是我国重要的食用豆类之一，含有丰富的淀粉、蛋白质、膳食纤维、微量元素等营养物质，兼具食用、药用、饲用等多方面的用途。豌豆富含直链淀粉，特别适合用于粉丝的加工生产，豌豆粉丝久煮不断、光泽度高，广受国内外人民欢迎，尤以"龙口粉丝"驰名中外。山东省招远市是龙口粉丝的发源地和主产区，粉丝产量占全国总产量的80%以上，素有"中国粉丝之都"之称。近年来，当地企业深耕豌豆深加工技术，形成了一系列豌豆蛋白先进提取工艺，大大提高了原材料的综合利用率。目前，招远市豌豆蛋白产量已达全球总产量的70%以上，年出口量超过10万吨，成为当地重要支柱性产业之一。

尽管行业内领先企业已经能够对豌豆中80%以上的蛋白质、淀粉和膳食纤维进行提取利用，但工艺环节排放出的废液总量仍然很大，据测算，生产1吨粉丝就要排放13～15吨废水。根据生产和排放工艺环节的不同，粉丝及蛋白加工废水可初步分为低浓度污水和高浓度废液两大类。其中低浓度污水主要来源于冲洗、洗豆、浸泡等前处理环节，CODcr一般低于10 000 mg/L；而高浓度废液则来自粉丝、蛋白加工的分离、酸沉等中后端生产环节，蛋白质、淀粉等有机物质残留量高，CODcr最高在100 000 mg/L以上。

除可溶解物外，这些废水中还含较多小颗粒物质。若直接排入农田，则易堵塞土壤孔隙，同时微生物在快速分解废水中的有机物质时会大量消耗土壤中的氧气，导致作物根系缺氧死亡。随着企业粉丝加工能力的大幅提升，日益严峻的粉丝及蛋白加工废水处理问题，成为困扰行业发展的一大痛点。

豆类加工原料来源多，产业链延伸较广，生产工艺千差万别，相应的加工副产物种类十分丰富。现代加工工艺中，虽然豆类原料的蛋白质、淀粉、脂肪等大部分营养成分得到了提取利用，但是仍有大量有机营养物质残留在加工后剩余的残渣、废水之中，如何充分利用这些可再生资源，将每一粒豆子"吃干榨净"，完善豆类加工全产业链，不仅关系到广大加工企业经济效益的提升，也关系到区域环境质量的改善。目前，豆类加工副产物的进一步利用主要分为饲料化利用、肥料化利用及基质化利用等其他资源化利用方式。

第二节　豆类加工副产物饲料化利用

目前，关于豆类加工副产物饲料化的应用多集中于大豆、豌豆、绿豆等其他豆类加工副产物由于产量及价格等因素，在饲料化方面尚不普及。大豆加工副产物主要包括豆渣、豆粕和豆制品废水等。豆渣是大豆被加工成豆腐、豆浆和腐竹等豆制品后的副产物，豆粕是大豆提取豆油后得到的一种副产品，豆渣和豆粕是富含蛋白质、氨基酸和膳食纤维的优质原料。豆制品废水是豆制品加工环节产生的液态有机废水，含有大量大豆水溶性功能物质。其中，豆粕因蛋白含量高，氨基酸组成与动物需求相近，在饲料工业和畜牧行业中得到了广泛使用。在美国 NRC 营养标准中，豆粕构成了现代饲料配方中最主要的成分。现阶段，我国的饲料配方结构也是以豆粕为主。我国的饲用豆粕主要来源于进口大豆压榨生产，其中 85% 左右的豆粕均被用于饲料消费。

按照国家标准，豆粕分为 3 个等级，一般蛋白质含量在 44% 以上的为一级豆粕，在 42%～44% 的为二级豆粕，低于 42% 的为三级豆粕。其中一级豆粕大约占 20%，二级豆粕占 75% 左右，三级豆粕约占 5%，3 个等级豆粕流通量的变化主要与大豆的品质有关。从不同等级豆粕的市场需求情况看，国内少数大型饲料厂使用一级豆粕，大多数饲料厂目前主要使用二级豆粕，二级豆粕仍是国内豆粕消费市场的主流产品，三级豆粕已很少使用。

一、豆粕加工工艺

豆粕是以大豆为原料取油后的副产物，根据工艺不同，通常将压榨法取油后所得的饼状产品称为大豆饼，将浸提或预压浸提后得到的产品称为大豆粕，将去皮之后再进行浸提或预压浸提后得到的产品称为去皮大豆粕。大豆饼粕的加工主要有压榨法和浸提法等。压榨法的取油工艺主要分为 2 个过程，即大豆的清洗、干燥、破碎、软化、轧胚过程和料胚蒸炒后再加机械压力、分离出油的过程。通过压榨法所生产豆粕中的蛋白质容易发生变性。浸提法取油工艺为大豆的清洗、干燥、破碎、轧胚、浸出等，利用有机溶剂浸泡料胚，提取油脂后将其残余烘干而得到豆粕。浸提法比压榨法可多取油4%～5%，且粕中残脂少，易保存，为目前生产上主要采用的工艺。

豆粕和豆饼相比，脂肪含量较低，而蛋白质含量较高，且质量较稳定，因此是目前市场上使用最广泛、用量最多的植物性蛋白质原料，世界各国普遍使用，一般其他饼粕类的使用与否及使用量都通过与大豆饼粕的比价来决定。

二、豆粕营养特性

豆粕一般呈不规则碎片状，颜色为浅黄色至浅褐色，味道具有烤大豆香味。豆粕的主要成分为蛋白质，其含量一般为 40%～48%，氨基酸含量均衡且丰富，赖氨酸含量最高，为 2.5%～3.0%，色氨酸为 0.6%～0.7%，蛋氨酸为 0.5%～0.7%。色氨酸、苏氨酸与谷实类饲料配合可起到互补作用。蛋氨酸含量较低，在以玉米–豆粕为主的饲粮中，一般要额外添加蛋氨酸才能满足畜禽的营养需求。粗纤维含量较低，主要来自大豆皮。无氮浸出物主要是蔗糖、棉籽糖、水苏糖和多糖类，淀粉含量低。胡萝卜素、核黄素和硫胺素含量少，烟酸和泛酸含量较多，胆碱含量丰富，维生素 E 在脂肪残量高和贮存不久的饼粕中含量较高。矿物质中钙少磷多，磷多为植酸磷（约占 61%），硒含量低。

豆粕色泽佳、风味好，加工处理后的豆粕适口性好，抗营养因子含量低，不易变质。近年来，去皮豆粕类产品数量有所增加，其与豆粕相比，粗蛋白含量高，粗纤维含量低，营养价值较高，在生产实际中得到广泛应用。

大豆粕及去皮大豆粕的营养成分见表 8-1。

表 8-1　大豆粕及去皮大豆粕营养成分

营养成分	大豆粕	去皮大豆粕
干物质（DM）	89.0%	89.0%
粗蛋白（CP）	44.2%	47.9%
粗脂肪（EE）	1.9%	1.5%
粗纤维（CF）	5.9%	3.3%
无氮浸出物（NFE）	28.3%	29.7%
粗灰分（Ash）	6.1%	4.9%
中洗纤维（NDF）	13.6%	8.8%
酸洗纤维（ADF）	9.6%	5.3%

营养成分	大豆粕	去皮大豆粕
淀粉（Starch）	3.5%	1.8%
钙（Ca）	0.33%	0.34%
总磷（P）	0.62%	0.65%
有效磷（A-P）	0.16%	0.24%

注：引自中国饲料数据库，第 31 版，2020。

三、豆粕处理方法

豆粕中包含许多抗营养因子，如胰蛋白酶抑制因子、抗原蛋白、植酸、单宁和寡糖等，直接饲喂会阻碍动物对营养物质的消化、吸收和利用，导致动物腹泻，进一步影响动物的生长健康，也限制了饲料中豆粕使用比例。因此，豆粕需要进行技术加工处理，在生产实际中，一般包括加热、发酵、酶解和菌酶协同处理 4 种方式。加工处理后的豆粕具有小肽含量高，抗营养因子含量低，富含益生菌、高活性酶和发酵代谢产物，维持动物胃肠道菌群平衡，增强免疫力，适口性好等特点。

1. 加热

豆粕的质量及饲用价值主要受加热程度的影响，适度加热可以破坏豆粕中的抗营养因子，使蛋白质展开，氨基酸残基暴露，易于被动物体内的蛋白酶水解吸收。但是温度过高、时间过长则会使赖氨酸等碱性氨基酸的 ε 氨基与还原糖发生美拉德反应，减少游离氨基酸的含量，从而降低蛋白质的营养价值。反之，如果加热不足，对胰蛋白酶抑制因子等抗营养因子破坏不够充分，同样影响豆粕蛋白质的利用效率。大量研究认为，大豆胰蛋白酶抑制因子活性失活 75%～85% 时，豆粕蛋白质的营养效价最高。

评定豆粕质量的指标主要为抗胰蛋白酶活性、脲酶活性、水溶性氮指数、维生素 B 含量、蛋白质溶解度等。许多研究结果表明，豆粕中的脲酶活性在 0.03～0.40 时的饲喂效果最佳，而对家禽来说，在 0.02～0.20 时最佳。豆粕最适宜的水溶性氮指数值标准不一，一般为 15%～30%。生产实践中也可根据豆粕的颜色来判定豆粕加热程度适宜与否。正常加热时，颜色为黄褐色；加热不足或未加热时，颜色较浅或呈灰白色；加热过度时，呈暗褐色。

2. 发酵

发酵是通过微生物的生长，产生水解酶，将豆粕中大分子糖和蛋白质降解，生产有机酸、小肽、游离氨基酸，并降解抗营养因子。同时产生大量的益生菌及生物活性因子，能够增加动物肠道菌群的多样性，降低病原菌数量和减少肠道疾病的发生，进而保持肠道健康，提高营养物质的消化吸收率，促进动物的生长发育。

按照生产工艺可分为液态发酵和固态发酵。与液态发酵相比，固态发酵操作简单，污染物少，因此饲料工业中的发酵以固态发酵为主。按发酵剂组成分为单菌发酵、混菌发酵和菌酶联合发酵。生产过程中多用复合菌，单一菌种进行发酵所达到的效果不稳定且有局限性，复合菌主要包括乳酸杆菌、芽孢杆菌和酵母菌等。按照对氧气的需求分为好氧发酵、厌氧发酵和两段式发酵；按发酵装置分为袋式、箱式、池式和罐式。关键工艺参数有菌种、接种量、水分、温度、发酵时间。稳定工艺制备的发酵豆粕，产酸、产肽量高，富含菌体和芽孢，不仅饲料消化率高、促进采食，而且具有调节动物肠道菌群平衡、增强机体免疫力和促生长等功能性作用。

3. 酶解

酶解豆粕是通过单酶或多酶，将豆粕中大分子蛋白质降解成活性小分子肽、有机酸等小分子物质。酶解豆粕生产中常用酶解罐、浓缩罐、烘干机等工艺设备，按照原料预处理、液态酶解、浓缩、烘干等工序生产。关键工艺参数有底物浓度、酸度、温度、酶解时间、烘干温度，核心技术是加酶种类和加酶量。酶解技术中的单一酶解较为简单，只对大分子蛋白质进行简单的分解，酶解效率低，所得产物单一。复合酶解技术采用多种酶协同作用，酶解效率高，产品水解率提高，小分子肽含量也显著升高。生产中直接水解营养底物的有蛋白酶、淀粉酶、脂肪酶等；去除抗营养因子的多为植酸酶及非淀粉多糖酶等。

4. 菌酶协同处理

菌酶协同处理是将上述两种方法结合，通过外加酶的酶解和接种微生物生长产生的微生物酶，将豆粕中的大分子物质高效率降解为肽等小分子物质。菌酶协同处理豆粕，可将酶制剂和发酵菌种的功效有机结合，高效降解豆粕，显著提高营养物质的消化、吸收，高效降解抗营养因子，富含有益菌和发酵代谢产物，减少疾病的发生，提高生产性能。按发酵工艺可以分为菌酶协同好氧发酵和菌酶协同厌氧发酵；按菌酶添加工序可以分为菌酶同步发酵和菌酶异步发酵。目前菌酶协同发酵大多数在固态形式下进行，关键工艺参数有水分、温度、发酵时间，核心技术是酶和菌。常用的酶多为复合酶，包括纤维素酶、蛋白酶、木聚糖酶、果胶酶等，常用菌剂多为复合菌，包括植物乳杆菌、枯草芽孢杆菌、酿酒酵母、米曲霉、黑曲霉等。菌酶协同处理豆粕在发酵效率、发酵豆粕质量上优于菌和酶的单独使用。

四、豆粕饲用价值

1. 禽类

豆粕在家禽生产中应用广泛，豆粕经过处理后添加蛋氨酸是家禽优质的蛋白质来源，适用于任何阶段的家禽，幼雏使用效果更佳，其他饼粕原料不及豆粕。但是加热不足的豆粕会引起家禽胰脏肿大，发育受阻，对雏鸡影响尤甚，这种影响随着动物的年龄增长而下降。众多研究表明，将一定比例豆粕添加至肉鸡日粮中，有利于提高肉鸡营养物质消化率、机体免疫能力和改善肉品质；添加至蛋鸡日粮中，有利于提高蛋鸡生产效率和鸡蛋品质，调节蛋鸡肠道菌群平衡，维持蛋鸡健康。

2. 猪

加工处理后的豆粕是猪的优质蛋白质原料，适用于任何种类、任何阶段的猪。但是由于断奶仔猪存在消化系统发育尚未完全、吸收利用植物性蛋白的能力较弱且对豆粕中的抗营养因子较为敏感等特性，普通豆粕粗纤维含量较多，多糖和低聚糖类含量较高，极易导致其肠道过敏反应和腹泻等问题，因此生产过程中需使用发酵或酶解后的豆粕并且注意添加量，能有效改善以上症状，避免胃肠道发育不成熟的幼龄动物受到刺激。发酵良好的豆粕能够散发一定的酸香味，具有诱食作用，可以进一步提高猪的采食量。以豆粕为唯一的蛋白源的饲粮中，添加蛋氨酸、赖氨酸和苏氨酸等，可进一步提高猪的生产性能。

3. 反刍动物

豆粕也是奶牛、肉牛的优质蛋白质原料，各阶段牛饲料中均可使用，适口性好，长期饲喂动物不会厌食。采食过多会有软便现象，但不会下痢。牛可有效利用未经加热处理的豆粕，在人工代乳料和开食料中应加以限制。羊、马等也可使用豆粕，效果优于生大豆。在奶牛应用上，豆粕有助于泌乳期奶牛提高牛奶的产量、蛋白质含量及脂肪含量，从而提高生产效率。有关羊饲料的研究主要集中在提高羔羊的生长性能方面。在豆粕减量替代的大背景下，我国豆粕用于反刍动物的量逐渐下降，代之以非蛋白氮（尿素、硫酸铵等）和其他粗纤维含量高而价格低的饼粕类（菜籽粕、棉籽粕等）。

4. 水产动物

水产动物对饲料营养要求较高，饲粮蛋白水平一般维持在30%～50%，并且必须使用鱼粉等优质蛋白质。然而鱼粉成本较高，而豆粕资源丰富、价格合理、营养成分均衡，因此其在水产动物养殖中应用广泛。在水产动物中，草食鱼及杂食鱼对大豆粕中蛋白质的利用率很高，可达90%，能够取代部分鱼粉作为蛋白质主要来源。肉食鱼对大豆粕的利用率低，应尽量少用。发酵豆粕在鱼虾类养殖方面的研究多集中于发酵豆粕替代饲料组成部分，鱼类研究对象以大口黑鲈鱼、鲤鱼等为主，其他包括鲫鱼、大黄鱼、团头鲂等。虾蟹类研究主要集中于凡纳滨对虾。发酵豆粕可以提高水产动物的营养物质表观消化率，提高消化酶活性，对于改善肠道健康及提高生长性能具有积极作用。

第三节　豆类加工副产物肥料化利用

豆粕、豆渣、豆类加工废水等豆类加工副产物富含有机质和氮、磷、钾等植物养分元素，是生产肥料的良好原料。然而，这些副产物往往含水率过高、保存条件不佳，极易滋生杂菌、腐败变质而产生黄曲霉素等有毒有害物质，失去利用价值。同时从植物营养的角度看，豆类加工副产物养分含量并不均衡，通常"高氮低碳"，这些不利条件限制了其在肥料领域的开发利用。通过微生物发酵的方法抑制有害菌生长，促进有机质的腐熟转化，是豆类加工副产物肥料化利用的关键环节。本节主要从原料特性、加工方式、产品特点等角度，阐述固态废弃物、高浓度废液、低浓度废水等不同豆类加工副产物的肥料化利用方式。

一、蛋白类原料的水解

有机肥生产中，蛋白类原料的水解为关键步骤，常见的蛋白水解方法分为酸解法、碱解法、高温高压分解法、酶解法和微生物发酵法。

酸解法一般以盐酸、硫酸等强酸溶液对物料进行处理，时间短，降解效果彻底，但是强酸性环境易导致氨基酸的异构化；碱解法对蛋白质的降解通常不完全，仍残留大量的多肽物质，也存在氨基酸异构化的问题，酸解和碱解反应后都需要消耗大量的碱或酸进行中和，导致盐离子浓度大幅升高，同时反应条件苛刻，对反应器的要求较高；高温高压分解法是利用高温热水解反应降解蛋白质，可以迅速获取大量氨基酸，但须注意严格控制反应条件和温度，避免过度水解对蛋白质的损失；酶解法是利用木瓜蛋白酶、胰蛋白酶等酶类催化蛋白质分解的方法，具有选择性好、降解效率高、操作简便等优点，但是酶源的选择、反应温度、时间等对最终酶解效果影响很大，实际操作中需要格外注意；微生物发酵法则是利用微生物胞内代谢和分泌各类蛋白酶，将蛋白质分解为多肽和氨基酸，该类方法反应条件温和，能耗小，对反应器要求较低，发酵产物复杂多样，可产生多种对动植物有益的次生代谢产物，尤其适合饲料批量制备和肥料的大规模制备。

二、豆粕有机肥

豆粕是大豆榨油后的副产物，蛋白质含量可占 45% 以上，目前主要用于蛋白食品及畜禽饲料等高价值产品的生产，经济价值较高，直接用于普通肥料生产的案例较少，但随着市场对氨基酸水溶肥、多肽肥等高蛋白有机肥料需求的增加和肥料生产技术的发展，豆粕因其较高的蛋白含量和优良的发酵特性，在肥料产业中的应用也日益广泛。

氨基酸复合肥是一类以氨基酸为配体与锌、镁、硼等中微量元素离子螯合而得到的复合肥料，氨基酸螯合物生化稳定性高，配伍性好。以豆粕为主要原料，通过微生物固态发酵法进行降解，经浸提后得到氨基酸溶液，随后与中微量元素金属离子进行螯合处理，可得到氨基酸金属螯合物。最后根据不同作物营养需求与大量元素进行再次复配，制得氨基酸复合肥。该工艺的核心是优化实验菌株的蛋白降解条件，通过对温度、pH、料液比、发酵时间等要素条件的科学优化，豆粕发酵蛋白的最大溶出率在95%以上。

豆粕中总蛋白含量虽然较高，但可溶性蛋白含量并不高，仅为3.5%左右，只有进行充分发酵才能够达到最佳水溶状态，采用混合菌种协同发酵可提高蛋白溶出率。以豆粕和菜籽粕为原料，利用植物乳杆菌、枯草芽孢杆菌和酵母菌进行共同发酵，并优化发酵参数，游离氨基酸产量可达76.8 g/kg，提升了农业废弃物资源利用率。

施用豆粕有机肥，有助于土壤功能的长期改善和作物品质的持续提高。通过追施豆粕固态肥和液体肥，茶园土壤有机质、全氮、全磷、全钾含量可显著提高，茶叶水浸出物、游离氨基酸、维生素类、可溶性糖类等风味物质含量均能显著增加，酚氨比降低，茶汤苦涩味减少，茶叶更加甘醇、鲜爽、香甜，茶叶品质得到明显改善。

作为一种高附加值蛋白材料，豆粕在食品、饲料、肥料等诸多领域均有重要用途。其中肥料化利用对于豆粕品质要求较低，更适于较低规格豆粕的进一步加工。微生物发酵法生产的豆粕有机肥除含有丰富的氨基酸外，还含有γ-氨基丁酸等多种植物有益物质和大量有益菌，多项研究表明增施豆粕有机肥对于土壤改良和作物提质均有良好效果。

三、利用豌豆蛋白废液发酵生产聚谷氨酸

γ-聚谷氨酸（γ-PGA）是一种绿色环保型高分子聚合材料，具有良好的保水性、吸附性和生物相容性，能够被生物完全降解，可作为保水剂、重金属离子吸附剂、絮凝剂、药物载体及缓释剂等产品的关键原料，在医药、化妆品、环保、食品和农业等领域有着重要用途。

聚谷氨酸是由 D-谷氨酸和 L-谷氨酸通过酰胺键聚合而成的一种线性大分子。由于构成聚谷氨酸的谷氨酸单体的聚合度不一样，因此聚谷氨酸分子量跨度非常大，从 10 k Da 到 200 k Da 不等。目前聚谷氨酸可由纳豆发酵物直接提取，也可经由化学合成、酶转化或生物发酵的办法获取，原料成本、制备工艺与提纯工艺、产品得率是决定聚谷氨酸生产经济性的关键因素。

纳豆是一种大豆经由枯草芽孢杆菌（纳豆芽孢杆菌）发酵而成的黏性食品，可通过有机溶剂直接提取其中的聚谷氨酸，该方法简便易行，但分离到的粗产品杂质含量多，发酵成本高，难以大规模生产；聚谷氨酸的化学合成包括二聚体缩聚法和多肽合成法，路线长、副产物多、收率低，不适于制备 20 个氨基酸以上的大分子，工业应用价值低；酶转化法是在谷氨酸转肽酶的作用下，将谷氨酸单体直接连成聚谷氨酸，避免了复杂反应中的负反馈调节，可获得高浓度、低杂质的聚谷氨酸溶液，但该方法得到的聚谷氨酸分子较小，应用价值有待提高；微生物发酵法是目前应用较多的生产方法，该方法工艺简单、条件温和，通过优良菌种筛选、发酵和产物纯化可得到分子量适中的聚谷氨酸产物，适用于工厂化生产。

寻找合适的发酵培养基替代品，可大幅降低发酵成本，有利于促进聚谷氨酸微生物发酵法的规模化应用。有研究者利用甘蔗粗糖蜜、味精废水、谷氨酸发酵废液等高营养废水进行发酵，聚谷氨酸产量为 10 ～ 55 g/L，实现工农业副产物的再利用，降低了发酵成本。

以豌豆加工为代表的豆类产业是山东省招远市的支柱性产业，近年来随着生产工艺的不断进步和生产规模的持续扩大，招远市每年可生产数十万吨豌豆淀粉、粉丝和豌豆蛋白等豆类精深加工产品，产值上百亿元，解决了数万人口的就业问题。然而，规模化的生产方式也不可避免地伴随大量副产物的集中产生。其中豌豆加工高浓度废水 CODcr 极高，有机物含量多、液体黏度大，污水处理负荷重。随着国家环保法规的日趋严格，这些污水一般都须经过厌氧 – 好氧污水处理工艺进行深度处理，以符合排放标准，相关企业的污水处理费用日益增加，成为困扰企业发展的一大负担，另外也造成豌豆中有机资源的巨大浪费。

豌豆加工高浓度废水含有丰富的蛋白质、糖类等营养物质，可作为微生物生长的良好培养基，利用此类高浓度有机废水发酵生产聚谷氨酸，不仅可以减少污水排放，节约废水处理成本，减少环境压力，还可获取具有高经济价值的生化产品，实现经济与环境效益双赢。鲁东大学程显好团队与相关企业合作，以豌豆加工高浓度废水为主要培养基，通过优良菌种选育、发酵环节优化、规模化生产梯度放大等措施，确定最佳配方和培养条件为：葡萄糖2%，谷氨酸钠 5%，磷酸氢二钾 0.3%，初始 pH 为 7.5，发酵 26 h；最适发酵方案为：发酵培养时间 22 h，转速 220 r/min，pH 为 7.5，接种量 1%，发酵温度 37 ℃，最大产量可达 53.7 g/L，实现了聚谷氨酸 3 t 以上发酵罐的稳定生产。同时，该团队还初步验证了以豌豆加工高浓度废水发酵获取的聚谷氨酸溶液在土壤改良和植物促生长上的应用效果，结果表明施用聚谷氨酸可阻止钙和硫酸盐形成难溶性化合物，促进金属营养盐的溶解，提高小麦对于微量元素的吸收率，促进种子萌发和幼苗生长，农业应用前景广阔。

第四节　豆类加工副产物其他高值化利用

豆类在加工成豆制品的过程中会产生大量的副产物——豆渣和豆粕，豆子榨油后剩下的附属品叫豆粕，做豆腐或经过蛋白质变性等处理后的副产物叫豆渣。相对来说，豆粕的蛋白质含量更高。豆类加工副产物营养价值很高，主要成分是蛋白质和纤维素，含量因品种、地域和加工方式有所差异，富含膳食纤维、蛋白质、氨基酸、维生素、矿物质等，可降低血糖、血脂与胆固醇，在预防结肠癌、高血压、糖尿病和心血管等疾病方面发挥着重要的作用。

豆类加工副产物由于水分含量高、口感差、易腐败等特点，综合利用量和附加值普遍偏低，目前大部分作为肥料和饲料应用，少量应用于精加工，造成其高值营养成分浪费。因此针对其中的功能性成分营养物质，可采用适宜的技术手段进行提取或深加工，提高豆类加工副产物的附加值，产生更高的利润。

一、功能成分提取

1. 多糖提取

豆类多糖是由豆类副产物经过脱脂、提取、干燥等程序得到的一种天然亲水性阴离子多糖，是一种具有无毒、结构稳定、没有味道的天然生物聚合物，与果胶结构类似，多糖中的膳食纤维可在 60% 以上。豆类多糖具有良好的抗淀粉老化、抗淀粉黏结、乳化和乳化稳定性、蛋白质稳定性、成膜性等优异的食品加工特性，同时还具有降血糖、降血脂、抗氧化和预防癌症等生理功能，在食品、医药、保健等行业都有广泛的应用前景。豆类多糖可通过水提法、酸提法、碱提法、超声波提取法、微波辅助提取法、复合酶提取法等方法进行提取。利用酶技术制备小分子功能性糖类，在改进或优化生产提取工艺、优化提取过程中酸碱液的使用、降低产品中钠离子含量等方面还有待进一步的研究。

归纳豆类多糖功能，可以分为增稠剂、乳化剂、抗结剂、被膜剂。豆类多糖在国外市场应用于调制乳、液体配方乳、调制乳粉、酱料、寿司等产品中，我国作为食品添加剂进行管理，国内应用领域主要集中在酸性饮料产品中，国内市场在拓展应用领域方面还有很大空间。

2. 膳食纤维提取

作为一种功能性食品基料，膳食纤维被广泛应用于食品工业，具有重要的生理活性和生理功能，被称为"第七大营养素"。膳食纤维包括可溶性膳食纤维（soluble dietary fiber，SDF）和不溶性膳食纤维（insoluble dietary fiber，IDF），多数以 IDF 的形式存在。这两种类型纤维的结构和组成不同，导致其表现出不同的功能特性。IDF 具有减少肠道运输时间、促进排便等新陈代谢能力，而 SDF 具有人体所必需的成分和微量元素，并在降低血糖和血浆胆固醇水平方面起主要作用，更有助于人体健康。

豆渣中膳食纤维的含量为 40% ~ 65%，加工方法的不同及其色泽将影响豆渣膳食纤维的感官性能和加工性，并影响产品的功能性和生理活性。通过挤压、微波膨化和纤维素酶水解的应用 SDF 的含量大大提高。

不溶性膳食纤维提取。张志良等采用熟浆分离工艺，通过灭酶除臭→脱色增白→细化处理→低温干燥等过程制成了洁白、细腻、无气味的高质量食用纤维添加剂。曹树稳等采取酸、碱浸泡和漂洗工艺制备膳食纤维：原材料→漂洗→碱液（pH 12）浸泡 1 h→漂洗至中性→ 60 ℃酸液（pH 2）浸泡 2 h→漂洗至中性→过滤→烘干→磨细→过筛→半成品→漂白→漂洗→烘干→粉碎→成品。

可溶性膳食纤维提取。可溶性膳食纤维主要是指植物细胞壁内的储存物质和分泌物，另外还包括部分微生物多糖和合成类多糖，如果胶、瓜尔胶、葡聚糖和真菌多糖等。有研究表明，豆渣中提取 SDF 的最佳挤压条件为：物料水分 50%、机筒温度 150 ℃、螺杆转速 220 r/min，最佳微波条件为微波功率 500 W、料液比为 1：15（g：mL）、微波时间为 6 min。

3. 黄酮类物质提取

花色苷是最常见且分布最广泛的黄酮类化合物之一，色彩芸豆中含有花色苷，具有很好的抗氧化活性、抑菌及抗黑色素瘤的作用。目前常用于花色苷的提取方法有溶剂浸提法、超临界萃取法、超声波与微波辅助提取法和酶解辅助提取法等。提取后所得到的花色苷是粗制品，其中含有大量蛋白质、无机盐、糖类、有机酸等，不但使花色苷稳定状态下降，还使花色苷不容易被烘干至粉状以保存下来。因此，需要对其进行纯化，常采用大孔树脂纯化法、凝胶层析纯化法、高效液相色谱纯化法、膜分离法及连续色谱分离纯化法等方法。

利用超声法从发酵豆粕中提取大豆异黄酮，利用微生物发酵方法对豆粕进行发酵处理，通过超声及溶剂萃取提取方法提取发酵豆粕中的大豆异黄酮，提高豆粕附加值的同时，可以节约有限的大豆资源。

二、精深加工

豆粕鲜味肽。以豆粕为原料，通过米曲霉和黑曲霉双菌制曲并水解，利用曲料产生的复合蛋白酶系进行水解，不仅生产成本低，而且可利用黑曲霉产生的酸性蛋白酶对大豆肽脱苦，然后通过乙醇分级分离和葡聚糖凝胶层析再次进行脱苦纯化，制备豆粕鲜味肽，拓展豆粕的利用途径。

核黄素。核黄素是一种存在于小米、大豆、肉、蛋、乳等食物中的黄色结晶粉末，即维生素 B_2。核黄素能参与人体内的氧化还原过程。豆渣制备核黄素工艺流程如下：豆渣与麸皮（或米糠）混合培养基→调整水分→灭菌→接种→固态培养→干燥→粉碎→成品。此工艺要点为固态发酵，豆渣与麸皮的重量比为9:1。所得核黄素粉可直接用作食品中核黄素的强化剂。

三、功能食品

烘焙食品。将湿豆渣或烘烤、粉碎后的干豆渣粉代替部分面粉，可制备豆渣饼干。与小麦粉相比，以豆渣为原料制备饼干有其膳食纤维、蛋白质含量高等独特优势。豆渣制作的饼干，主要有韧性饼干和酥性饼干两种，从豆渣充分应用的角度而言，目前以酥性饼干为主。利用大豆渣制作面包，当大豆渣添加量达到面粉质量的20%时，面包口感更加柔软、水分含量增加、老化速率下降。在蛋糕中可以添加含量较高的大豆渣以替代面粉，品质仍然符合标准。但豆渣添加量过高会导致面团性能变劣，且其粗糙感和豆腥味对食品口感造成影响，可通过微生物发酵处理、辅料配方调整、油量增加等手段提高豆渣饼干品质。

代餐食品。利用豆渣低糖特性，可制作糖尿病人中低 GI 值谷物代餐粉。也可在豆渣粉中添加蔬菜、食用菌等原料，制备复合营养代餐粉。以豆渣、黑燕麦为主要原料，辅加以山梨糖醇、坚果、鸡蛋液及巧克力等配料，可制备豆渣燕麦代餐棒，营养丰富，饱腹感强，适合减肥人群，市场前景广阔。

可食性包装物。豆渣富含膳食纤维，因此可利用豆渣膳食纤维研发可食用膜。可食用膜除可用于食品保鲜外，还可做成预制菜、方便食品调味料包的包装袋，使用时可将调味料和包装袋一起直接投入水中烹煮。豆渣纸是一种以豆渣为主要原料制成的纸张，可以减少包装的浪费和环境污染。豆渣本身含有丰富的蛋白质、纤维和其他营养成分，这使得豆渣纸在一些食品包装中可以作为调味料的包装，与食物一同食用，并可以为食物附加一定的营养价值，增加食品的营养含量。

四、材料化应用

1. 猫砂

制作猫砂是豆渣处理方式中经济价值较大、使用量也较大的一种高价值处理方式。数据显示，2023 年我国养宠数量增至 2 亿只，宠物市场规模达到 2500 亿元，且处于快速增长阶段。随着越来越多的人收养猫作为宠物，对猫砂的需求也随之增加。宠物主人对宠物健康和卫生的意识不断提高，刺激了对具有控制异味、减少灰尘和易于清洁特性的猫砂产品的需求。与水晶猫砂、木屑猫砂、膨润土猫砂等猫砂相比，豆腐猫砂市场年均增长率达 53%，有着可直接冲厕所、结团吸水性好、粉尘少、天然环保、质量轻便等竞争优势，深受养猫人士青睐。

豆渣的吸水作用可使豆腐猫砂中的黏结剂成分遇水发挥作用，淀粉和瓜尔胶作为豆腐猫砂中的黏结剂。豆渣制作猫砂需要将豆渣烘干，加入竹粉、沸石、活性炭等辅料，添加生物除臭剂，实现猫砂抑菌、除臭功能。该工艺相对简单，设备和人工成本不高，且由于豆腐猫砂的市场价格比传统猫砂要高一些，因此豆腐猫砂的利润空间也相对较大。荆州市宠之爱宠物用品有限公司与烟台双塔食品股份有限公司达成合作，将其生产粉丝过程中留下的豌豆豆渣废料制成豆腐猫砂。位于聊城市茌平区的海森华宠（山东）宠物用品有限公司利用大豆榨油后的豆渣制作成高端植物猫砂，产品远销马来西亚、印度尼西亚、新西兰、俄罗斯等国。

2. 化工材料

以豆渣为原料通过一步碳化磺化法制备豆渣基碳磺酸催化剂，所得到的催化剂具有较好的催化效果，乳酸丁酯的酯化率可以达到 97.4%。豆渣作为低木质素、低纤维素、高含水量的生物质代表，通过不同方法合成豆渣基复合材料并开发为荧光传感器，将豆渣制成有较高附加价值的荧光碳量子点。作为一种新兴碳纳米材料，碳量子点因其良好的稳定性、优越的光学性能及出色的生物相容性，可实现环境中对硝基苯酚、柠檬黄等痕量物质的定量检测。

五、问题与展望

1. 进一步拓展豆渣利用渠道

虽然已有不少关于豆渣功能成分提取及深加工方面的试验研究，但目前应用于规模性生产的仅局限于食品加工、膳食纤维和猫砂等方面的应用，应加强食品工业、饲料工业、化学工业、医学工业中的开发与应用，进一步拓展豆渣利用渠道，提升豆渣的功能成分提取和高值化加工技术，促进豆渣加工经济效益最大化。

2. 降低生产成本，提高产业效益

豆类加工副产品通常含水率（75%～85%）很高、体积大、运输困难，这限制了其应用区域。且制备饲料、猫砂、粗纤维食品等各种产品都需要进行烘干处理，烘干1 t 豆渣的能耗成本为 500～800 元，存在耗时长、能耗大等缺陷。因此可通过延长产业链，充分利用蒸汽等热源生产、提高产品附加值等方式提高产业效益。

第九章　豆类深加工技术产业化趋势

豆类作物作为一种重要的高蛋白农产品，在我国食用、饲用和医疗等领域被广泛使用，特别是在我国人体膳食结构中具有不可替代的重要作用。提升豆类农产品的自给能力是我国重要的一项战略措施，2019 年中央一号文件提出了实施大豆振兴计划，多途径扩种大豆等豆类作物势在必行。新时代，豆类产业链实现高质量发展，关键在于通过全产业链科技创新与集成应用，加快培育和发展该领域的新质生产力，着力提升豆类深加工产品附加值，从而提高行业的整体经济效益和竞争力。

第一节　我国豆类深加工领域专利存量与技术分析

一、技术方法

为深入解析我国豆类深加工技术领域专利存量与技术，运用专利分析方法，对专利的外部特征、各种著录项目按照一定的指标（如专利数量、申请人、发明人、技术布局和专利价值等）进行统计，对专利内容按照技术特征进行归并，以获取动态发展趋势和技术热点。

二、专利存量概况

利用智慧芽全球专利数据库，设置检索条件（大豆 OR 豌豆 OR 绿豆 OR 红豆 OR 豇豆 OR 蚕豆 OR 黑豆 OR 芸豆 OR 扁豆 OR 刀豆 OR 鹰嘴豆 OR 豆类）AND（育种 OR 栽培 OR 食品加工 OR 功能物质提取 OR 废弃物利用 OR 储运），专利授权年份限定为 2014 年至 2023 年，共检索出 18 875 组专利。其中，中国国家知识产权局受理专利 16 150 组，主要技术主题分布在基因、食品加工、大豆、原材料、食品、农作物、氨基酸及发酵等方面，有效专利占比 70.02%，发明专利占比 74.76%，2021 年专利授权数量最高，为 2269 组，近十年的专利授权数量整体呈上升趋势，详情见图 9-1。

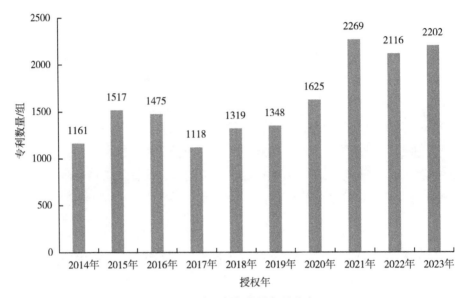

图 9-1　专利授权数量年份分布

1. 当前申请（专利权）人专利数量排名

从当前申请（专利权）人专利数量方面，在豆类深加工技术领域，中国农业科学院作物科学研究所专利申请量最高，为 237 组，其次是先正达参股股份有限公司、江南大学、中国农业大学及南京农业大学等，专利数量前 10 位的当前申请（专利权）人详情见图 9-2。同时可以看出，先正达参股股份有限公司、巴斯夫欧洲公司、拜耳知识产权有限责任公司等国际农业公司巨头都将中国作为豆类深加工技术领域的重要目标市场国，进行了重点技术布局。

2. 技术来源国家 / 地区

从专利技术来源国家 / 地区方面看，在豆类深加工技术领域，专利技术主要来源于中国，我国具有自主知识产权的专利占比为 80.29%，另外，美国、欧洲、日本及英国等国家或地区也在我国进行了相关的专利技术布局，详情见图 9-3。

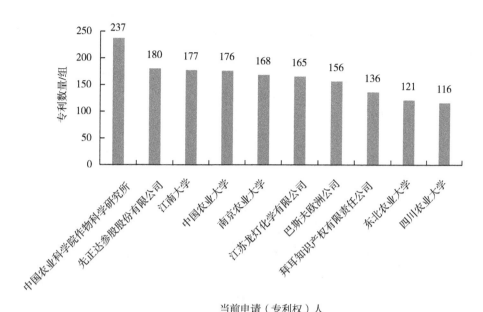

图 9-2　当前申请（专利权）人专利数量 TOP 10

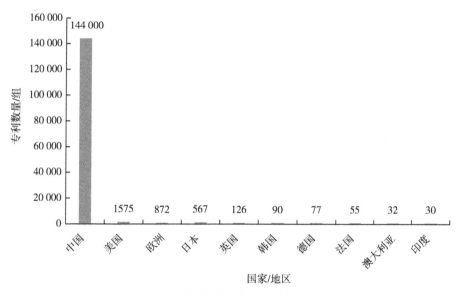

图 9-3　专利技术来源国家 / 地区 TOP 10

3. 我国省份专利数量情况

从我国省份专利数量方面，在豆类深加工技术领域，江苏专利申请数量最高，为1380组，其次是山东、北京、广东、浙江及安徽等，详情见图9-4。

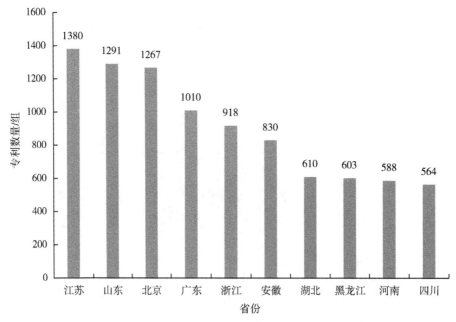

图 9-4　我国省份专利数量 TOP 10

4. 申请人合作情况

从申请人合作方面，在豆类深加工技术领域，以专利申请数量较高的中国农业科学院作物科学研究所、江南大学、中国农业大学、南京农业大学和东北农业大学为核心，形成主要的合作网络，并辐射至相关申请人，如图9-5所示。整体来看辐射网络较为简单明显，暂未形成申请人之间的国际合作。

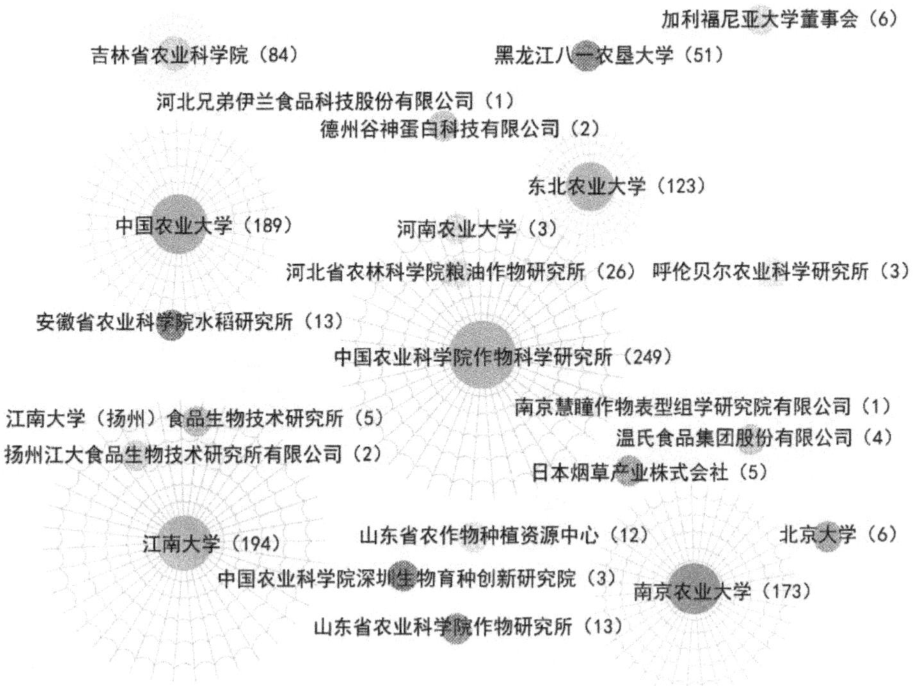

加利福尼亚大学董事会（6）

吉林省农业科学院（84）　黑龙江八一农垦大学（51）

河北兄弟伊兰食品科技股份有限公司（1）
德州谷神蛋白科技有限公司（2）

东北农业大学（123）

中国农业大学（189）　河南农业大学（3）

河北省农林科学院粮油作物研究所（26）　呼伦贝尔农业科学研究所（3）

安徽省农业科学院水稻研究所（13）

中国农业科学院作物科学研究所（249）

江南大学（扬州）食品生物技术研究所（5）　南京慧瞳作物表型组学研究院有限公司（1）
扬州江大食品生物技术研究所有限公司（2）　温氏食品集团股份有限公司（4）

日本烟草产业株式会社（5）

江南大学（194）　山东省农作物种植资源中心（12）　北京大学（6）

中国农业科学院深圳生物育种创新研究院（3）　南京农业大学（173）

山东省农业科学院作物研究所（13）

图 9-5　申请人合作情况

5. 专利市场价值

智慧芽专利价值计算模型遵循 QS9000 质量标准——FMEA（Failure Mode and Effect Analysis，失效模式与影响分析）管理模式，对专利的发明申请、发明授权和实用新型理论价值进行评估，同时基于机器学习的算法提高计算精度。

依据智慧芽专利价值计算模型，豆类深加工技术领域专利总价值4 879 241 800 美元，在 3 万～30 万美元价值区间的专利数量最多，有 6266 组，详情如图 9-6 所示。与行业基准进行对比，显示本技术领域的专利具有较高的市场转化与应用潜力。

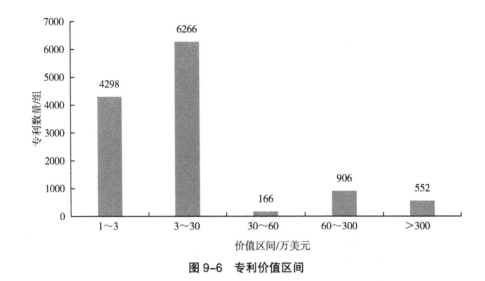

图 9-6　专利价值区间

三、热门技术主题

从热门技术主题方面，在豆类深加工技术领域，最新重点研发的主题有食品加工、组合物、化合物、氨基酸、编码基因、基因工程、核苷酸序列、分子标记及蛋白质等，详情如图 9-7 所示。对热门技术词进行层级拆分，可以看出，在有效成分领域，技术分支有化合物、活性成分、混合物和衍生物；在蛋白质领域，技术分支有氨基酸、特异性、野生型、染色体和取代基；在大豆蛋白领域，技术分支有豆制品、传送带、大豆分离蛋白和膨化食品；在基因工程领域，技术分支有编码基因、相关蛋白、突变体和编码蛋白，详情如图 9-8 所示。

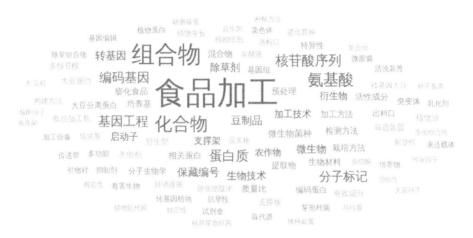

图 9-7　热门技术主题

图 9-8　热门技术主题层级拆分

四、技术细分领域分析

1. 大豆蛋白加工利用

国家知识产权局受理的大豆蛋白加工利用技术领域的专利有 2427 组，当前申请（专利权）人专利数量最高的是东北农业大学，有 157 组，其次为山东禹王生态食业有限公司、江南大学、合肥市新禾米业有限公司及大连工业大学等，如图 9-9 所示。相关技术领域市场价值较高的专利如表 9-1 所示。

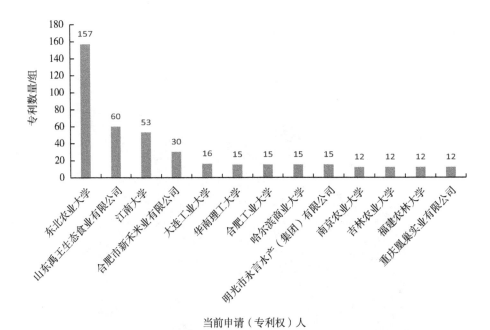

图 9-9　大豆蛋白加工利用技术领域当前申请（专利权）人专利数量 TOP13

表 9-1　大豆蛋白加工利用技术领域高价值专利

单位：美元

公开（公告）号	名称	当前申请（专利权）人	市场价值	法律状态
CN106102472B	粉末状大豆蛋白材料和使用它的肉制加工品	不二制油集团控股株式会社	310 000	授权
CN104435283B	一种添加有益生元的益生菌微胶囊及制备方法	安徽仙奇生物工程技术有限公司	200 000	授权权利转移

公开（公告）号	名称	当前申请（专利权）人	市场价值	法律状态
CN104513307B	一种从大豆乳清中回收Kunitz 及 Bowman-Birk 型胰蛋白酶抑制剂的方法	江南大学	200 000	授权
CN104530207B	一种从大豆乳清中分离纯化大豆凝集素的方法	江南大学	190 000	授权
CN105124604B	一种高分散性植物甾醇酯微胶囊及其制备方法与应用	华南理工大学	170 000	授权
CN103783407B	一种低能量挤压代餐粉的加工方法	浙江工业大学	160 000	授权
CN105286011B	一种可溶性大豆多糖–大豆蛋白–姜黄素复合物及制备与应用	华南理工大学	160 000	授权
CN105410934B	一种水溶性蛋白–植物甾醇纳米颗粒及制备与应用	华南理工大学	160 000	授权
CN109280683B	一种复合植物水解蛋白肽的制备方法	广东丸美生物技术股份有限公司	160 000	授权
CN103960457B	一种具有高溶解度的低植酸大豆分离蛋白的制备方法	江南大学	150 000	授权

2. 豌豆蛋白加工利用

国家知识产权局受理的豌豆蛋白加工利用技术领域的专利有 979 组，当前申请（专利权）人专利数量最高的是烟台双塔食品股份有限公司，有 19 组，其次为江南大学、东北农业大学等，详情如图 9-10 所示。相关技术领域市场价值较高的专利如表 9-2 所示。

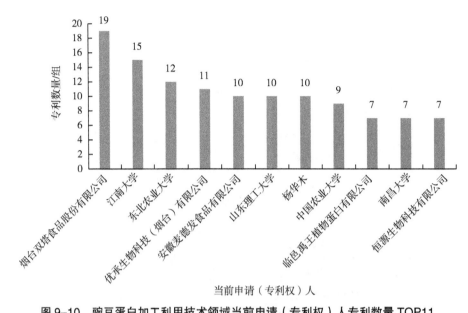

当前申请（专利权）人

图 9-10　豌豆蛋白加工利用技术领域当前申请（专利权）人专利数量 TOP11

表 9-2　豌豆蛋白加工利用技术领域高价值专利

单位：美元

公开（公告）号	名称	当前申请 （专利权）人	市场价值	法律状态
CN115720814A	菌丝体化的高蛋白质食物产品、组合物及其制备方法	麦可科技有限公司	3 800 000	实质审查
CN113519814B	含菌丝液体组织培养物上清与食品的组合物及其用途	麦可科技有限公司	3 610 000	授权
CN111847688B	一种利用碳化硅膜提取白蛋白的方法	烟台双塔食品股份有限公司	1 010 000	授权
CN111432662B	豌豆蛋白水解产物	嘉吉公司	460 000	授权
CN104017710B	食醋	丘比株式会社；丘比釀造株式会社	300 000	授权
CN108220371B	具有益生元作用豌豆肽制备方法及豌豆肽在食品中的应用	武汉天天好生物制品有限公司	150 000	授权

续表

公开（公告）号	名称	当前申请（专利权）人	市场价值	法律状态
CN110577565B	一种从豌豆乳清废水回收PA2及psa LA的方法	江南大学	150 000	授权
CN109965019B	一种豌豆蛋白饮料及其制备方法	河北兄弟伊兰食品科技股份有限公司；中国农业大学	150 000	授权
CN106075384B	豌豆活性肽在抑制癌细胞生长中的应用及其制备方法	天津创源生物技术有限公司	140 000	授权权利转移
CN109566747B	一种豌豆蛋白纯素植物基酸奶及其制备方法	中国农业科学院农产品加工研究所	140 000	授权

3. 绿豆深加工

国家知识产权局受理的绿豆深加工技术领域的专利有 1065 组，当前申请（专利权）人专利数量最高的是黄树娟，有 20 组，其次为合达信科技有限公司、吉林农业大学、安徽燕之坊食品有限公司及黑龙江八一农垦大学等，详情如图 9-11 所示。相关技术领域市场价值较高的专利如表 9-3 所示。

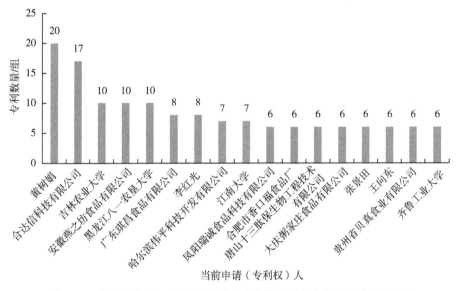

图 9-11　绿豆深加工技术领域当前申请（专利权）人专利数量 TOP 17

表 9-3　绿豆深加工技术领域高价值专利

单位：美元

公开（公告）号	名称	当前申请（专利权）人	市场价值	法律状态
CN111359719B	一种绿豆用磨粉装置及磨粉方法	益阳大森林食品生物科技有限公司	240 000	授权 权利转移
CN107439865B	一种复合凝胶和谷物悬浮饮料及其制备方法	宜兰食品工业股份有限公司；上海旺旺食品集团有限公司	170 000	授权
CN104000127B	绿豆清凉润喉咀嚼片及其生产方法	吉林农业大学	130 000	授权
CN103947926B	一种黑芸豆薏苡粉丝	苏州必加互联网科技有限公司	120 000	授权 权利转移
CN104770823B	一种调节内分泌保健冲料	山东谷润食品有限公司	110 000	授权 权利转移
CN108378288B	一种适用于微波烹制的粗粮发糕及其制备方法	中南林业科技大学	110 000	授权
CN103948131B	一种新型绿豆饮料的制备方法	齐鲁工业大学	100 000	授权
CN112544776B	一种绿豆蛋白复合改性及绿豆蛋白基模拟蛋液的制备方法	江南大学	100 000	授权
CN105250356B	微波和超声波协同辅助溶剂抽提制绿豆多酚的方法	黑龙江八一农垦大学	85 000	授权
CN108576609B	一种绿豆粉智能加工机	姜海深	83 000	授权 一案双申

4. 蚕豆深加工

国家知识产权局受理的蚕豆深加工技术领域的专利有 319 组，当前申请（专利权）人专利数量最高的是安徽凯利粮油食品有限公司，有 15 组，其次为唐山十三肽保生物工程技术有限公司、张景田、王向东、湖北怡顺缘食品有限公司及南阳市益友农产品有限公司等，详情如图 9-12 所示。相关技术领域市场价值较高的专利如表 9-4 所示。

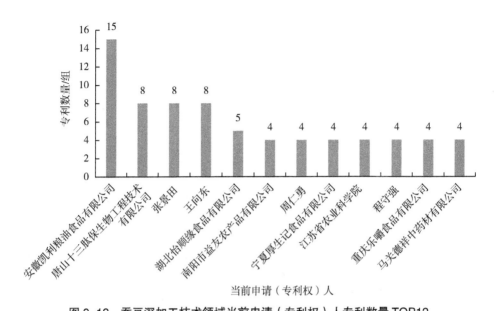

图9-12 蚕豆深加工技术领域当前申请（专利权）人专利数量TOP12

表9-4 蚕豆深加工技术领域高价值专利

授权公告号	发明（设计）名称	当前申请（专利权）人	市场价值/美元	法律状态
CN109105752B	一种豆瓣甜瓣子分阶段快速发酵的方法	四川省食品发酵工业研究设计院有限公司	120 000	授权
CN111647517B	一株产蛋白酶的诞沫假丝酵母	江南大学；四川省郫县豆瓣股份有限公司	99 000	授权
CN111165762B	罐式发酵制备低盐甜瓣子的方法	四川省食品发酵工业研究设计院有限公司	75 000	授权
CN106723208B	一种新型豆类剥皮机	柴英杰	58 000	授权
CN107927719B	一种豆瓣沙拉酱及其制备方法	四川大学	53 000	授权
CN111659514B	蚕豆分级制糁设备及其加工工艺	大通丰收农牧科技有限公司	47 000	授权
CN112080361B	一种富含多酚蚕豆果酒及其制备方法和用途	青海大学	45 000	授权 权利转移

授权公告号	发明（设计）名称	当前申请（专利权）人	市场价值/美元	法律状态
CN108570480B	一种利用凉粉粉面加工废水发酵制备沼气的方法	东北师范大学	25 000	授权
CN113397190B	一种连续式蚕豆侧楞划皮装置	南京中枢讯飞信息技术有限公司	3600	授权 权利转移
CN109393469A	一种功能性蚕豆营养粉的制备方法	江苏省农业科学院	3500	实质审查复审

我国豆类深加工技术领域专利存量大、市场价值高，申请人和发明人之间存在简单的合作关系，跨机构、跨国间的合作有待加强，热门技术主题主要有食品加工、组合物、化合物、氨基酸及编码基因等。豆类精深加工业的科技含量高、附加值高，从专利申请人数量上看，大豆、豌豆、绿豆、蚕豆等具体豆类研究具有明显的区域特色，从专利价值上看，高价值专利的权利转移率较低，专利技术的市场价值有待深挖。

第二节　豆类深加工产业发展的动因与趋向

豆类深加工产业发展受多种因素扰动，各因素之间相互作用、相互影响，共同构成推动行业进步的原动力。在不同历史时期和不同社会背景下，各种原动力的作用方式和程度也会有所不同。因此，我们需要与时俱进分析和把握豆类深加工产业发展的主要动因和发展趋向。

一、豆类深加工产业发展的主要动因

1. 科技创新催生新质生产力，为豆类深加工产业发展提供了根本动力

科技创新作为发展新质生产力的核心要素，通过将科技成果应用于生产过程，渗透在生产力诸多要素中而转化为实际生产能力，促进并引起生产力

的深刻变革和巨大发展，从而形成推动社会发展的根本动力。随着科技进步，新的加工技术、设备和工艺不断涌现，可以满足产品多样化、品质提升和成本降低，不断满足消费者对豆类食品多元化、个性化、营养化的需求，从而推动豆类深加工产业进入迭代升级的新时代。企业作为生产力组织形式和商品经济的基本单位，是推动科技创新、整合利用要素资源、培育产业竞争优势的有生力量。当前，豆类深加工企业要在竞争中取得优势，必须更加依靠科技创新，更加注重与科研教学单位合作，组建产学研协同创新团队，构建合作共赢的协同创新机制，有效提高企业自主创新能力。

2. 社会主要矛盾转变，消费者健康意识觉醒，形成豆类深加工产业发展的重要牵引力

2017 年，党的十九大报告指出，中国特色社会主义进入新时代，我国社会主要矛盾已经转化为人民日益增长的美好生活需要和不平衡不充分的发展之间的矛盾。社会主要矛盾的变化对豆类深加工产业的影响是深远且多维的，人民的美好生活需要促使豆类深加工产业在产品创新上不断推陈出新，更加注重营养和健康。而低脂、高蛋白的植物基食品正好对接了消费者对健康食品的追求，逐渐成为替代肉类的热门选择，这为豆类深加工产业带来了新的发展契机。同时，社会主要矛盾的变化还表现在对食品安全和质量提出了更高要求。随着消费市场对食品安全关注度的提升，豆类深加工产业的质量控制体系更加完善，相关企业加快生产线改造升级，从而确保从原料到产品的全过程质量控制，并力求以此赢得消费者的信任。越来越多的消费者加强了对健康与营养的追求，并随着生活水平的提高，购买力得到进一步增强。

3. 产业链整合与产业集群升级，为豆类深加工产业发展注入强大动力

豆类深加工产业不仅涉及豆类的种植、加工和销售，还涉及相关的包装、物流、销售等多个环节。通过政府引导、市场主导、企业主体、龙头带动、多方参与、抱团整合，进一步优化产业链上下游的资源配置，可以实现各环节之间的协同效应，引导相关经营服务主体向产业集群集聚，提高整个产业的效率和竞争力。豆类深加工领域产业集群的形成有助于知识共享、技术交流和创新，为豆类产业的持续发展提供源源不断的动力。同时，产业集群还能增强区域品牌效应，吸引更多资本、人才、科技等创新要素向该领域

聚集。这些因素共同作用，为豆类产业升级奠定坚实基础，可促进产业的可持续发展，有效提升我国豆类深加工产业的整体实力，从而在激烈的国际竞争中提高话语权。

二、豆类深加工产业的发展趋向

1. 产品多样化与市场细分化

现代消费者越来越注重健康，豆类深加工产品因其高蛋白、低脂肪、无胆固醇等特性，正符合这一趋势。随着消费者需求的多元化与科技不断进步，豆类加工产品市场逐步走向细分，在豆腐、豆浆、豆奶、豆皮、豆干、豆粉、豆酱、豆油、粉丝、蛋白粉等传统产品占据原有消费市场份额的基础上，具有低糖、低盐、高纤维、富含特定功能性成分的低 GI 代餐粉、功能性休闲零食、豆类异黄酮、可溶性膳食纤维等新型豆制品将逐渐成为行业热点，豆类深加工产品将会更加丰富。针对特定健康问题，如糖尿病、心血管疾病等，开发具有特定功能的豆类深加工产品成为大势所趋。固定化细胞制备技术、超高压处理技术、膜分离技术、生物发酵技术等高新技术引入豆类深加工领域，为研究开发品类丰富的深加工产品提供了更多可能。

2. 生产标准化与加工智能化

标准化是保证不同批次产品一致性和质量稳定性的必然要求，也是食品加工行业的必然趋势。未来，豆类深加工产业将进一步健全完善标准体系，在对原有标准修订完善的同时，还将随新产品研发面世而制定出台相关新标准。通过标准具体细化与严格执行，从选材、清洗、加工、切割、包装到仓储、物流等每一个环节都实现精准控制，并为生产线智能化改造升级提供关键技术参数。另外，人工智能技术在豆类深加工行业将发挥越来越重要的作用，通过机器学习算法预测设备维护需求，优化生产流程，提高生产效率，降低运营成本。通过视觉识别系统快速识别产品缺陷，确保产品质量，并实时监控食品加工环境，及时发现并处理潜在的污染风险。今后一个时期，人工智能正在推动豆类深加工行业向更高效、更智能、更安全的方向发展，豆类加工企业需加快生产线的智能化改造升级。

3.企业规模化与品牌体系化

规模化是企业实现规模效益、提升品牌影响力和应对国际竞争的基础。规模化不仅意味着生产规模的扩大，更代表着企业能够通过集约化管理，实现生产效率的显著提升和成本的有效控制。虽然在自媒体时代，家庭作坊式生产加工主体如果做好营销也能迎来一波市场红利，但因规模小、抵抗风险能力低而不具备发展的可持续性。企业发展在走向规模化、规范化的同时，需要更加注重品牌化建设，打造提升企业品牌和产品品牌，并与区域公用品牌深度链接，树立富有特色的品牌形象，构建现代化品牌管理体系。在企业和地方政府共同努力下，建立强有力的产品品牌、企业品牌、区域公用品牌体系并有计划地制定实施品牌战略，做好品牌营销策划与管理，才能更好地传递相关产品的独特价值和市场定位，提高消费者对产品的认知度和忠诚度。

4.科技产业化与产业生态化

未来豆类深加工行业的竞争核心是科技的竞争，谁掌握现代加工新技术，谁就掌握了行业竞争的主动权和制高点。我国管理体制决定了科研、教学单位是科研创新的重要力量，虽然以企业为创新主体的科技创新体系正在加快构建，但在未来一个时期内，科研、教学单位将仍作为人才集聚地和创新高地，拥有大量科研成果。这些科研成果要转化为现实生产力，支撑和推动豆类深加工行业高质量发展，就必须创新产研协同、利益共享的科技产业化机制，畅通科技成果转移转化路径。摆在豆类加工企业面前的现实路径，就是需要加强与科研、教学单位合作，并加大科技投入，提高自主创新能力，以应对未来的市场竞争。同时，通过科技加持，加快豆类加工产业生态化进程，贯彻绿色发展理念，采用低碳环保生产工艺，减少能源消耗和排放，提高资源利用率，促进全产业链高质量发展，为协同推进乡村产业振兴和乡村生态振兴做出贡献。

第三节　豆类深加工循环经济产业链模式

绿色低碳循环经济发展模式是豆类深加工产业发展的必由之路，对每一粒豆子"吃干榨净"、实现全产业链无废化和高值化是高质量发展的目标要求。随着我国农业农村新旧动能转换,循环经济产业链模式在豆类加工集聚区逐渐形成。该模式强调在豆类加工过程中的资源循环利用、副产物的高值化利用,统筹兼顾企业经济效益和生态效益。以烟台双塔食品股份有限公司为例,解析豆类深加工循环经济产业链模式如下。

近年来,双塔食品注重加强与科研院所、高校合作,强化产学研协同创新,集成应用多项新技术,在加快发展粉丝主业的同时,大力发展循环经济,初步形成了以粉丝为主,蛋白、膳食纤维、沼气、电力、天然气、酒精、食用菌、有机肥、有机蔬菜等多产业协调发展的经营格局,探索培育出资源节约型、环境友好型、生态高效型循环经济新业态。一是利用粉丝浆液提取蛋白,打造"粉丝生产—粉丝浆液—蛋白粉"循环经济链条。研发应用"从豌豆粉丝浆液中分离提取食用蛋白"新工艺,从生产粉丝过程中的废水中提取蛋白粉,使豌豆蛋白质的回收率达到95.5%,纯度达到90%以上,提高了产品附加值。二是利用粉丝加工废水生产沼气和生物天然气,打造"废水—沼气—生物天然气—机动车辆燃料""废水—沼气—发电""废水—沼气—锅炉—蒸汽—供暖""经处理符合农田灌溉标准的废水—农田灌溉""废水—污泥—有机肥"等循环经济链条。废水经厌氧发酵沼化后产生沼气,将沼气经过净化、提纯、压缩为甲烷含量在97%以上的生物天然气,用于公交车、出租车等机动车辆燃料及居民生活。同时,利用沼气发电,同时回收沼气发电机组余热用于污水处理系统和粉丝生产,实现资源循环利用。三是利用粉渣及农业下脚料进行食用菌种植和栽培,打造"粉丝生产—粉渣—食用菌—菌渣—蒸汽、有机肥"的循环经济链条。采用"粉渣及农业下脚料综合利用"技术,把粉丝生产过程中产生的粉渣作为食用菌的培养原料,并建设了现代化食用菌生产基地。食用菌生产中产生的菌渣一部分作为燃料替代燃煤生产蒸汽,一部分与沼化污泥混合发酵,制备生物有机肥。四是利用粉丝生产中产生的黑粉、碎粉等废料生产酒精,打造"粉丝生产—废料—酒精"的循环经济产业链条。通过对粉丝生产过程中产生的不成熟淀粉颗粒、部分半纤维和蛋白混合物等废料进行蒸煮、液化、糖化、发酵、蒸馏等多道工艺,生产生物质酒精。五是利用粉丝废渣制备膳食纤维,打造"粉丝生产—粉渣—膳食纤维—保健品"的循环经济产业链条。将在加工豆类淀粉过程中产生的混合豆类渣，用专门的管路输送到纤维车间作为加工纯豆膳食纤维的主原料，原料经过破碎、研磨、分离、水洗、压滤等过程，得到膳食纤维原粉，膳食纤维原粉经配料、混合、揉和、灭菌等过程，得到膳食纤维保健品。双塔食品循环经济产业链如图 9-13 所示。

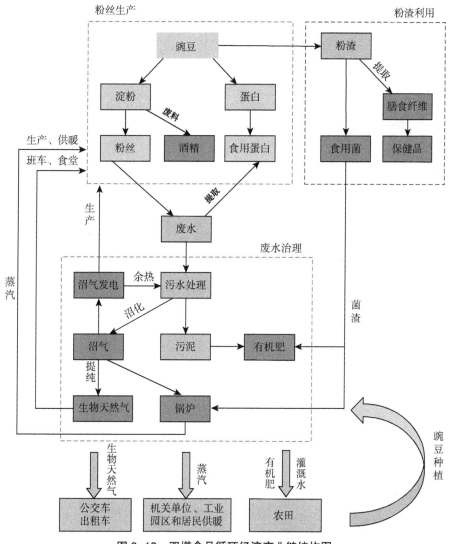

图 9-13　双塔食品循环经济产业链结构图

烟台双塔食品股份有限公司通过采用豆类深加工循环经济产业链模式，初步构建了"大农业、大循环、大健康、大环保"的循环经济产业链条，不仅提升了产品附加值，而且实现了资源多级利用。利用粉丝生产过程中产生的黑粉、碎粉等废料制取酒精，年处理废料约 1.65 万吨，生产 8300 吨生物质酒精，可节约粮食约 3 万吨。回收利用余热，年节约标准煤 1300 吨。企业节本增效显著，为豆类深加工产业高质量发展提供了参考经验。

第十章　山东豌豆产业化发展策略

豌豆粉丝和蛋白加工作为山东省拥有百亿级规模的特色优势产业，是山东推向世界的一张靓丽名片，在全球豌豆产业分工中具有重要地位。当前，在大食物观背景下，豌豆作为为数不多的蔬菜与粮食跨界作物，其加工衍生的多品类产品是多元化食物供给体系的重要组成部分。但由于主要原材料采购和产品销售"两头在外"，受外部环境影响较大，特别是随着国际形势日益复杂多变，山东省豌豆加工产业生态圈的风险系数等级提高，豌豆全产业链高质量发展路径亟待探索和厘清。

第一节　豌豆产业基本情况

豌豆作为世界第二大食用豆类，种植历史悠久、地理分布广泛，与百姓生活密切相关。

一、生长习性

豌豆属于豆科蝶形花亚科豌豆属，为一年生或越年生攀缘性草本植物。作为最古老的作物之一，豌豆大约在9000年前就有种植，在全球至少98个国家和地区均有分布，自热带到寒带的适应性很强。豌豆起源于亚洲西部、地中海沿岸地区和埃塞俄比亚，2000多年前经西域传入我国。因其喜好凉爽气候，主要分布在低海拔的温带和高海拔地区的季风气候带，在我国已经形成稳定的种植区，主产区包括云南、四川、重庆、江苏、甘肃、内蒙古等20多个省市，总面积约3550万亩，但主要为菜用豌豆，干豌豆种植较少。山东为豌豆适宜产区之一，资源禀赋较好，但在稳粮保供的背景下，豌豆仅有少量零散种植。

二、生产结构

据联合国粮食及农业组织数据显示，2022 年世界豌豆总产量为 3453.59 万吨，其中干豌豆总产量为 1366.74 万吨。在干豌豆产量贡献中，加拿大占比 26.27%，中国占比 10.90%，印度占比 6.60%，美国占比 4.02%，法国占比 3.69%，其他国家综合占比 48.52%。全球菜用豌豆总产量为 2086.85 万吨，中国菜用豌豆产量占世界总产量的 62.19%，位列世界第一。2022 年，我国豌豆总产量达 1297.77 万吨，占全球比重的 37.58%，但其中干豌豆产量仅 135.20 万吨，在全国豌豆总产量中占比 10.42%。我国干豌豆面积与产量远低于菜用豌豆，豌豆粉丝、蛋白加工原材料主要依赖进口。

三、生活供需

豌豆因富含蛋白质、脂肪、碳水化合物、膳食纤维、维生素、矿物质等营养物质，同时又是一种比较廉价的人类营养摄取来源，在人们饮食结构中长期居重要地位。豌豆成熟籽粒的蛋白质含量为 22%～25%，比禾谷类作物高 1～2 倍，还含有丰富的胡萝卜素、维生素 B_1 和维生素 B_2。豌豆的高营养含量使其成为一种性价比高的食品，满足了全球 8 亿～9 亿营养不良个体的饮食需求。豌豆加工价值高，可加工成淀粉、粉丝、蛋白、人造肉、凉粉、凉皮等系列产品，还可选用菜用豌豆加工多种青豌豆休闲食品。目前，市场上豌豆产品品类比较丰富，深受广大消费者青睐。据统计，2022 年中国豌豆行业需求量达到 1458.39 万吨，市场规模达到 1296.03 亿元。

第二节　山东豌豆加工业发展基础

山东虽不是豌豆主产区，但豌豆加工业十分发达。招远市作为"中国粉丝之都"和世界豌豆蛋白加工基地，在全球豌豆产业分工格局中具有举足轻重的地位。

一、传统粉丝加工源远流长，形成山东省特色优势产业集群

龙口粉丝是山东传统特色优势产业。招远市是龙口粉丝的发源地和主产区，2002 年被中国农学会授予"中国粉丝之都"称号。招远粉丝生产始于宋，兴盛于明末清初，距今已有 3000 多年历史。自 1860 年招远粉丝开始集散于龙口港装船外运，远销南洋、西欧等地，故后以"龙口粉丝"享誉海内外。2002 年，龙口粉丝获国家原产地域保护，范围为招远、龙口、蓬莱、莱阳、莱州。2005 年，招远粉丝产业入选山东省十大（特色）产业集群。当前，招远粉丝产量达 20 万吨，占全国粉丝总生产量的 80% 以上，产品远销亚洲和欧美等 100 多个国家和地区，是全国最大的龙口粉丝生产基地。

二、豌豆蛋白作为新兴产业，跻身世界最大豌豆蛋白生产基地

进入 21 世纪，随着豌豆蛋白提取技术被攻克，豌豆蛋白凭借其无过敏原、非转基因、易消化吸收等优势，发展成为植物蛋白领域的"新贵"。目前，全球豌豆蛋白生产企业共 20 多家，中国豌豆蛋白生产企业有 13 家，其中 9 家在招远市。近年来，招远市规模化粉丝加工企业为寻找新的经济增长点，纷纷新上豌豆蛋白加工生产线，研发生产豌豆蛋白及衍生产品，现已形成以烟台双塔食品股份有限公司、烟台东方蛋白科技有限公司、优承生物科技（烟台）有限公司、烟台鼎丰生物科技有限公司、山东健源生物科技有限公司等为代表的龙头企业。豌豆蛋白广泛应用于固体饮料、植物肉、能量棒、早餐谷物、烘焙食品、宠物食品等领域，产业链延伸较长。当前，招远市豌豆蛋白年产量在 12 万吨左右，主要出口欧美市场，约占全球市场份额的 80%，成为全球最大的豌豆蛋白产业集聚区。

三、产学研协同创新基础较好，创新能力居全国前列

在创新能力方面，近年来招远市与山东省农科院持续深化院地合作，联合开展多项务实具体的科企合作项目，重点在豌豆适宜品种筛选、植物肉开发、豌豆加工废弃物资源化利用等方面取得了重要进展。同时，招远市还深化与中国农业大学、华南理工大学、天津科技大学、山东农业大学、临沂大

学等高校院所合作，围绕植物蛋白等领域开展产学研联合攻关。截至目前，招远市企业承担国家科技支撑计划、山东省重点研发计划等10项，获得山东省科技进步奖等省部级奖励20多项，牵头或参与制定各类技术标准20多项，拥有发明或实用新型专利、软件著作权100多项，综合技术水平处于全国先进行列。全市豌豆加工领域拥有省级农业科技园1个，高新技术企业6家，省级创新平台5个，烟台市级创新平台5个。

第三节　机遇与挑战

面对百年未有之大变局，并受"逆全球化"影响，山东豌豆加工产业面临难得的机遇和严峻的挑战。

一、发展机遇

1.我国综合国力提升，为中国产品和品牌开辟国际市场创造了有利条件

新时代，中国已发展成为世界第二大经济体、第一大工业国、第一大货物贸易国、第一大外汇储备国，中国的高速发展已成为世界经济增长的稳定器和引擎。随着综合国力的提升，中国从一个追赶者变为一个迅速走近世界舞台中央的参与者和领跑者，这对"两头在外"的豌豆加工产业是一个重大利好。中国制造、中国产品必将逐步走出低价区间，豌豆粉丝、蛋白等产品的区域品牌、企业品牌和产品品牌在国际市场的竞争力将会明显提升，利润空间有望做大。

2.我国健康消费升级，为豌豆加工产业创造了广阔市场空间

伴随着我国城乡居民物质生活水平不断提高，因摄入过多高热量食物而导致的肥胖、"三高"等"富贵病"人群越来越壮大。2016年10月，中共中央、国务院发布《"健康中国2030"规划纲要》，将"健康中国"上升为国家战略。近年来，随着大健康理念深入人心，多元化膳食营养食品加速进入百姓食谱，中国消费者已从"吃饱""吃好"向"吃健康"转变，对豌豆等五谷杂粮的人均消费量呈逐年增长趋势。豌豆富含营养且无过敏原，是一种健

康食品，具有良好保健作用。相较于大豆蛋白及动物性蛋白，豌豆蛋白中含有更加丰富典型的豆类氨基酸、维生素与膳食纤维，且由于不含乳糖和胆固醇、热量低、无基因改造等疑虑，对接了乳糖不耐症和素食主义消费群体需求。随着食品加工业特别是特膳食品加工领域创新活力迸发，豌豆产品呈多样化、标准化、高值化发展趋势，为豌豆行业转型升级带来新的发展机遇。

3. 畜禽养殖业提质增效，为豌豆加工副产物提供了作为饲料蛋白源的高值化利用机会

中国作为世界第一畜产大国，2022年猪牛羊禽肉产量9227万吨，养殖水产品产量5568万吨，养殖业背后饲料蛋白市场需求巨大。山东作为畜牧大省，2022年畜牧总产值突破3000亿元，总产量达1581万吨，连续31年位居全国首位。畜禽水产养殖业崛起，对蛋白饲料的需求更加紧张。而干豌豆粉丝加工废渣等副产物中富含植物蛋白，经技术处理后可转化为优质蛋白饲料，广泛用于生猪、肉牛、家禽、水产等养殖。同时，近年来宠物食品产业发展迅猛，由于豌豆受抗营养因子等影响，其消化率低于大豆粕，因此用其加工副产物制作宠物食品可有效抑制宠物肥胖症，此领域高值化利用的市场空间很大。

二、问题挑战

1. 干豌豆加工原材料严重依赖进口，对外依存度过高

2022年，我国干豌豆行业需求量310.04万吨，其中进口161.79万吨，占52.18%。从进口区域看，我国豌豆进口集中度较高，主要集中在加拿大。据中国海关数据显示，2022年我国豌豆进口国占比量为加拿大85.26%，澳大利亚8.83%，法国2.24%，其他3.67%。2022年10月，中俄签署《关于俄罗斯豌豆类产品向中国出口检验检疫议定书》，预计未来我国从俄罗斯进口豌豆量将会大幅增长。长期以来，由于用于深加工的干豌豆原材料主要依赖进口，山东省百亿级豌豆粉丝、蛋白产业集群受国际局势的影响很大，必然承受国际市场波动冲击。特别是当前遭遇"逆全球化"风潮抬头，干豌豆原材料供应链存在较大风险。

2. 豌豆蛋白等高附加值产品的国际市场竞争日趋激烈，技术迭代升级加快

山东省豌豆蛋白产品的80%以上用于出口，主要销往欧美市场。自2019

年6月开始，美国对我国的蛋白产品加征25%的关税，导致山东豌豆蛋白产业利润空间收窄。与此同时，随着欧美国家素食主义兴起，多家食品巨头公司纷纷进军豌豆蛋白及以其为原料的植物基产品市场。据了解，2017年好莱坞电影导演詹姆斯·卡梅隆投资加拿大豌豆加工厂 Verdient Foods Inc.；2018年全球食品巨头嘉吉公司向美国明尼苏达州的豌豆蛋白制造商 Puris 注资2500万美元；2021年，法国罗盖特公司在加拿大马尼托巴省投资兴建的豌豆蛋白工厂正式投产，新工厂与法国维克工厂每年的产能加起来约为25万吨，成为全球最大的豌豆蛋白供应商之一。国际食品巨头公司凭借先进的生产技术、高效的供应链管理和良好的品牌营销等优势，正大肆抢占全球市场。本轮豌豆蛋白领域的竞争不仅是消费市场的"争夺赛"，也是新一轮产品加工技术的"淘汰赛"。山东省豌豆加工企业在本轮竞争中面临着严峻考验。

3. 山东豌豆缺乏优质品种，研究基础较为薄弱

长期以来，豌豆被视为一门小学科，省财政对豌豆领域科研投入较少，省内农业科研院所与高校从事豌豆研发的专业人才不足，对豌豆种质资源的收集保存和创新利用工作起步较晚。山东省农业科学院自2010年建成农作物种质资源中短期库，目前已收集豌豆种质资源500余份，但尚未育成具有自有知识产权的优质豌豆品种。山东省农业科学院经济作物研究所、农作物种质资源研究所虽在资源引进与筛选、高效栽培技术等研究上取得了一些进步，但由于缺乏重大项目支撑，还没有形成突破性成果。从国家层面看，豌豆育种整体研究力量薄弱，育成品种数量少，在产量、品质、抗逆性、适应性等方面与国外品种仍有较大差距，远不能满足我国豌豆行业可持续发展需求。从生产表现看，我国干豌豆单产仅2250 kg/hm²，比世界平均水平低20%左右，且机械化程度低，生产成本偏高。

第四节　发展策略与措施

鉴于山东豌豆加工产业的发展基础，以及面临的新形势、新机遇、新挑战，要保持其在全国乃至全球豌豆产业链中的"加工中心"地位，应坚持创

新驱动、综合施策，整合政产学研金服用各方资源，着力强化自主创新，建立完善以企业为主体、市场为导向、产学研深度融合的技术创新体系，加快培育和发展新质生产力，提高产业的整体竞争力和可持续发展能力。在此基础上，提出进一步优化山东豌豆产业布局、推动全产业链高质量发展的措施建议如下。

一、强化良种良法储备

强化优质豌豆育种及栽培制度创新，做好良种良法战略储备。建议省级层面在重点研发等项目设计上适当向豌豆育种等产业急需的"卡脖子"领域倾斜，支持产学研协同创新，筛选高蛋白、高产、早熟、耐寒及适宜机械采收的豌豆资源，挖掘优异基因，创制优异种质，培育早熟、高产、优质、多抗型豌豆新品种，加强营养保健型、加工专用型豌豆品种的选育和推广，加快构建豌豆绿色高效生产栽培技术体系。根据作物茬口特性，创新熟化豌豆与玉米、甘薯、蔬菜等轮作制度，以及与果树、茶园间作套种等模式，改善农田生态环境，提高土地产出率。长远看，种子作为农业的"命根子"需要高度重视，做好品种战略储备可提高在国际市场中的话语权，有效对冲或缓解原材料高对外依存度所引发的风险。

二、加快技术迭代升级

创建国家或省级植物基食品科技创新平台，加快豌豆深加工技术迭代升级，引领豌豆产业集群高质量发展。2023年5月，工业和信息化部印发行业标准制修订通知，将《植物基食品通则》作为新制定类标准正式提上立项日程，植物基食品作为全新的食品品类已成为下一个市场风口。大健康背景下，全国植物基食品产业正如雨后春笋般大量涌现，豌豆蛋白跨国公司也悄然进入我国市场。能否持续保持山东省在该领域的相对优势，关键在于能否聚集省内外豌豆产学研资源，占领科技创新高地，所以依托龙头企业创建省级以上植物基食品技术创新中心等高层次创新平台已迫在眉睫。通过创新平台建设，引领豌豆深加工技术迭代升级，加快豌豆蛋白纤维化修饰技术、轴流式挤压喷雾生产豌豆膳食纤维技术及配套设备研发与应用，实现从食用豌豆蛋白向功能性豌豆蛋白、蛋白肽和高品质饲料蛋白多元融合发展，开发豌豆蛋白人造奶油、冰淇淋、发酵乳、植物肉、可溶性膳食纤维等一系列高附加值产品，并强化豌豆加工全产业链无废化技术模式集成示范作用，引导产业集群转型升级并发挥联农带农作用，促进乡村振兴和共同富裕。

三、优化产业结构布局

改变以往豌豆加工产业"两头在外、大进大出"的旧思路，加快构建以国内大循环为主体、国内国际双循环相互促进的新发展格局。面对经济全球化遭遇逆流、经贸摩擦加剧的现实环境，政府要引导全省豌豆加工企业优化调整产业布局和全球资源配置，统筹用好国内国际两个市场、两种资源。精准对接最具潜力的中国大市场，深化供给侧结构性改革，根据国内大健康产业市场特点和需求，强化新产品开发与营销获客，努力形成供给创造需求的高水平动态平衡。政府在豌豆加工企业贷款融资、展销补贴等方面应予以倾斜支持，鼓励龙头企业布设标准化豌豆生产基地和开展产学研联合攻关。同时，深度参与豌豆行业全球分工，加强对企业决策者开展业务培训，提高把握国际市场动向、需求特点和国际规则的能力，改善豌豆原材料进口结构，避免"把鸡蛋放在一个篮子里"。引导山东企业借大国崛起之势，实现更多"品牌出海"，加快从业务全球化向品牌全球化转变，争取豌豆产业在全球分工中占有更多话语权和主动权。

参考文献

[1] 《神奇的豆类家族》编写组 . 神奇的豆类家族 [M]. 上海：上海科学技术出版社，2009.

[2] 郭庭利，李晓昕，郭兰萍 . 食用豆类的功效及其保健作用比较 [J]. 中国现代中药，2019，21（12）：1725-1731.

[3] 何磊，于宁，陈颖 . 杂豆营养成分和抗营养因子及其生物学功能研究进展 [J]. 粮食与油脂，2023，36（5）：34-39.

[4] 阚丽娇 . 不同豆类营养成分及抗氧化组分研究 [D]. 南昌：南昌大学，2017.

[5] LI L，YANG T，LIU R，et al. Food legume production in China[J]. The crop journal，2017，5（2）：115-126.

[6] SINGH B，SINGH J P，SHEVKANI K，et al.Bioactive constituents in pulses and their health benefits[J]. Journal of Food Science and Technology，2017，54（4）：858-870.

[7] MEKKARA NIKARTHIL SUDHAKARAN S，BUKKAN D S. A review on nutritional composition，antinutritional components and health benefits of green gram（Vigna radiata（L.）Wilczek）[J]. Journal of food biochemistry，2021，45（6）：e13743.

[8] GRDEŃ P，JAKUBCZYK A. Health benefits of legume seeds[J].Journal of the science of food and agriculture，2023，103（11）：5213-5220.

[9] TEFERRA T F.Advanced and feasible pulses processing technologies for Ethiopia to achieve better economic and nutritional goals：a review[J]. Heliyon，2021，7（7）：e07459.

[10] SÁNCHEZ-CHINO X, JIMÉNEZ-MARTÍNEZ C, DÁVILA-ORTIZ G, et al. Nutrient and nonnutrient components of legumes, and its chemopreventive activity: a review[J]. Nutrition and cancer, 2015, 67（3）: 401-410.

[11] SRIDHAR K, BOUHALLAB S, CROGUENNEC T, et al. Application of high-pressure and ultrasound technologies for legume proteins as wall material in microencapsulation: new insights and advances[J].Trends in food science & technology, 2022, 127: 49-62.

[12] 杨树果．产业链视角下的中国大豆产业经济研究[D].北京：中国农业大学，2014.

[13] 张凯淇，于泽，刘子伟，等.大豆油提取工艺研究进展[J].农产品加工，2022（11）: 85-88.

[14] 李杨.大豆全产业加工研究进展[J].大豆科技，2022（1）: 14-26.

[15] GEORGE K S, MUÑOZ J, AKHAVAN N S, et al. Is soy protein effective in reducing cholesterol and improving bone health？[J]. Food & function, 2020, 11（1）: 544-551.

[16] ZHANG Z Y, ZHANG L J, HE S D, et al. High-moisture extrusion technology application in the processing of textured plant protein meat analogues: a review[J]. Food reviews international, 2023, 39（8）: 4873-4908.

[17] CHEN G, WANG S T, FENG B, et al. Interaction between soybean protein and tea polyphenols under high pressure[J]. Food chemistry, 2019, 277: 632-638.

[18] 李一丰.浅析大豆蛋白饮料生产技术[J].内江科技，2014, 35（6）: 69-70.

[19] 吴枚枚.毛霉豆豉生产工艺的研究及其新产品开发[D].成都：成都大学，2020.

[20] KAN L J, NIE S P, HU J L, et al. Comparative study on the chemical composition, anthocyanins, tocopherols and carotenoids of selected legumes[J]. Food chemistry, 2018, 260: 317-326.

[21] CIURESCU G, TONCEA I, ROPOTĂ M, et al. Seeds composition and their nutrients quality of some pea（Pisum sativum L.）and lentil（Lens culinaris Medik.）cultivars[J].Romanian agricultural research, 2018, 35: 101-108.

[22] ZHOU J J, LI M H, BAI Q, et al. Effects of different processing methods on pulses phytochemicals: an overview[J].Food reviews international, 2023, ahead-of-print（ahead-of-print）: 1-58.

[23] NGUYEN G T, GIDLEY M J, SOPADE P A.Dependence of in-vitro starch and protein digestions on particle size of field peas（Pisum sativum L.）[J]. LWT-food science & technology, 2015, 63（1）: 541-549.

[24] WATERSCHOOT J, GOMAND S V, FIERENS E, et al. Production, structure, physicochemical and functional properties of maize, cassava, wheat, potato and rice starches[J].Starch-Stärke, 2015, 67（1/2）: 14-29.

[25] KOLARIČ L, MINAROVIČOVÁ L, LAUKOVÁ M, et al. Pasta noodles enriched with sweet potato starch: impact on quality parameters and resistant starch content[J]. Journal of texture studies, 2020, 51（3）: 464-474.

[26] LIAO L Y, WU W G. Fermentation effect on the properties of sweet potato starch and its noodle's quality by Lactobacillus plantarum[J]. Journal of food process engineering, 2017, 40（3）: e12460.

[27] SIM S Y J, HUA X Y, HENRY C J. A novel approach to structure plant-based yogurts using high pressure processing[J].Foods, 2020, 9（8）: 1126.

[28] KOTSIOU K, SACHARIDIS D D, MATSAKIDOU A, et al. Impact of roasted yellow split pea flour on dough rheology and quality of fortified wheat breads[J]. Foods, 2021, 10（8）: 1832.

[29] 薛文通，康玉凡 . 食用豆类加工实用技术手册 [M]. 北京：中国农业科学技术出版社，2015.

[30] 曾洁，赵秀红 . 豆类食品加工 [M]. 北京：化学工业出版社，2011.

[31] 付有利 . 现代豆制品加工技术 [M]. 北京：科学技术文献出版社，2011.

[32] 程须珍，田静，王丽侠，等.中国食用豆类品种志（第二辑）[M].北京：科学出版社，2023.

[33] 赵良忠，尹乐斌.豆制品加工技术 [M].北京：化学工业出版社，2019.

[34] 薛效贤，薛芹.食用豆的价值与饮食制作 [M].北京：科学技术文献出版社，2010.

[35] 江连洲.植物蛋白工艺学 [M].2 版.北京：科学出版社，2016.

[36] 杜连启，梁建兰.杂豆食品加工技术 [M].北京：化学工业出版社，2010.

[37] 袁静瑶.高水分挤压大豆拉丝蛋白风味改善研究 [D].无锡：江南大学，2023.

[38] 江连洲.大豆加工新技术 [M].北京：化学工业出版社，2016.

[39] 张华江，夏宁，徐宁.植物蛋白制品加工新技术 [M].北京：科学出版社，2014.

[40] 方亚鹏，赵一果，鲁伟，等.食品胶体在植物蛋白肉中的应用研究 [J].中国食品学报，2022，22（8）：1-10.

[41] 郭子鸣，莫呈鹏，王鲁峰.植物蛋白肉的加工及品质特性研究进展 [J].食品安全质量检测学报，2023，14（5）：85-93.

[42] HUANG L R, DING X N, LI Y L, et al. The aggregation, structures and emulsifying properties of soybean protein isolate induced by ultrasound and acid[J].Food chemistry，2019，279：114-119.

[43] 李佳芳，李燮昕，唐茂林，等.豆渣膳食纤维杯子蛋糕的研制 [J].粮食与饲料工业，2018（1）：37-41.

[44] 李伟伟，曲俊雅，周才琼.真菌及乳酸菌联合发酵对豆渣膳食纤维及理化特性的影响 [J].食品与发酵工业，2018，44（11）：159-166.

[45] 辛董董，葛兰英，张浩.茶园施用豆粕发酵肥对土壤理化性质与茶叶品质的影响 [J].河南科技学院学报（自然科学版），2021，49（3）：22-30.

[46] 王岳.固态发酵豆粕制备氨基酸复合肥的工艺研究 [D].青岛：中国海洋大学，2015.

[47] 路书山，刘浩，赵燕洲，等.菜粕和豆粕混合生产氨基酸水溶肥的发酵工艺优化 [J].生态与农村环境学报，2023，39（9）：1231-1238.

[48] 何宇，吕卫光，张娟琴，等 . γ- 聚谷氨酸的研究进展 [J]. 安徽农业科学，2020，48（18）：18-22.

[49] 朱学亮 . γ- 聚谷氨酸分子量的调控及其对重金属离子的吸附 [D]. 郑州：河南大学，2018.

[50] 贾玉萍 . 豌豆蛋白废水生产聚谷氨酸的高产菌株选育及生产工艺优化 [D]. 烟台：鲁东大学，2019.

[51] 赵满琦，陈星，陈志敏，等 . 豆粕抗营养因子及酶解豆粕制备肽的研究进展 [J]. 中国畜牧兽医，2024，51（5）：1931-1938.

[52] 旮常华，刘国华，常文环，等 . 豆粕微生物固态发酵工艺优化及其营养物质含量变化 [J]. 动物营养学报，2018，30（7）：2749-2762.

[53] 寇茜茜，韩坤，岳远瑞，等 . 发酵豆粕质量评价的综合分析 [J]. 饲料研究，2023，46（8）：130-134.

[54] 华经产业研究院 . 2023—2028 年中国豌豆行业市场发展现状及投资方向研究报告 [R]. [S. l.: s. n.]，2023.

[55] 陈敬帮，戴晋军，徐智鹏，等 . 菌酶固态发酵豆粕去除抗营养因子的差异化研究 [J]. 中国饲料，2022（21）：147-150.

[56] 叶金玲，苟钟勇，范秋丽，等 . 发酵豆粕与酶解豆粕替代普通豆粕对黄羽肉鸡生长性能、肉品质、糖脂代谢和抗氧化功能的影响 [J]. 饲料工业，2024，45（9）：41-49.

[57] 常心雨，卢欣欣，张海华，等 . 菌酶协同发酵豆粕对产蛋初期蛋鸡生产性能、蛋品质和肠道健康的影响 [J/OL]. 中国畜牧杂志，2024[2024-06-11].https://doi.org/10.19556/j.0258-7033.20230903-02.

[58] 陈坚修，冼理权 . 发酵豆粕对仔猪生长性能的影响 [J]. 中国猪业，2023，18（6）：67-69.

[59] 胡聪，徐骏，刘亚京，等 . 酶解豆粕替代鱼粉对断奶仔猪诱食性及生长性能的影响 [J]. 饲料工业，2023，44（23）：29-36.

[60] 王博瑶 . 日粮豆粕类型对辽宁绒山羊羔羊生长性能、养分消化、血液指标、瘤胃发酵和菌群的影响 [D]. 沈阳：沈阳农业大学，2023.

[61] 丁皓天，徐一力，催祥宇，等.发酵豆粕饲料对鲫鱼生长、肌肉品质和健康状况的影响 [J].饲料研究，2023，46（13）：50-55.

[62] 黄河，田鑫鑫，黄旭雄，等.发酵豆粕替代鱼粉对大口黑鲈幼鱼生长、脂质代谢、血清非特异性免疫及肠道菌群的影响 [J].水生生物学报，2022，46（4）：466-477.

[63] 李静.豆渣的综合利用研究进展 [J].粮食与食品工业，2022，29（2）：28-32.

[64] 杨钰钰，卫潇，李雅倩，等.豆渣基掺氮碳量子点的制备及对水中对硝基苯酚的光学检测 [J].农业环境科学学报，2024，43（4）：955-962.

[65] 张帅，罗嘉瑶，邹志群，等.豆渣可溶性膳食纤维的提取及其制备可食用膜的研究 [J].中国调味品，2024，49（4）：91-95.

[66] 张志良，于荔薇.利用豆渣生产优质食用纤维 [J].中国调味品，1995（2）：24-25，17.

[67] 曹树稳，黄绍华.几种膳食纤维的制备工艺研究 [J].食品科学，1997（6）：41-45.

[68] 张佳怡，郎伍营，高薪淞，等.豆渣中多糖超声辅酶法的提取工艺研究 [J].农产品加工，2024（5）：47-50，55.

[69] 王兆为.发酵 - 超声联合提取豆渣可溶性膳食纤维及其性质研究 [D].沈阳：辽宁大学，2022.

[70] 尹立晨，童群义.改性豆渣膳食纤维的理化性质、结构及其益生活性研究 [J].食品与发酵工业，2022，48（3）：141-148.

[71] 罗枨.黑芸豆豆渣花色苷的提取纯化及其功能特性研究 [D].大庆：黑龙江八一农垦大学，2023.

[72] 刘赵，沈海军，周凌晨，等.可溶性大豆多糖的提取及在食品中的应用研究进展 [J].中国调味品，2023，48（6）：199-208.

[73] 尹乐斌，李乐乐，何平，等.枯草芽孢杆菌发酵豆渣制备多肽及其活性研究 [J].中国酿造，2022，41（1）：75-79.

[74] 王凌翌，周利琴，刘志国，等.联合酶法提取豆渣蛋白肽和可溶性膳食

纤维 [J]. 中国油脂，2021，46（6）：114-118.

[75] 刘威 . 生物炭 / 稀土钙钛矿复合材料的制备及其环境光催化应用 [D]. 常州：常州大学，2022.

[76] 黄小璐，丘苑新，叶双灵，等 . 添加发酵豆渣对面条品质的影响 [J]. 食品科技，2023，48（11）：164-170.